锡锑行业污染物排放特征及控制技术

邵立南　杨晓松　等著

XITI HANGYE WURANWU PAIFANG TEZHENG JI KONGZHI JISHU

化学工业出版社
·北京·

内容简介

本书以锡锑行业污染源的解析和污染控制技术为主线，主要介绍了锡锑行业发展概述、合规要求与法律责任、锡锑行业污染源解析、锡锑行业污染控制技术和锡锑行业污染控制技术展望等内容，旨在为锡锑行业污染控制提供技术支撑和案例借鉴，有效推动锡锑行业污染源的监管、减排技术的提升，促进行业绿色、持续发展。

本书具有较强的技术应用性和针对性，可供从事锡锑行业污染控制的工程技术人员、科研人员和管理人员参考，也可供高等学校环境科学与工程、生态工程及相关专业师生参阅。

图书在版编目（CIP）数据

锡锑行业污染物排放特征及控制技术/邵立南等著
.—北京：化学工业出版社，2023.4
ISBN 978-7-122-42894-3

Ⅰ.①锡… Ⅱ.①邵… Ⅲ.①重金属污染-污染防治
-研究-中国 Ⅳ.①X5

中国国家版本馆 CIP 数据核字（2023）第 022674 号

责任编辑：刘兴春 卢萌萌　　文字编辑：丁海蓉
责任校对：李雨函　　装帧设计：王晓宇

出版发行：化学工业出版社（北京市东城区青年湖南街 13 号 邮政编码 100011）
印　　装：北京虎彩文化传播有限公司
787mm×1092mm 1/16 印张 15½ 字数 358 千字 2024 年 1 月北京第 1 版第 1 次印刷

购书咨询：010-64518888　　售后服务：010-64518899
网　　址：http://www.cip.com.cn
凡购买本书，如有缺损质量问题，本社销售中心负责调换。

定　　价：98.00 元

版权所有 违者必究

前言

PREFACE

我国是世界上锡和锑产量最大的国家，2020年全国精锡产量为20.29万吨、锑品产量为23万吨。但锡锑工业企业相对规模较小，环境管理水平参差不齐，重金属污染问题依然突出。国家对锡锑行业污染治理问题也高度重视，2014年发布了《锡、锑、汞工业污染物排放标准》（GB 30770—2014），规定了锡、锑、汞采选及冶炼工业企业生产过程中水污染物和大气污染物排放限值、监测和监控要求； 2020年发布了《锡、锑、汞工业污染物排放标准》（GB 30770—2014）修改单，增加了总铊排放限值要求。随着国家对锡和锑行业污染治理要求的日益严格，提升环境保护水平已经成为行业可持续发展的必然选择。

我国锡锑行业原料种类多样，生产工艺复杂，排放污染物的节点多，污染物性质各异，治理和资源化技术要求高。因此，亟待开展锡锑行业全过程污染源解析研究，分析生产工艺中废水、废气和固体废物的排放规律，确定污染物的排放特征，有针对性地开展污染控制技术研究，提出锡锑行业污染控制技术发展方向，推进锡锑行业污染防控工作，防止污染事件的发生。

本书以锡锑行业污染源的解析和污染控制技术为主线，在全面解析锡锑行业主要生产工艺及污染物排放特征的基础上，依据控制技术现状，提出了锡锑行业污染存在的问题及控制的关键技术和要点，并指明了锡锑行业污染控制技术的发展趋势和目标，旨在为锡锑行业污染控制提供技术支撑和案例借鉴，有效推动锡锑行业污染源的监管、减排技术的提升，促进行业绿色、可持续发展。

本书由邵立南、杨晓松等著，具体编写分工如下：第1章由邵立南、杨晓松和吴广龙负责；第2章由邵立南、杨晓松、谢佳宏负责；第3章由邵立南、李永辉、刘俐媛负责；第4章由邵立南、李永辉、李嘉竹负责；第5章由杨晓松、李嘉竹、李运航负责。全书最后由邵立南、杨晓松统稿并定稿。

本书内容编写基于的研究工作得到了《锡、锑采选冶炼工业污染防治技术政策》项目的资助，在此表示感谢！书中所引用文献资料统一列在参考文献中，部分做了取舍、补充和变动，对于没有说明的，敬请读者或原资料引用者谅解，在此一并表示衷心的感谢。

限于著者水平及编写时间，书中不足及疏漏之处在所难免，敬请读者提出修改建议。

著者

2023年1月

目录

CONTENTS

第1章
锡锑行业发展概述

1.1 锡锑行业发展现状

1.1.1 锡行业发展现状

1.1.1.1 锡采选业

《中国矿产资源报告（2021）》数据显示[1]，2020年我国锡矿矿产储量为72.25万吨，主要分布在广西、云南、湖南、广东、内蒙古、江西等地。其中，云南矿产主要集中在个旧，广西矿产集中在南丹大厂，个旧和大厂两个地区的储量占到全国总储量的40%左右。代表性矿床有云南个旧锡矿、云南都龙锡矿、广西大厂锡矿、广西珊瑚锡矿、广西水岩坝锡矿、湖南香花岭锡矿、湖南红旗岭锡矿等。

锡按矿床类型分有原生脉锡矿和次生砂锡矿两大类。

(1) 锡矿采选生产工艺

砂锡矿采矿方法主要是露天采矿和井下采矿。

锡矿石的选矿方法主要有以下几种[2]。

① 重选。锡石的密度比共生矿物大，因此锡矿传统的选矿工艺为重力选矿，重选成本低，污染较小，但回收细粒锡石效率低。

② 浮选。锡石粒度小于19μm时，重选回收的效率大幅下降，因此浮选成为回收细粒锡石的有效方法和扩大锡矿资源的重要途径。在浮选工艺中，常用的捕收剂有脂肪酸类(油酸及其皂类等)、烷基羟肟酸、烷基磺化琥珀酸类等，常用的抑制剂有水玻璃、六偏磷酸钠、氟硅酸钠、羧甲基纤维素等。浮选可以有效回收细粒锡石，但有些浮选药剂有毒，会造成环境污染。

③ 磁选。对于含有磁铁矿、褐铁矿、赤铁矿等铁矿物的铁锡矿，重选和浮选方法不能使锡石和铁矿物有效分离，因此要采用磁选工艺除铁。

④ 其他选矿方法。对于微细粒锡石的选别，还有电浮选、载体浮选、絮凝及选择性

絮凝、还原浸出法等。

(2) 主要产品

根据含锡品位不同，产品大致分为以下3类。

① 高品位精矿：含锡60%以上，以东南亚各国砂锡精矿为代表。

② 中等品位精矿：含锡30%～50%，以个旧和玻利维亚的脉锡精矿为代表。

③ 低品位精矿：含锡低于30%，主要是锡中矿。

1.1.1.2 锡冶炼业

2020年中国精锡产量约为16.6万吨，中国是世界上第一大锡生产国。全球前10家锡企业中有4家在中国，主要分布在云南、广西、江西等地。目前常用的锡冶炼工艺主要是还原熔炼-烟化挥发法，根据锡冶炼行业调查，主要采用的炉型为奥斯麦特炉、电炉[3]，工艺流程见图1-1。

锡很少以纯金属形式应用，其最大量的应用形式是合金、镀层和化合物。从历史上看，锡的主要用途是生产镀锡板，即双面都有镀锡薄层的低碳钢板，镀锡是为了防腐蚀。90%以上的镀锡板用于食品、饮料和工业产品的包装。

在发达国家，镀锡板市场是成熟的市场。而在全世界，电子工业用锡量在上升，锡基合金焊料现在已经是用量最大的用途，占锡总用量的30%～35%。该用途充分利用了锡的低熔点及其“润湿”和黏结各种金属的能力。即使由于电子工业焊接的范围随技术的进步（如表面镶嵌）而逐渐缩小，电子仪表的绝对量增加却弥补了这一萎缩。由于环境原因，铅逐渐从合金焊料中减量化，导致高锡含量（>95%）焊料的应用，这甚至进一步提高了锡在该部门的消耗量。

锡的主要用途是化学制品，在美国，这一需求占总需求的28%，超过镀锡板部门的26%。锡在化学制品方面的主要应用是作聚氯乙烯（PVA）的热稳定剂及催化剂、颜料阻燃剂和玻璃的导电镀层等其他用途。

锡冶金过程中可综合利用的重要副产物有硬头，锡精炼渣，阳极泥，烟尘和含钽、铌、钨的炉渣。处理过程中采用的冶金方法包括火法冶金、湿法冶金以及火法冶金和湿法冶金联合的方法。处理所得产品可返回熔炼过程、作为各种锡产品和副产品或作为提取其他有价元素的中间原料（精矿或富集物）。

1.1.2 锑行业发展现状

1.1.2.1 锑采选业

《中国矿产资源报告（2021）》数据显示，2020年我国锑矿矿产储量为35.17万吨。主要分布在湖南、广西、西藏、云南、贵州和甘肃等地。锑资源储量最大的省份是湖南，该省冷水江市锡矿山是全球最大的锑矿。湖南湘西的辰州矿业紧随其后。此外，贵州的万山、务川、丹寨、铜仁、半坡，广西壮族自治区南丹县大厂矿山，甘肃省崖湾锑矿、陕西省旬阳汞锑矿等也均为我国主要的锑矿产区。

我国锑矿按其产状可分为缓倾斜层状和急倾斜脉状两大类；按矿物资源的成分可分

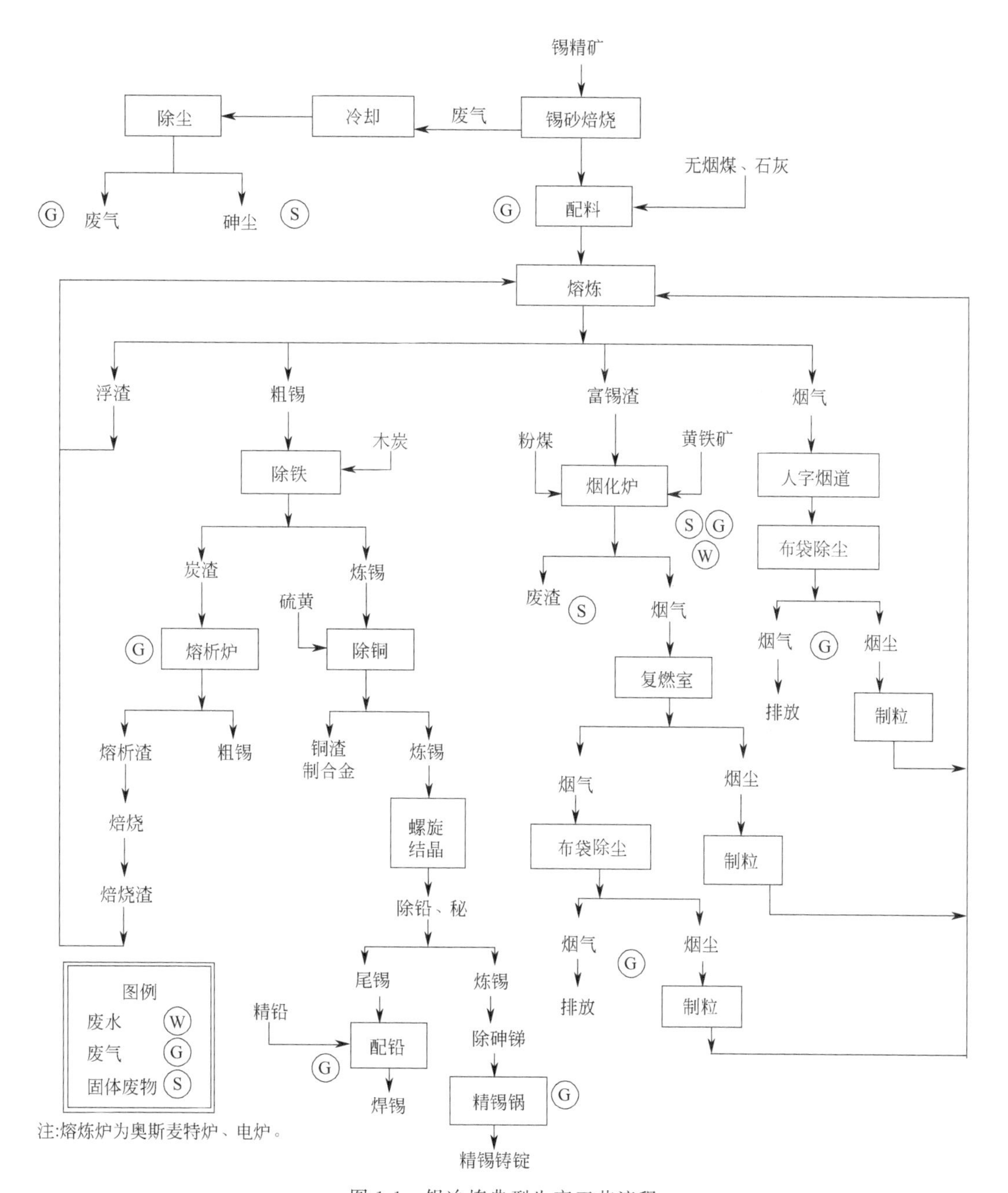

图 1-1　锡冶炼典型生产工艺流程

为单一锑矿和多金属锑矿。闻名于世的锑都——湖南锡矿山是缓倾斜层状矿床的典型，利用成分只有锑，而湖南龙山和广西隆林马雄则是急倾斜脉状矿床，属多金属矿床。

我国绝大多数锑矿山是地下开采，露天开采的很少，仅有极个别的矿山先露天开采而后也转入地下开采。

锑矿石的选矿方法有重选、重介质选、浮选等；其中，采用浮选的选矿厂较多。锑矿石的选矿方法，除应将矿石类型、矿物组成、矿物构造和嵌布特性等物理、化学性质作为基本条件来选择外，还应考虑有价组分含量和适应锑冶金技术的要求以及最终经济效益等因素。

（1）重选

重选是根据不同的矿物在介质流中具有不同的沉降或运动速度来进行分选的方法。重选包括重介质选矿、跳汰选矿、摇床选矿、溜槽选矿等。

锑矿石的重选工艺对于大多数锑矿石选厂均适用，因为锑矿物属于密度大、粒度粗的矿物，易于用重选方法与脉石分离。其中：辉锑矿密度为 4.62g/cm^3，而脉石密度介于 2.6～2.65g/cm^3 之间，其等沉降比为 2.19～2.26，属易选矿石；黄锑华密度为 5.2g/cm^3，红锑矿密度为 7.5g/cm^3，锑华为 5.57g/cm^3，它们与脉石的等沉降比分别为 2.55～2.63、3.93～4.06 和 2.76～2.86，这三种锑矿石属于按密度分选的极易选矿石。只有水锑钙石密度 3.14g/cm^3，与脉石等沉降比值仅 1.29，属于按密度分选较难的选矿石，但它在锑矿石中并不算主要成分，不影响重选的使用。

总之，不论是单一硫化锑矿石还是硫化（氧化）混合锑矿石均具有较好的重选条件，且重选费用低廉，又能在较粗粒度范围内分选出大量合格粗粒精矿，并丢弃大量脉石。有时，它即使不能直接选出合格锑精矿，作为锑浮选作业的预选作业也常被人使用，特别是浮选在现阶段处理氧化锑矿石时困难很多的情况下，因而重选成了氧化锑矿石的主要选矿方法。

（2）浮选

浮选是锑矿物最主要的选矿方法。硫化锑矿物属易浮矿物，大多采用浮选方法提高矿石品位。其中：辉锑矿常先用铅盐作活化剂，也有用铜盐或铅盐铜盐兼用的，然后用捕收剂浮选。

常用的硫化锑矿捕收剂有阴离子型捕收剂和烃油类捕收剂；后者一般作为辅助捕收剂添加。阴离子型捕收剂主要以黄药类为主，如乙黄药、丁黄药、异丁基黄药、仲丁基黄药、戊黄药等；其次为硫氮类，如乙硫氮等；再次为黑药类，如 25 号黑药及丁铵黑药等。常用的起泡剂为松醇油或 2 号油。

常见的浮选选矿工艺有以下几种。

1）锑-金（砷）浮选分离

① 浮金抑锑。用氢氧化钠强碱介质磨矿，抑制辉锑矿。同时加硫酸铜活化含金的黄铁矿和砷黄铁矿。再用醋酸铅活化辉锑矿，在其表面形成覆盖的硫化铅，然后浮出辉锑矿。

② 混合浮锑-金（砷）。湖南龙山锑金（砷）矿石，在 pH 值为 6.5 时，用硫酸铜、硝酸铅作活化剂，黑药和黄药作捕收剂，进行锑金混合浮选。混合精矿在碱性介质中，用碳酸钠、硫化钠调整 pH 值至 11，抑制浮金，进行锑金（砷）分离。

③ 用丁铵黑药分离锑砷。此法基于丁铵黑药选择性能好、对辉锑矿捕收能力强而对毒砂捕收性能较弱的特性，在浮选过程中，使毒砂较少地进入锑精矿而达到锑砷分离的目的。

2）锑-汞浮选分离

① 在碱性介质中，抑制辉锑矿，而保持辰砂的可浮性，用选择性好的捕收剂浮出汞，

然后用铅盐活化浮出辉锑矿。

② 先用铅盐作活化剂，进行锑-汞混合浮选，混合精矿中加入重铬酸钾，抑锑浮汞。

③ 经混合浮选出的锑-汞混合精矿含汞大于0.4%，可直接进蒸馏炉提取金属汞，锑残留于炉渣中，再用反射炉提取金属锑。

3）氧化锑矿的分选

氧化矿是较难选别的矿石，目前国内外氧化锑选矿仍用重选。多年来国内外对氧化锑矿的选矿给予了大量关注，研究出一些新的选别方法，如添加氯化剂离析浮选、还原焙烧-碱浸矿浆电积法、酸浸出法等。

不同类型的锑矿石经不同的选矿方法产出相应类别的锑精矿：单一硫化锑矿石经浮选后产出硫化锑精矿，如锡矿山；混合硫化氧化锑矿石选矿产出混合锑精矿；复杂多金属锑矿石选矿后产出锑金（砷）精矿如湘西辰州矿业、龙山，锑铅复合精矿如广西大厂，锑汞、锑钨、锑铅锌等精矿；氧化锑矿经重选产出氧化锑精矿。

1.1.2.2 锑冶炼业

2020年我国锑产品产量约为23万吨。国内锑冶炼企业主要集中在资源丰富的湖南、贵州、云南和广西四个省（自治区），知名度较高的有闪星锑业、辰州矿业等，四省（自治区）锑品产量占全国的80%以上。

我国的锑冶炼厂，95%以上采用火法炼锑工艺，即先将硫化锑矿石或精矿挥发焙烧（熔炼）产出锑氧，再对其进行还原熔炼和精炼，产出金属锑。根据所用溶剂的性质，湿法炼锑可分为碱性浸出-硫代亚锑酸钠溶液电解和酸性浸出-氯化锑溶液电解两种方法。

（1）单锑精矿典型冶炼工艺

冶炼工艺中的产排污节点包括鼓风炉和反射炉车间含重金属烟尘无组织排放、鼓风炉渣、吸收低浓度二氧化硫的脱硫渣、还原泡渣、砷碱渣等。锑锍、粗锑和铅渣均为中间产物，直接回用。

单锑精矿典型冶炼工艺流程及产排污节点见图1-2。

（2）锑金精矿典型冶炼工艺

先经选矿分离产出富含金的锑金精矿，采用鼓风炉挥发熔炼——贵锑电解法处理锑金精矿。该流程与处理单一硫化锑精矿的鼓风炉挥发熔炼的不同之处在于必须有少部分锑以粗锑和锑锍形态产出，以便捕集大部分的金，在前床中加入毛锑使金富集到粗锑中，只有少量的金随氧化锑在烟气除尘系统回收。之后又开发出贵锑选择性氯化提金新工艺技术，能一次有效地脱除与回收锑、铜、镍、铅等伴生金属且更便捷有效地回收金。

锑金精矿典型冶炼工艺流程见图1-3。

（3）铅锑精矿典型冶炼工艺

混合精矿—配料—制粒—氧气底吹熔炼，产出一次铅锑合金和高锑铅渣。氧气侧吹熔炼出的一次铅锑合金送铅锑分离工序，再经过收尘、还原熔炼后得$2^{\#}$锑；产出的高锑铅渣自流入侧吹还原炉进行还原熔炼；富氧底吹熔炼炉产出的烟气经余热锅炉—电除尘—骤冷脱砷三个工序后送入制酸系统。

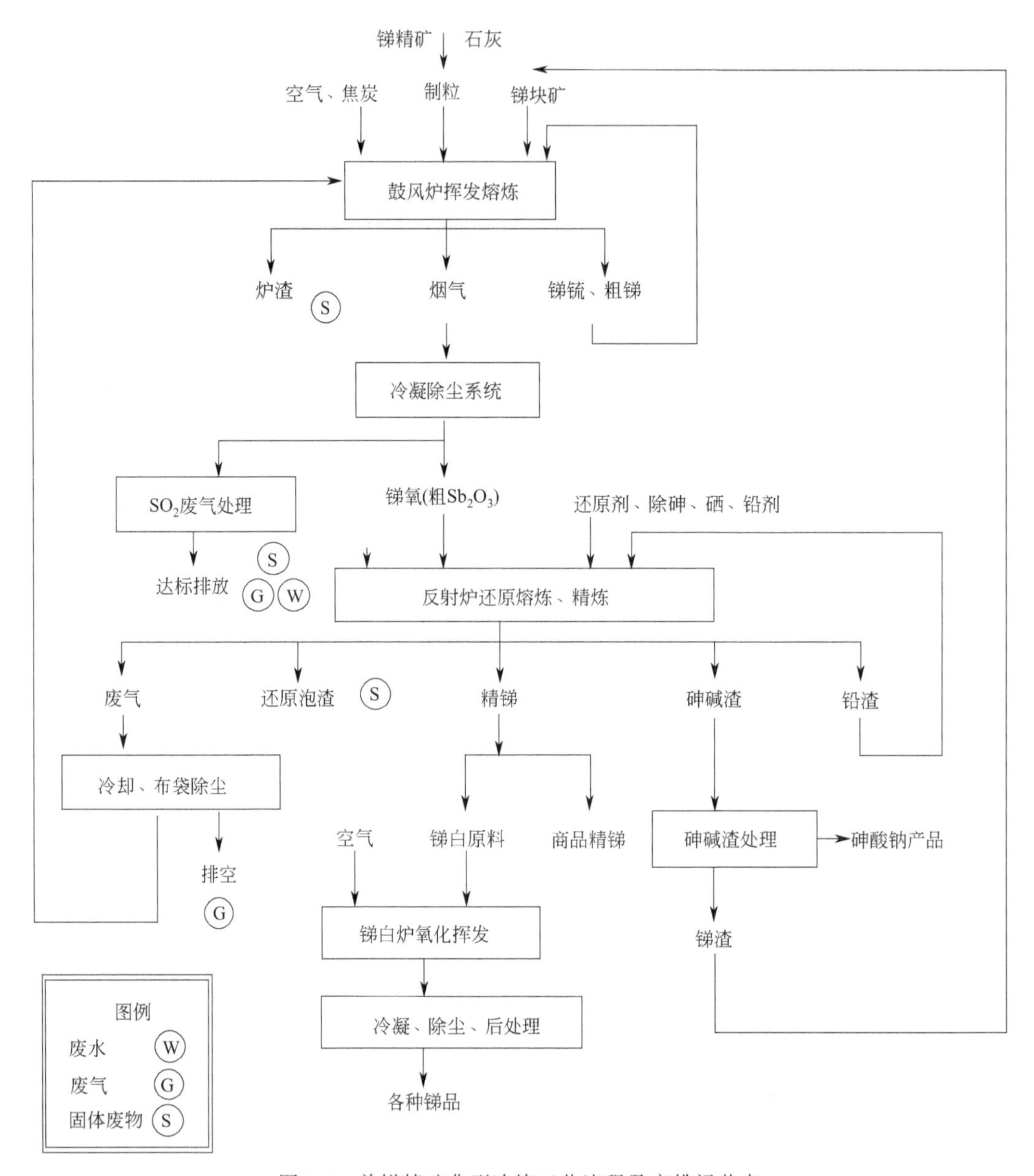

图 1-2 单锑精矿典型冶炼工艺流程及产排污节点

侧吹还原炉渣送入烟化炉回收金属锌，侧吹还原炉产出的烟气经余热锅炉—除尘两个工序后再全部返回还原熔炼工序。烟化炉炉渣经水淬后堆存再转运或进一步综合利用处理，烟化炉烟气经余热锅炉—除尘后的尾气送烟气脱硫。

氧气底吹熔炼炉和侧吹还原炉产出的铅锑合金在铅锑分离炉中进行吹炼分离，铅锑分离炉产生的锑烟尘输送到还原反射炉和精炼车间，产生的吹炼渣返回侧吹还原炉处理，产生的粗铅铸锭后送电解车间。铅锑分离炉吹炼产生的烟尘和还原煤及熔剂经配料后加入还原反射炉进行还原熔炼和精炼。尾气送去烟气脱硫。

还原反射炉产出的泡渣和除铅渣返回到侧吹还原炉，产出的砷渣作为配料返回氧气底

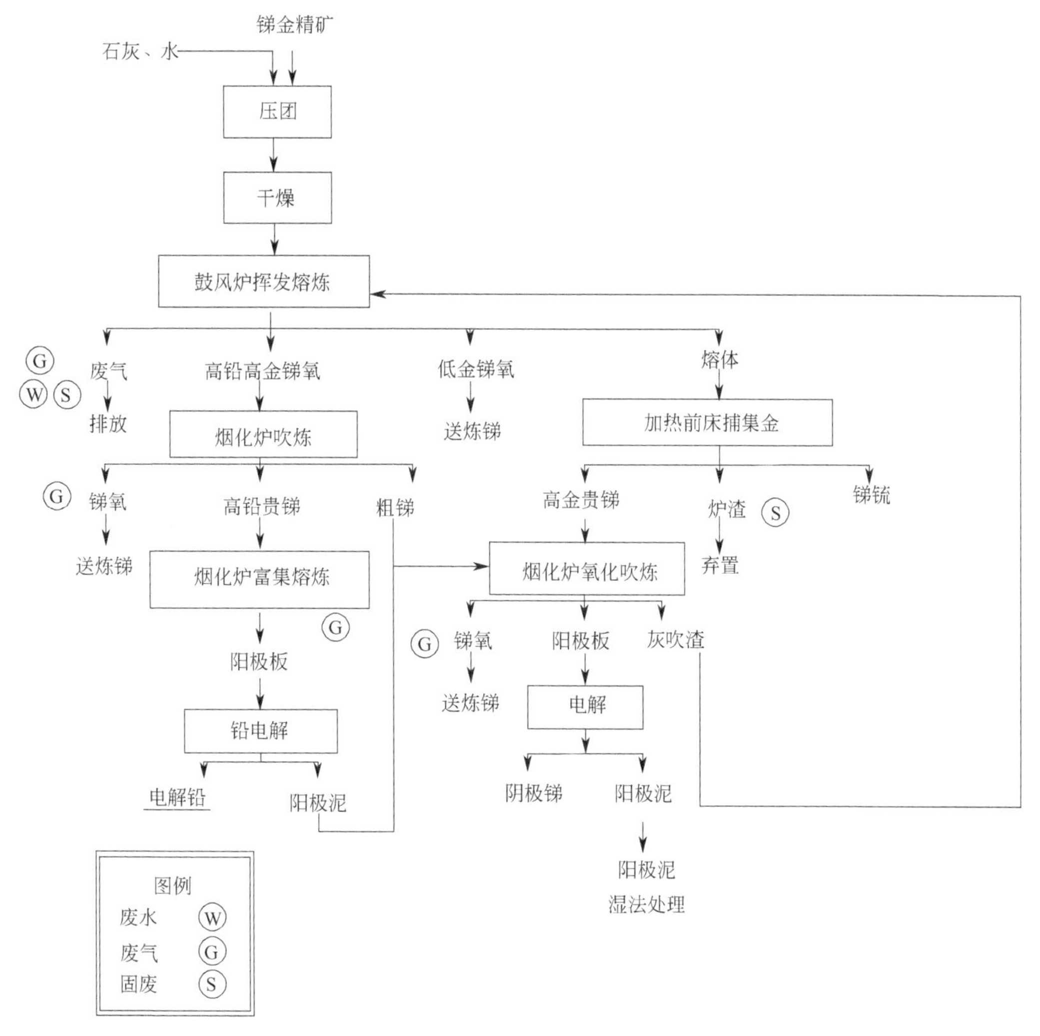

图 1-3　锑金精矿典型冶炼工艺流程

吹熔炼炉处理，产出的烟尘返回还原反射炉，产出的精锑铸锭后送综合仓库储存。

铅锑矿典型冶炼工艺流程见图 1-4。

锑的深度加工产品有：各种高纯度和超细锑白（Sb_2O_3），各种含锑合金，高纯锑，锑的化工产品如五硫化锑、硫代锑酸钠、醋酸锑、乙二醇锑、羧酸锑、硫醇锑、硫代锑酸亚锑、锑酸钠、三氯化锑、五氧化二锑等。

由于金属锑很少单独使用，所以与金属锑相关的下游产业链十分广阔。锑的应用领域包括锑合金-蓄电池、电缆护套、焊料、轴承、化工设备衬里、管道防腐零部件、印刷、枪弹丸、搪瓷面釉等。

锑的深度加工产品中最大宗的是铅锑合金、锡锑合金以及三氯化锑。最主要的锑品用途是阻燃剂，已广泛应用于橡胶、塑料、化纤、地毯、防火涂料、帐幕等。

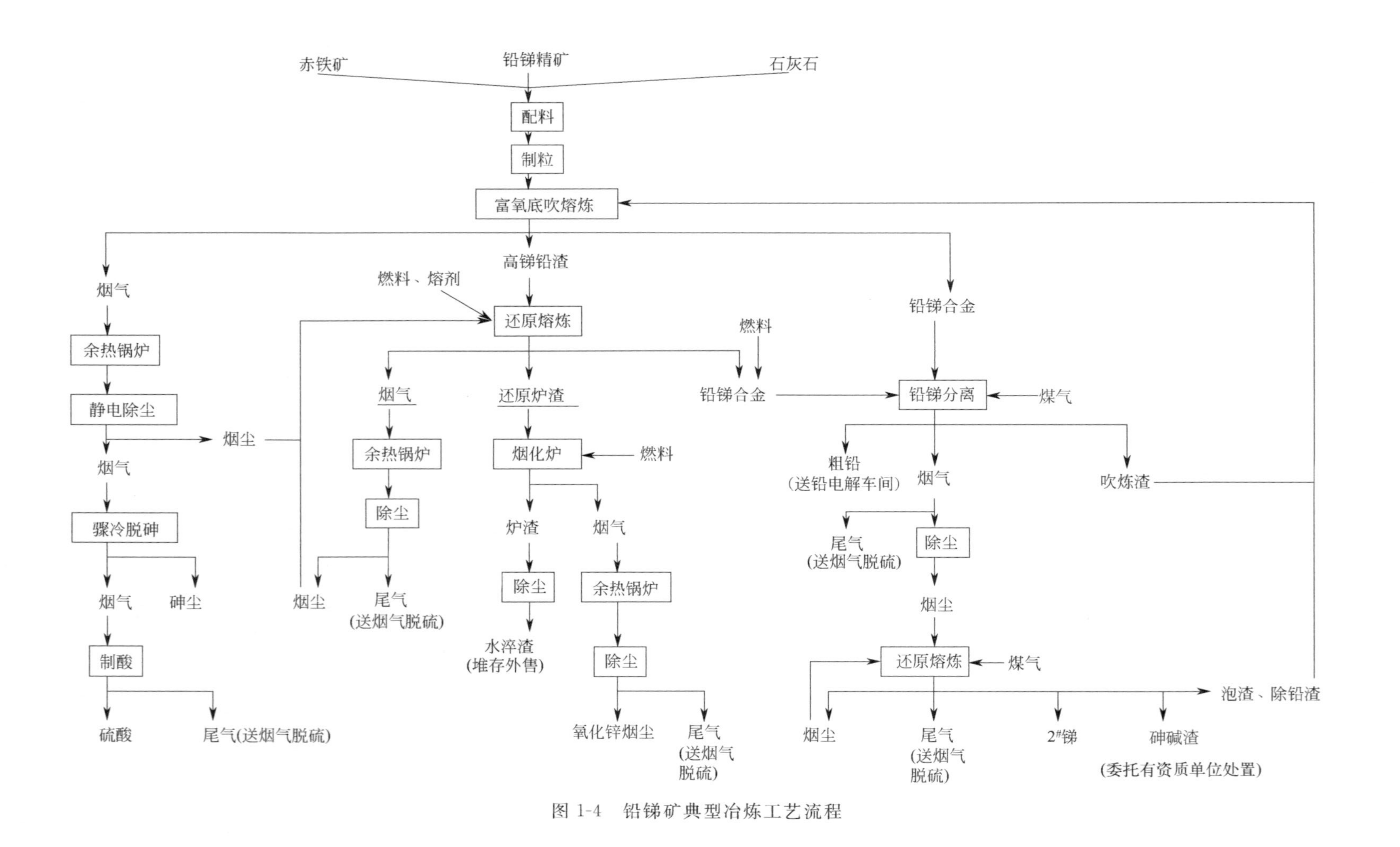

图 1-4 铅锑矿典型冶炼工艺流程

1.2 锡锑行业污染特征和治理现状

1.2.1 锡行业污染特征和治理现状

1.2.1.1 锡采选业

矿山在采矿、选矿过程中，有废水、废石、尾矿、粉尘等产生。废水主要是矿井水和选矿废水。含重金属粉尘主要来源于爆破、矿石运输、碎矿筛分、废石场扬尘等。含重金属固体废物多为废石和尾矿。

(1) 废气治理

目前在锡矿采选过程中常用湿式除尘来减少粉尘的产生量。

1) 井下采矿湿式除尘措施

坑内掘进与回采作业均采取湿式凿岩，爆破堆喷雾洒水、定期巷壁清洗，井下破碎除尘、矿石、废石溜井口喷雾除尘等抑尘措施。

2) 选矿车间湿式除尘措施

选矿车间碎矿先进行洗矿，破碎及选矿均采用湿式作业，抑制粉尘产生。

3) 原矿输送湿式除尘措施

矿区在一些地段安置喷水装置，不定期对运输道路进行喷雾洒水降尘、抑尘。

(2) 废水治理

针对锡采选行业含重金属废水的处理，国内外常规典型的处理技术为化学沉淀法。

(3) 固废安全处置

① 我国锡采选废石通常用于井下充填，其余废石则放置于废石场处置。另外，有些废石可作为“原料”进行二次利用。

② 锡尾矿资源的治理方向主要在尾矿再选、有价组分提取、充填采空区、建筑材料、微晶体制备等方面。

1.2.1.2 锡冶炼业

在生产实践中，很多产污为中间环节，产生的渣和尘要重新回炉，针对实际生产，略掉中间产物，整理简化的排污节点及污染物去向见表1-1。

(1) 废气治理

在锡冶炼厂，无论是精矿的炼前焙烧、还原熔炼，还是富锡渣烟化以及硫渣的处理等工序，都会产出一定数量的低浓度 SO_2 烟气。这些烟气含 SO_2 浓度虽然低，但气量大，必须经过治理才能排放。

我国主要采用的烟气脱硫方法包括氧化镁吸收法、亚硫酸钠循环吸收法、石灰乳吸收法。其中石灰乳吸收法是所有烟气脱硫方法中费用最低的方法。然而，在所有脱硫方法中，回收副产品所得尚不能弥补脱硫所需的各种费用。为更好地对硫资源进行利用，并进一步降低外排二氧化硫的浓度，云锡集团建设了烟气制酸系统。因此，对于炼锡厂而言，只能是根据工厂资源情况和具体条件来选择适宜的烟气脱硫方案。

表 1-1　锡冶炼产排污节点汇总

工艺名称（设备）	主要工艺	节点	污染物形态	污染物	去向
奥斯麦特炉	炼前处理	沸腾炉（或回转窑）	水	含砷废水	污水处理站处理回用
			气	含砷、硫烟气	除尘制酸（或脱硫）后外排
		脱硫环节	水	脱硫废水	沉淀循环
			渣	脱硫渣	贮存
	还原熔炼	熔炼炉	水	含砷废水	污水处理站处理回用
			气	含硫烟气	除尘制酸（或脱硫）后外排
		配料		含重金属粉尘	除尘后排放
		出渣、出锡口			
		脱硫环节	水	脱硫废水	沉淀循环
			渣	脱硫渣	贮存
	挥发熔炼	烟化炉	水	含砷废水	污水处理站处理回用
			气	含硫烟气	除尘制酸（或脱硫）后外排
			渣	水淬渣	贮存
		脱硫环节	水	脱硫废水	沉淀循环
			渣	脱硫渣	贮存
	精炼	熔析炉	气	含重金属粉尘	除尘后外排
		氧化锅面			
		结晶机			
		离心机			
电炉	炼前处理	沸腾炉（或回转窑）	气	含砷、硫烟气	除尘脱硫后外排
		脱硫环节	水	脱硫废水	沉淀循环
			渣	脱硫渣	贮存
	还原熔炼	熔炼炉	气	含硫烟气	除尘脱硫后外排
		配料		含重金属粉尘	除尘后排放
		出渣、出锡口			
		脱硫环节	水	脱硫废水	沉淀循环
			渣	脱硫渣	贮存
	挥发熔炼	烟化炉	气	含硫烟气	除尘脱硫后外排
			渣	水淬渣	贮存
		脱硫环节	水	脱硫废水	沉淀循环
			渣	脱硫渣	贮存
	精炼	熔析炉	气	含重金属粉尘	除尘后外排
		精炼锅			
		精锡锅			

（2）废水治理

锡冶炼厂在生产过程中所产生的废水，按其来源通常分为冷却水、冲渣水、地面冲洗水和含砷废水。

① 冷却水。主要是炉体间接冷却水，涉及热污染，经冷却降温后可循环使用。

② 冲渣水。用水冲炉渣产生冲渣水，大部分经沉淀和冷却处理后循环使用。

③ 地面冲洗水。地面冲洗水为间断性生产废水，一般含有重金属及砷污染物，常纳入含砷废水处理系统处理。

④ 含砷废水。主要指来自锡精矿炼前处理、锡精矿还原熔炼或挥发熔炼的烟气洗涤废水，为连续产生的废水。目前，国内对含砷废水的处理方法以化学沉淀法为主，包括石灰中和沉淀法、石灰中和＋铁盐沉淀法和石灰硫化沉淀法等。工业应用以石灰中和＋铁盐沉淀法为主。

（3）固体废物安全处置

锡冶炼厂的废渣主要是指烟化炉渣、煤灰渣、高砷污泥渣、低砷污泥渣等；其中数量最大的是烟化炉水淬渣。一般固体废物通常进行综合利用，危险废物通常委托有资质的单位进行处置。

1.2.2 锑行业污染特征和治理现状

1.2.2.1 锑采选业

矿山在采矿、选矿过程中，有废水、废石、尾矿、粉尘等产生。废水主要是矿井水和选矿废水。含重金属粉尘主要来源于爆破、矿石运输、碎矿筛分、废石场扬尘等。含重金属固体废物多为废石和尾矿。

（1）废气治理

目前在锑矿采选过程中常用湿式除尘来减少粉尘的产生量。

1）井下采矿湿式除尘措施

坑内掘进与回采作业均采取湿式凿岩，爆破堆喷雾洒水、定期巷壁清洗，井下破碎除尘、矿石、废石溜井口喷雾除尘等抑尘措施。

2）选矿车间湿式除尘措施

选矿车间碎矿先进行洗矿，破碎及选矿均采用湿式作业，抑制粉尘产生。

3）原矿输送湿式除尘措施

矿区在一些地段安置喷水装置，不定期对运输道路进行喷雾洒水降尘、抑尘。

（2）废水治理

针对锑采选行业含重金属废水的处理，国内外常规典型的处理技术为化学沉淀法。

（3）固体废物安全处置

① 我国锑采选废石通常用于井下充填，其余废石则放置于废石场处置。另外，有些废石可作为“原料”进行二次利用。

② 锑尾矿资源的治理方向主要在尾矿再选、有价组分提取、充填采空区、建筑材料、微晶体制备等方面。

1.2.2.2 锑冶炼业

选取典型的单锑精矿冶炼工艺、锑金精矿冶炼工艺和铅锑精矿冶炼工艺进行产排污节点分析。

锑冶炼产排污节点见表1-2。

（1）废气治理

① 配料废气。是原料、辅料、燃料和熔剂配料时产生含重金属粉尘的废气，对扬尘进行收集处理，主要采用布袋除尘方式。

表 1-2　锑冶炼产排污节点汇总

工艺	工序	节点	形态	污染物	去向
挥发熔炼-还原熔炼	挥发熔炼	车间无组织排放	颗粒物	含重金属粉尘	除尘后外排
		熔炼炉	气	烟气	除尘脱硫后外排
			渣	锑锍	返回冶炼系统
		脱硫环节	水	脱硫废水	沉淀循环
			渣	脱硫渣	贮存
		炉渣水淬	水	冲渣水	沉淀循环
			渣	水淬渣	贮存
	还原熔炼	车间无组织排放	颗粒物	含重金属粉尘	除尘后外排
		熔炼炉	气	烟气	除尘脱硫后外排
			渣	还原泡渣	返回冶炼系统
		精炼除铅	渣	铅渣	返回冶炼系统
		精炼除砷	渣	砷碱渣	委托有资质的单位处置
		脱硫环节	水	脱硫废水	沉淀循环
			渣	脱硫渣	贮存
挥发熔炼-选择性氯化提金	挥发熔炼与前床捕集	车间无组织排放	颗粒物	含重金属粉尘	除尘后外排
		熔炼炉	气	烟气	除尘脱硫后外排
			渣	高金高铅锑氧	返回冶炼系统
		脱硫环节	水	脱硫废水	沉淀循环
			渣	脱硫渣	贮存
		炉渣水淬	水	冲渣水	沉淀循环
			渣	水淬渣	贮存
	还原熔炼	车间无组织排放	颗粒物	含重金属粉尘	除尘后外排
		熔炼炉	气	烟气	除尘脱硫后外排
			渣	还原泡渣	返回冶炼系统
		精炼除铅	渣	铅渣	返回冶炼系统
		精炼除砷	渣	砷碱渣	委托有资质的单位处置
		脱硫环节	水	脱硫废水	沉淀循环
			渣	脱硫渣	贮存
	选择性氯化提金	氯化提金	水	冶炼废水	循环利用
氧气底吹熔炼-侧吹熔融还原-富氧挥发	底吹熔炼	车间无组织排放	颗粒物	含重金属粉尘	除尘后外排
		熔炼炉	水	污酸废水	污酸处理站处理
			气	烟气	除尘＋制酸＋脱硫后排放
			渣	高锑铅渣	进入冶炼系统
				铅锑合金	进入冶炼系统
		脱硫环节	水	脱硫废水	沉淀循环
			渣	脱硫渣	贮存
	侧吹熔炼	车间无组织排放	颗粒物	含重金属粉尘	除尘后外排
		熔炼炉	气	烟气	除尘＋脱硫后排放
			渣	还原炉渣	进入冶炼系统
				铅锑合金	进入冶炼系统
		脱硫环节	水	脱硫废水	沉淀循环
			渣	脱硫渣	贮存
	挥发熔炼	车间无组织排放	颗粒物	含重金属粉尘	除尘后外排
		熔炼炉	水	冲渣水	沉淀循环
			气	烟气	除尘＋脱硫后排放
			渣	水淬渣	贮存
		脱硫环节	水	脱硫废水	沉淀循环
			渣	脱硫渣	贮存

② 冶炼废气。单锑精矿或锑金精矿冶炼产生的低浓度 SO_2 废气浓度一般为 0.3%～0.8%（质量分数），达不到制酸要求，又远远超过国家排放标准。我国锑冶炼厂一般采用碱性溶液吸收处理，所用吸收剂主要有石灰乳、碱液、氨液等溶液，而以石灰乳吸收法使用最普遍。

有的锑冶炼厂也采用石灰乳和碱液混合液吸收法，该法吸收速度快、效率高，易于达到排放标准，但也同样存在废渣处置问题。

熔炼废气处理，一般采用 U 形冷却管＋布袋＋湿法脱硫处理，可以做到达标排放。

为更好地对硫资源进行利用，并进一步降低外排二氧化硫的浓度，新建的铅锑冶炼厂配套建设了烟气制酸系统。

（2）废水治理

锑冶炼厂在生产过程中所产生的废水，按其来源通常分为冷却水、冲渣水、地面冲洗水和污酸废水四类。

① 冷却水。主要是直接和间接冷却水，涉及热污染，经冷却降温后可循环使用。

② 冲渣水。用水冲炉渣产生冲渣水，大部分经沉淀和冷却处理后循环使用。

③ 地面冲洗水。地面冲洗水为间断性生产废水，一般含有重金属及砷污染物，常纳入废水处理系统处理。

④ 污酸废水。主要指来自熔炼的烟气洗涤废水，为连续产生的废水。目前，国内对污酸废水的处理方法以化学沉淀法为主，包括石灰硫化沉淀法、石灰中和＋铁盐沉淀法等。工业应用以石灰硫化沉淀法为主。

（3）废渣安全处置

锑冶炼废渣主要包括以下几种。

① 水淬渣。渣量较大，其主要成分是 FeO、CaO、SiO_2 及少量 Al_2O_3。

② 烟气脱硫石膏渣。以硫酸钙、亚硫酸钙为主要成分，含有微量砷。

③ 砷碱渣。火法炼锑流程中，粗锑精炼时，为了脱除粗锑中的杂质砷，目前基本上采用在反射炉内加入纯碱的方法，会产生含有砷酸钠、亚砷酸钠的碱性渣，统称砷碱渣。渣中还含有 20%～40%的锑，锑的存在形态主要为亚锑酸钠，其次为金属锑和锑酸钠。砷碱渣的治理是行业难题，到目前为止已经取得了一定的技术突破。

锑冶炼行业的一般固体废物通常进行综合利用，危险废物通常委托有资质的单位进行处置。

1.3 环境管理现状和存在的问题

1.3.1 环境管理现状

锡和锑是我国的战略资源，2006 年后国家陆续出台了一系列标准、行业规范条件等方面的行业政策及相关配套措施，引导行业污染防治水平提升以及健康发展。政策标准主要分为原料管理、生产过程控制、末端治理等方面，如表 1-3 所列。

表 1-3　再生铜行业环境管理政策

分类	名称	重要内容
原料管理	重金属精矿产品中有害元素的限量规范(GB 20424—2006)	本标准规定了锡精矿产品中所含有害元素的限量及检测方法
	锑精矿(YS/T 385—2019)	本标准规定了锑精矿的技术要求、试验方法、检验规则、包装、运输和质量预报单以及订货单(或合同)内容
生产过程控制	锡行业清洁生产评价指标体系	(1)生产工艺和装备指标:对采矿、选矿和冶炼的生产工艺、装备等提出了要求。 (2)资源和能源消耗指标:对能耗、水耗等提出了要求。 (3)资源综合利用指标:对采矿回采率、选矿回收率、锡金属回收率、废水循环利用率提出了要求。 (4)污染物产生指标:对废水和废气污染物产生量提出了要求。 (5)清洁生产管理指标:对法律法规执行、环境管理制度和应急管理等提出了要求
	锑行业清洁生产评价指标体系	(1)生产工艺和装备指标:对采矿、选矿和冶炼的生产工艺、装备等提出了要求。 (2)资源和能源消耗指标:对能耗、水耗等提出了要求。 (3)资源综合利用指标:对采矿回采率、选矿回收率、锑金属回收率、废水循环利用率提出了要求。 (4)污染物产生指标:对废水和废气污染物产生量提出了要求。 (5)清洁生产管理指标:对法律法规执行、环境管理制度和应急管理等提出了要求
末端治理	锡、锑、汞工业污染物排放标准(GB 30770—2014)	(1)大气污染物: ①二氧化硫 400mg/m^3,氮氧化物 200mg/m^3,颗粒物 30mg/m^3,硫酸雾 20mg/m^3(烟气制酸),氟化物 3mg/m^3,锡及其化合物 4mg/m^3(锡冶炼)、1mg/m^3(锑冶炼),锑及其化合物 1mg/m^3(锡冶炼)、4mg/m^3(锑冶炼),汞及其化合物 0.01mg/m^3,镉及其化合物 0.05mg/m^3,铅及其化合物 2mg/m^3(锡冶炼)、0.5mg/m^3(锑、汞冶炼),砷及其化合物 0.5mg/m^3。(排放限值) ②二氧化硫 100mg/m^3,氮氧化物 100mg/m^3,颗粒物 10mg/m^3,硫酸雾 10mg/m^3(烟气制酸),氟化物 3mg/m^3,锡及其化合物 4mg/m^3(锡冶炼)、1mg/m^3(锑冶炼),锑及其化合物 1mg/m^3(锡冶炼)、4mg/m^3(锑冶炼),汞及其化合物 0.01mg/m^3,镉及其化合物 0.05mg/m^3,铅及其化合物 2mg/m^3(锡冶炼)、0.5mg/m^3(锑、汞冶炼),砷及其化合物 0.5mg/m^3。(特别排放限值) (2)水污染物: ①pH 6～9,COD 60mg/L,总磷 1mg/L,总氮 15mg/L,氨氮 8mg/L,石油类 3mg/L,悬浮物 70mg/L(采选)、30mg/L(其他),硫化物 0.5mg/L,氟化物 5mg/L,总铜 0.2mg/L,总锌 1mg/L,总锡 2mg/L 总锑 0.3mg/L,总汞 0.005mg/L,总镉 0.02mg/L,总铅 0.2mg/L,总砷 0.1mg/L,六价铬 0.2mg/L,总铊 0.015mg/L(0.005mg/L)。(排放限值) ②pH 6～9,COD 50mg/L,总磷 0.5mg/L,总氮 10mg/L,氨氮 5mg/L,石油类 1mg/L,悬浮物 10mg/L,硫化物 0.5mg/L,氟化物 5mg/L,总铜 0.2mg/L,总锌 1mg/L,总锡 2mg/L,总锑 0.3mg/L,总汞 0.005mg/L,总镉 0.02mg/L,总铅 0.2mg/L,总砷 0.1mg/L,六价铬 0.2mg/L,总铊 0.015mg/L(0.005mg/L)。(特别排放限值)
	排污许可证申请与核发技术规范 水处理通用工序(HJ 1120—2020)	本标准规定了采矿类、生产类、服务类排污单位水处理设施排放污染物的排污许可证申请与核发的基本情况填报要求、许可排放限值确定、实际排放量核算、合规判定的一般方法,以及自行监测、环境管理台账及排污许可证执行报告等环境管理要求,提出了污染防治可行技术要求

续表

分类	名称	重要内容
末端治理	排污许可证申请与核发技术规范 有色金属工业-锡冶炼（HJ 936—2017）	该标准规定了锡冶炼排污单位排污许可证申请与核发的基本情况填报要求、许可排放限值确定和实际排放量核算方法、合规判定方法，以及自行监测、环境管理台账与排污许可证执行报告等环境管理要求，提出了锡冶炼行业污染防治可行技术及运行管理要求
	排污许可证申请与核发技术规范有色金属工业-锑冶炼（HJ 938—2017）	该标准规定了锑冶炼排污单位排污许可证申请与核发的基本情况填报要求、许可排放限值确定和实际排放量核算方法、合规判定方法，以及自行监测、环境管理台账与排污许可证执行报告等环境管理要求，提出了锑冶炼行业污染防治可行技术及运行管理要求
	国家危险废物名录（2021年版）	HW27含锑废物：锑金属及粗氧化锑生产过程中产生的熔渣和集（除）尘装置收集的粉尘；氧化锑生产过程中产生的熔渣
	危险废物贮存污染控制标准（GB 18597—2023）	本标准规定了危险废物贮存污染控制的总体要求，贮存设施选址和污染控制要求、容器和包装物污染控制要求、贮存过程污染控制要求，以及污染物排放、环境监测、环境应急、实施与监督等环境管理要求
	一般工业固体废物贮存和填埋污染控制标准(GB 18599—2020)	本标准规定了一般工业固体废物贮存场、填埋场的选址、建设、运行、封场、土地复垦等过程的环境保护要求，替代贮存、填埋处置的一般工业固体废物充填及回填利用环境保护要求，以及监测要求和实施与监督等内容

为加强进口重金属精矿有害成分的管控，国家制定并公布了《重金属精矿产品中有害元素的限量规范》（GB 20424—2006），规定了锡精矿产品中所含有害元素的限量及检测方法。

在生产过程环境监管阶段，《锡行业清洁生产评价指标体系》和《锑行业清洁生产评价指标体系》重点针对生产工艺、装备、资源综合利用、污染物产生以及清洁生产管理等方面提出了政策和技术要求。

在污染物末端治理方面，发布的《锡、锑、汞工业污染物排放标准》（GB 30770—2014）以及危险废物管理规定均属于强制执行标准，排污许可证申请与核发技术规范中提出了污染物“浓度和总量”双监管模式。锑金属及粗氧化锑生产过程中产生的熔渣和集（除）尘装置收集的粉尘、氧化锑生产过程中产生的熔渣列入国家最新颁布的《危险废物名录》（2021 年版），应严格按照我国现行的危险废物管理制度交由有处理资质的单位处理。危险废物需要转移的，严格遵守危险废物联单转移制度，严禁将危险废物提供或委托给无证单位处置。

1.3.2 环境管理存在的问题

（1）污染防控的标准规范体系还不完善

① 原料管理标准有待于进一步修订和补充完善。《重金属精矿产品中有害元素的限量规范》（GB 20424—2006）是 2006 年发布，2007 年实施的，近年来国家环境管理发生了很

大的变化，亟需修订该项标准，同时该标准的范围没有包括锑精矿，建议补充完善。

② 在锡、锑行业污染防控的技术体系方面，我国还处于起步阶段，没有颁布实施相关污染防控的技术政策、最佳可行技术（BAT）、工程技术规范。

③ 对于标准制定的科学性来讲，标准实施效果的评估有利于提供正确有效的反馈，也利于标准下一步的制修订工作。目前，《锡、锑、汞工业污染物排放标准》(GB 30770—2014）尚未进行效果评估，建议尽快开展该项标准的实施效果评估，通过评估反馈及时修正标准，以有效发挥环境标准在污染防控方面的约束能力。

（2）清洁生产水平仍有进一步提升的空间

部分企业主动采用清洁生产工艺，提升污染治理设施的积极性不够，环保投入不足，环境管理水平不高，这些都制约了锡、锑行业污染防治工作的开展。对冶炼原料伴生元素污染的重视程度不够，生产过程中的中间物料缺乏管理，没有固体废物去向的跟踪机制。以上问题表明，企业清洁生产水平仍有进一步提升的空间。

（3）污染治理技术和设施有待于进一步规范

在污染治理技术的使用和设施建设上，部分企业投入资金的力度不够，导致处理设施能力不足、处理效率不高；在技术选择、工程设计、运行及管理上，存在各种随意的行为，导致许多处理工程的效果并不理想，一些处理工程甚至无法做到达标排放，规模较大的锡、锑冶炼企业，污染治理设施虽完备，达标率也较高，但却存在工程建设投资大、运行费用高等问题。

参考文献

[1] 中华人民共和国自然资源部．中国矿产资源报告（2021）[M]．北京：地质出版社，2021.

[2] 赵志龙，何孟常，王建兵，等．镍钴锡锑采选行业重金属污染与防治 [M]．北京：清华大学出版社，2015.

[3] 杨晓松，等．有色金属冶炼重点行业重金属污染控制与管理 [M]．北京：中国环境出版社，2014.

第2章
合规要求与法律责任

2.1 锡锑行业污染防控要求

2.1.1 锡锑行业产业政策和技术政策的要求

2.1.1.1 《产业结构调整指导目录（2019年本）》[1]

（1）限制类

新建、扩建钨金属储量小于1万吨、年开采规模小于30万吨矿石量的钨矿开采项目（现有钨矿山的深部和边部资源开采扩建项目除外），钨、钼、锡、锑冶炼项目（符合国家环保节能等法律法规要求的项目除外）以及氧化锑、铅锡焊料生产项目，稀土采选、冶炼分离项目（符合稀土开采、冶炼分离总量控制指标要求的稀土企业集团项目除外）。

（2）淘汰类

采用地坑炉、坩埚炉、赫氏炉等落后方式炼锑。

2.1.1.2 《镍、钴、锡、锑、汞冶炼建设项目重大变动清单（试行）》[2]

（1）规模

镍、钴、锡、锑原生冶炼生产能力增加20%及以上；含镍、钴、锡、锑等金属废物处置能力增加20%及以上；汞冶炼生产能力增加。

（2）建设地点

项目（含配套固体废物渣场）重新选址；在原厂址附近调整（包括总平面布置变化）导致大气环境防护距离内新增环境敏感点。

（3）生产工艺

冶炼工艺或制酸工艺变化，HJ 931、HJ 934、HJ 936、HJ 937、HJ 938规定的主要排放口对应的冶炼炉窑炉型、规格及数量变化，或主要原辅料、燃料的种类、数量变化，导致新增污染物项目或污染物排放量增加。

（4）环境保护措施

废气、废水处理工艺或处理规模变化，导致新增污染物项目或污染物排放量增加（废气无组织排放改为有组织排放除外）；HJ 931、HJ 934、HJ 936、HJ 937、HJ 938 规定的主要排放口排气筒高度降低 10%及以上；新增废水排放口；废水排放去向由间接排放改为直接排放；废水直接排放口位置变化导致不利环境影响加重；固体废物种类或产生量增加且自行处置能力不足，或固体废物处置方式由外委改为自行处置，或自行处置方式变化，导致不利环境影响加重。

2.1.1.3 《砷污染防治技术政策》[3]

（1）清洁生产

① 鼓励优先开采和使用砷含量低的矿石和燃煤；生产或进口的铜、铅、锌、锡、锑和金等精矿中砷含量应满足相关精矿标准和国家政策要求。

② 含砷精矿以及含砷危险废物在收集、运输、贮存时，应采取密闭或其他防漏散、防飞扬措施。

③ 鼓励有色金属冶炼企业采用符合一、二级清洁生产标准的冶炼工艺。硫化铜和硫化铅精矿采用闪速熔炼、富氧熔池熔炼等工艺及装备；硫化锌精矿采用常规湿法冶金、氧压浸出等工艺及装备。

④ 铜、铅、锌、锡、锑、金等精矿冶炼过程中回收伴生有价元素时，应严格控制含砷物料污染。

⑤ 控制铜、锌、锡、锑、镉、铟等金属冶炼过程中砷化氢的产生；砷化氢气体应采用吸收、吸附等方法处理。

（2）污染治理

① 含砷烟尘应采用袋式除尘、湿式除尘、电除尘等及其组合工艺进行高效净化。

② 涉砷企业生产区初期雨水、地面冲洗水、车间生产废水、渣场渗滤液在其产生车间或生产设施中应单独收集、分质处理或回用，实现循环利用或达标排放；生产车间或生产设施排放口废水中砷含量应达到国家排放标准要求。

③ 有色金属采选行业含砷废水应采用氧化沉淀、混凝沉淀、吸附、生物制剂等方法或组合工艺处理并循环利用。

④ 有色金属冶炼行业污酸和含砷废水应采用硫化沉淀、石灰-铁盐共沉淀、硫化-石灰中和、高浓度泥浆-铁盐法、生物制剂、电絮凝等方法或组合工艺处理。

⑤ 含砷污泥和含砷废渣应固化、稳定化处理，按国家相关要求运输、贮存和安全处置。

（3）综合利用

① 鼓励含砷物料产生量较大的企业对含砷废渣和废料进行资源化处置；采用湿法冶金技术回收含砷污泥、砷烟尘等废渣和废料中有价金属，二次砷渣安全无害化处置。

② 利用有色金属冶炼过程中产生的高砷物料生产三氧化二砷、金属砷等产品的单位应符合危险废物经营许可证管理办法要求。

③ 涉砷企业应加强对原料场及各生产工序含砷污染物排放的控制；含砷物料用作水泥生产原料应进行安全性评估。

（4）二次污染防治

① 含砷废石堆场应按照一般工业固体废物贮存、处置场污染控制标准执行；含砷废

渣贮存堆场必须按照危险废物填埋场选址与安全措施要求执行；含砷尾矿库必须采取防渗漏、防氧化、防流失等无害化处置措施，并建立三级防控体系。尾矿库闭库必须按要求覆土并种植植物，防止滑坡、水土流失及风蚀扬尘等；必须定期监测渗漏液和地下水，确保长期安全封存。

② 按照国家相关规定，加强对历史遗留含砷冶炼场地、废渣堆场以及周边土壤和地下水环境质量的调查、监测与风险评估；开展含砷废渣、废渣堆场及其周边污染土壤综合整治。

③ 鼓励采用固化及稳定化技术治理砷污染场地土壤；鼓励采用植物修复、植物-微生物联合修复或农业生态工程等措施治理砷污染农产品产地土壤。定期监测修复后的砷污染场地、农产品产地土壤等；加强对砷含量超标的地表水或地下水灌溉农产品产地、修复后的植物处置等方面的监管。

④ 未受砷污染的农产品产地，严格控制外源砷污染；受砷污染的农产品产地，实行分级管理。农产品中砷含量不超过国家相关标准要求的农产品产地，合理利用；农产品中砷含量超过国家相关标准的农产品产地，调整种植结构，必要时，按国家相关规定划定农产品禁止生产区。

（5）鼓励研发的新技术

① 低能耗、高效率、环境友好的涉砷项目新工艺及装备；综合回收含砷低品位矿、尾矿和含砷贵金属资源中有价元素的先进技术及装备。

② 含砷烟气和含砷化氢气体的高效收集除砷技术及装备；粒径在 0.1 μm 以下含砷超细烟尘的高效收集技术及装备；高效、经济可行的含砷废水分级处理与回用技术及装备；含砷污泥、高砷烟尘等固体废物中砷生成臭葱石等的固化/稳定化技术及装备；含砷废水中砷高度富集、富集后的固体废物安全贮存技术。

③ 砷污染土壤、水环境治理与修复技术及装备；污染地下水中砷的阻隔拦截与深度净化技术及装备；废气中砷等污染物在线监测技术和设备。

2.1.2 锡锑行业原料标准

（1）重金属精矿产品中有害元素的限量规范

2006 年 8 月国家市场监督管理总局和国家标准化管理委员会发布了《重金属精矿产品中有害元素的限量规范》(GB/T 20424—2006)[4]，规定了重金属精矿产品中所含有害元素的限量及检测方法。锡精矿中所含有害元素应符合表 2-1 的规定。

表 2-1　锡精矿所含有害元素要求

有害元素	Pb	As	Hg
含量/%　　≤	0.50	2.50	0.05

（2）锑精矿

2019 年 8 月有色标准化管理委员会发布了《锑精矿》（YS/T 385—2019）[5]，规定了锑精矿的技术要求、试验方法、检验规则、包装、标志、运输和质量预报单以及订货单（或合同）内容。锑精矿中所含杂质含量应符合表 2-2、表 2-3 的规定。

2.1.3 锡锑行业清洁生产评价指标体系

2.1.3.1 清洁评价指标体系-锡行业（征求意见稿）

该标准[6] 由国家发展和改革委员会、生态环境部及工业和信息化部共同发布，2019年7月开始征求意见。

表 2-2 硫化锑精矿、混合锑精矿的化学成分

类别	品级	锑的质量分数/% ≥	杂质的质量分数/% ≤				
			As	Pb	Bi	Cu	Se
粉精矿	一级品	55	0.6	0.15	0.0015	0.006	0.02
	二级品	45	0.6	0.15	0.0015	0.006	0.02
	三级品	35	0.4	0.15	0.0020	0.010	0.02
	四级品	30	0.4	0.15	0.0020	0.010	0.02
块精矿	一级品	60	0.6	0.15	0.0015	0.006	0.02
	二级品	50	0.6	0.15	0.0015	0.006	0.02
	三级品	40	0.4	0.15	0.0020	0.010	0.02
	四级品	30	0.4	0.15	0.0020	0.010	0.02
	五级品	20	0.2	0.10	0.0020	0.010	0.02

表 2-3 氧化锑精矿的化学成分

类别	品级	锑的质量分数/% ≥	杂质的质量分数/% ≤				
			As	Pb	Bi	Cu	Se
块精矿	一级品	60	0.6	0.2	0.0015	0.006	0.02
	二级品	50	0.6	0.2	0.0015	0.006	0.02
	三级品	40	0.4	0.15	0.0020	0.010	0.02
	四级品	30	0.4	0.15	0.0020	0.010	0.02

该标准规定了锡采选、冶炼企业清洁生产的一般要求。本指标体系将清洁生产标准指标分为六类，即生产工艺及装备指标、资源能源消耗指标、资源综合利用指标、污染物产生指标、原料与产品特征指标（矿山生态保护指标）、清洁生产管理指标。

（1）指标基准值及其说明

在定量评价指标中，各指标的评价基准值是衡量该项指标是否符合清洁生产基本要求的评价基准。在行业清洁生产评价指标体系中，评价基准值分为Ⅰ级基准值、Ⅱ级基准值和Ⅲ级基准值三个等级。其中Ⅰ级基准值代表国际领先水平；Ⅱ级基准值代表国内先进水平；Ⅲ级基准值代表国内一般水平。

在定性评价指标体系中，衡量该项指标是否贯彻执行国家有关政策、法规的情况，按“是”或“否”两种选择来评定。

（2）指标体系

锡矿采矿企业清洁生产评价指标体系评价指标、评价基准值和权重值（露天开采）见表2-4。锡矿采矿企业清洁生产评价指标体系评价指标、评价基准值和权重值（地下开采）见表2-5。锡矿选矿企业清洁生产评价指标体系评价指标、评价基准值和权重值见表2-6。锡冶炼企业清洁生产评价指标体系评价指标、评价基准值和权重值见表2-7。

表 2-4　锡矿采矿企业清洁生产评价指标体系评价指标、评价基准值和权重值(露天开采)

序号	一级指标	一级指标权重值	二级指标	单位	二级指标权重值	Ⅰ级基准值	Ⅱ级基准值	Ⅲ级基准值
1	生产工艺及装备指标	0.30	采矿工艺	—	0.5	根据矿石赋存条件、地质条件和经济合理性选择最适合的采矿工艺		
2			生产装备	—	0.5	采用大型化、机械化、能耗低、自动化水平高的装备,如无轨电车;具备实施监控系统;运输、铲装装备配有除尘净化设施。关键生产工艺流程数控化率不低于70%		采用一般装备,无国家明令淘汰的装备
3	资源能源消耗指标	0.20	单位产品综合能耗①	kgce/t采(掘)量	1.0	≤0.5	≤1.0	≤1.5
4	资源综合利用指标	0.22	采矿回采率①	%	0.7	≥97	≥95	≥92
5			废石综合利用率	%	0.3	≥40	≥20	≥10
6	污染物产生指标	0.08	采矿作业场所最大粉尘浓度	mg/m^3	1.0	≤2.0	≤2.5	≤4.0
7	矿山生态保护指标	0.10	土地复垦率	%	1.0	≥90	≥85	≥50
8	清洁生产管理指标	0.10	环境法律法规标准执行情况①	—	0.2	符合国家和地方有关环境法律、法规,废水、废气、噪声等污染物排放和固体废物处理处置符合国家和地方排放(控制)标准;污染物排放应达到国家和地方污染物排放总量控制指标和排污许可证管理要求		
9			产业政策执行情况①	—	0.15	生产规模符合国家和地方相关产业政策,不使用国家和地方明令淘汰的落后工艺和装备		
10			清洁生产审计及绩效核算	—	0.15	按照GB/T 24001建立并有效运行环境管理体系,环境管理手册、程序文件及作业文件齐备,定期完成清洁生产审核,审核方案全部实施,并通过验收		
11			清洁生产的专职部门和人员设置	—	0.1	建立健全专门环保管理机构,配备专职管理人员,开展环境保护和清洁生产有关工作		
12			环保设施运行管理	—	0.1	环保设施正常运行,达到处理效果的设计要求,无跑、冒、滴、漏现象,设立环保标识,环保运行台账齐全		
13			废物处理处置①	—	0.15	根据固体废物性质鉴别的结果,一般工业固体废物按照GB 18599的要求进行处置,危险废物按照GB 18597、GB 18598等的要求进行处置		
14			环境应急①	—	0.15	编制环境风险应急预案并进行备案,定期开展环境风险应急演练,可及时应对重大环境污染事故发生		

①指标为限定性指标。

表 2-5 锡矿采矿企业清洁生产评价指标体系评价指标、评价基准值和权重值（地下开采）

序号	一级指标	一级指标权重值	二级指标	单位	二级指标权重值	Ⅰ级基准值	Ⅱ级基准值	Ⅲ级基准值
1	生产工艺及装备指标	0.2	采矿工艺	—	0.3	根据矿石赋存条件、地质条件和经济合理性选择最适合的采矿工艺。鼓励优先采用充填采矿方法		
2			生产装备	—	0.3	采用大型化、机械化、能耗低、自动化水平高的装备；运输、铲装装备配有除尘净化设施。关键生产工艺流程数控化率不低于70%		采用一般装备，无国家明令淘汰的装备
3			排水	—	0.2	实现自动控制，主要排水泵同类型≥3台，工作水泵应能在20h内排出一昼夜的正常涌水量；除检修泵外，其他水泵应能在20h内排出一昼夜的最大涌水量	人工值守排水，主要排水泵同类型≥3台，工作水泵应能在20h内排出一昼夜的正常涌水量；除检修泵外，其他水泵应能在20h内排出一昼夜的最大涌水量	人工定时排水，主要排水泵同类型≥3台，工作水泵应能在20h内排出一昼夜的正常涌水量；除检修泵外，其他水泵应能在20h内排出一昼夜的最大涌水量
4			通风	—	0.2	风量调节能自动控制，作业环境适宜；矿井通风系统的有效风量≥90%风量，风速达到设计值的98%	风量调节能部分自动控制，作业环境比较适宜，矿井通风系统的有效风量≥75%	符合GB 16423—2006要求，矿井通风系统的有效风量≥60%
5	资源能源消耗指标	0.2	单位产品综合能耗①	kgce/t采(掘)量	0.5	≤2	≤3	≤4
6			新鲜水耗①	m^3/t 原矿	0.5	尽量采用地下涌水，不足时采用新水，新水用量≤0.3	尽量采用地下涌水，不足时采用新水，新水用量≤0.4	尽量采用地下涌水，不足时采用新水，新水用量≤0.5
7	资源综合利用指标	0.2	采矿回采率①	%	0.8	≥92	≥90	≥78
8			废石综合利用率	%	0.2	≥70	≥50	≥30
9	污染物产生指标	0.2	采矿作业场所最大粉尘浓度	mg/m^3	0.4	≤1.0	≤2.5	≤4.0
10	矿山生态保护指标	0.10	土地复垦率	%	1.0	≥90	≥85	≥50

续表

序号	一级指标	一级指标权重值	二级指标	单位	二级指标权重值	Ⅰ级基准值	Ⅱ级基准值	Ⅲ级基准值
11	清洁生产管理指标	0.10	环境法律法规标准执行情况①	—	0.2	符合国家和地方有关环境法律、法规，废水、废气、噪声等污染物排放和固体废物处理处置符合国家和地方排放（控制）标准；污染物排放应达到国家和地方污染物排放总量控制指标和排污许可证管理要求		
12			产业政策执行情况①	—	0.15	生产规模符合国家和地方相关产业政策，不使用国家和地方明令淘汰的落后工艺和装备		
13			清洁生产审计及绩效核算	—	0.15	按照GB/T 24001建立并有效运行环境管理体系，环境管理手册、程序文件及作业文件齐备，定期完成清洁生产审核，审核方案全部实施，并通过验收		
14			清洁生产的专职部门和人员设置	—	0.1	建立健全专门环保管理机构，配备专职管理人员，开展环境保护和清洁生产有关工作		
15			环保设施运行管理	—	0.1	环保设施正常运行，达到处理效果的设计要求，无跑、冒、滴、漏现象，设立环保标识，环保运行台账齐全		
16			废物处理处置①	—	0.15	根据固体废物性质鉴别的结果，一般工业固体废物按照GB 18599的要求进行处置，危险废物按照GB 18597、GB 18598等的要求进行处置		
17			环境应急①	—	0.15	编制环境风险应急预案并进行备案，定期开展环境风险应急演练，可及时应对重大环境污染事故发生		

①指标为限定性指标。

表2-6 锡矿选矿企业清洁生产评价指标体系评价指标、评价基准值和权重值

序号	一级指标	一级指标权重值	二级指标	单位	二级指标权重值	Ⅰ级基准值	Ⅱ级基准值	Ⅲ级基准值
1	生产工艺及装备指标	0.30	生产工艺	—	0.2	根据矿石种类和成分，采用先进、适用的选矿工艺和技术。采用尾矿干排工艺	根据矿石种类和成分，采用先进、适用的选矿工艺和技术	
2			生产装备	—	0.2	采用具有大型化、一定自动化程度、效率高、能耗低的国际先进水平的选矿装备		
3			主要选矿装备完好率	%	0.2	≥95	≥92	≥88
4			生产作业地面防渗措施和设施（包括尾矿库）	—	0.15	具备		
5			事故性渗漏防范措施和设施	—	0.15	具备		
6			共伴生矿产资源综合利用措施和设施	—	0.1	具备		

续表

序号	一级指标	一级指标权重值	二级指标		单位	二级指标权重值	Ⅰ级基准值	Ⅱ级基准值	Ⅲ级基准值
7	资源能源消耗指标	0.16	单位产品综合能耗①	重力选矿	kgce/t原矿	0.5	≤5.0	≤6.7	≤8.6
8				重、浮联合选矿	kgce/t原矿		≤6.7	≤8.6	≤10.4
9				重、浮、磁联合选矿	kgce/t原矿		≤9.0	≤10.9	≤12.7
10			单位产品新鲜水耗①		m^3/t原矿	0.5	≤2.0	≤3.5	≤6
11	资源综合利用指标	0.24	选矿回收率	锡	%	0.3	≥80	≥70	≥50
12				共伴生矿产（锡矿石为中等可选）	%	0.1	≥70	≥60	≥50
13				共伴生矿产（锡矿石复杂难选）	%		≥60	≥50	≥40
14			工业用水重复利用率①		%	0.3	≥80	≥78	≥75
15			尾矿综合利用率		%	0.3	≥30	≥20	≥15
16	污染物产生指标	0.16	作业场所粉尘浓度		mg/m^3	0.2	≤1.0	≤2.5	≤4.0
17			单位产品特征污染物产生量（废水）①	Pb	g/t原矿	0.1	≤0.56	≤0.70	≤0.80
18				Hg	g/t原矿	0.1	≤0.014	≤0.018	≤0.02
19				Cd	g/t原矿	0.1	≤0.056	≤0.070	≤0.080
20				As	g/t原矿	0.1	≤0.28	≤0.35	≤0.4
21				Cr^{6+}	g/t原矿	0.1	≤0.56	≤0.7	≤0.8
22				Sn	g/t原矿	0.1	≤5.6	≤7.0	≤8.0
23				COD	g/t原矿	0.1	≤168	≤210	≤240
24				氨氮	g/t原矿	0.1	≤22.4	≤28.0	≤32.0
25	产品特征指标	0.04	锡精矿化学成分量		—	1	符合YS/T 339锡精矿的质量要求		

续表

序号	一级指标	一级指标权重值	二级指标	单位	二级指标权重值	Ⅰ级基准值	Ⅱ级基准值	Ⅲ级基准值
26	清洁生产管理指标	0.10	环境法律法规标准执行情况①	—	0.15	符合国家和地方有关环境法律、法规，废水、废气、噪声等污染物排放和固体废物处理处置符合国家和地方排放（控制）标准；污染物排放应达到国家和地方污染物排放总量控制指标和排污许可证管理要求		
27			产业政策执行情况①	—	0.15	生产规模符合国家和地方相关产业政策，不使用国家和地方明令淘汰的落后工艺和装备		
28			生产过程资源能源的分级计量情况	—	0.1	根据《企业能源计量器具配备和管理导则》（GB/T 17167）要求和行业现状三级计量要求		
29			清洁生产审计及绩效核算	—	0.1	按照GB/T 24001建立并有效运行环境管理体系，环境管理手册、程序文件及作业文件齐备，定期完成清洁生产审核，审核方案全部实施，并通过验收		
30			清洁生产的专职部门和人员设置	—	0.05	建立健全专门环保管理机构，配备专职管理人员，开展环境保护和清洁生产有关工作		
31			环保设施运行管理	—	0.1	环保设施正常运行，达到处理效果的设计要求，无跑、冒、滴、漏现象，设立环保标识，环保运行台账齐全		
32			废物处理处置①	—	0.15	根据固体废物性质鉴别的结果，一般工业固体废物按照GB 18599的要求进行处置，危险废物按照GB 18597、GB 18598等的要求进行处置		
33			环境应急①	—	0.15	编制环境风险应急预案并进行备案，定期开展环境风险应急演练，可及时应对重大环境污染事故发生		
34			产业链条上下游企业的绿色原料、绿色产品的相关约束	—	0.05	对上下游企业的绿色管理提出要求，如绿色原料供应、报废产品绿色回收等；建立可追溯的企业绿色管理台账，绿色原料采购来源、数量等台账		

①指标为限定性指标。

注：污染物产生指标中废水的相关指标均指尾矿库废水量及回水口处污染物相关指标。

表 2-7　锡冶炼企业清洁生产评价指标体系评价指标、评价基准值和权重值

序号	一级指标	一级指标权重值	二级指标	单位	二级指标权重值	Ⅰ级基准值	Ⅱ级基准值	Ⅲ级基准值
1	生产工艺及装备指标	0.30	冶炼工艺	—	0.5	顶吹熔炼(或电炉)+烟化炉以及其他生产效率高、能耗低、环保达标、资源综合利用效果好的先进锡冶炼工艺;烟气制酸严禁采用干法净化和热酸洗涤技术工艺		炉渣烟化工艺、电炉还原熔炼-粗锡电解工艺等符合产业政策的常规性工艺
2			冶炼装备	—	0.1	火法精炼采用真空脱铅脱铋设备、真空炉、结晶机等先进装备。电热机械连续结晶机单台处理能力不得低于30t/d;湿法电解精炼工艺应选用高效节能的装备;单台烟化炉炉床面积不得低于$4m^2$		常规性的精炼装备,无国家明令淘汰的装备
3			自动控制系统	—	0.05	实现自动配料、自动计量、自动进料;过程在线控制;湿法精炼环节使极片制作实现自动化,电解(积)过程及阴、阳极板出装实现自动化。关键生产工艺流程数控化率不低于70%	实现自动配料、自动计量、自动进料;熔炼过程主要参数自动控制;湿法精炼环节始极片制作实现主要工序自动化,电解(积)过程阴、阳极板出装实现部分自动化。关键生产工艺流程数控化率不低于30%	熔炼过程主要参数自动控制;湿法精炼环节始极片制作实现机械化,电积过程主要参数实现自动控制
4			废气的收集与处理	—	0.1	物料储仓卸料转运受料点及破碎筛分装备等扬尘点密闭;熔炼炉和烟化炉等产生含二氧化硫烟气的工序应配备二氧化硫烟气治理系统;湿法产生废气的各种槽罐密闭	物料储仓卸料转运受料点及破碎筛分装备等扬尘点有完备的除尘措施;湿法处理过程主要产生的废气有收集和处理系统,厂房中有废气收集装置和系统	
5			生产作业地面防渗措施和设施	—	0.1	火法生产车间采用地面硬化措施;湿法生产车间地面采取防渗、防漏和防腐等措施;电解液储槽及污水系统具备防腐防渗措施		
6			事故性渗漏防范措施和设施	—	0.1	具备		
7			余热利用装置	—	0.05	具有余热锅炉或其他余热利用装置,回收利用高温烟气余热		

续表

序号	一级指标	一级指标权重值	二级指标		单位	二级指标权重值	Ⅰ级基准值	Ⅱ级基准值	Ⅲ级基准值
8	资源能源消耗指标	0.16	单位产品新鲜水耗①		m^3/t 锡产品	0.25	≤36	≤43	≤50
9			工序综合能耗	熔炼前工序	kg/t 焙烧产物	0.125	≤40	≤45	≤50
10				还原熔炼工序	kg/t 粗锡	0.125	≤750	≤850	≤1050
11				熔渣工序（处理平均含锡量≤6%的物料）	kg/t 烟尘	0.125	≤2500	≤2800	≤3100
12				熔渣工序（处理平均含锡量>6%的物料）	kg/t 烟尘		≤2200	≤2400	≤2600
13				精炼工序	kg/t 锡产品	0.125	≤120	≤160	≤200
14			锡冶炼企业单位产品综合能耗①		kg/t 锡产品	0.25	≤1700	≤2000	≤2400
15	资源综合利用指标	0.14	锡金属综合回收率①		%	0.25	≥98	≥97.5	≥97
16			工业用水重复利用率①		%	0.25	≥96	≥95.5	≥95
17			工业固体废物综合利用率		%	0.25	≥45	≥42	≥40
18			总硫回收率		%	0.25	≥95	≥94	≥93
19	污染物产生指标	0.26	单位产品特征污染物产生量（废水）①	Pb	g/t 锡	0.05	≤3	≤4	
20				Hg	g/t 锡	0.05	≤0.08	≤0.1	
21				Cd	g/t 锡	0.05	≤0.3	≤0.4	
22				As	g/t 锡	0.05	≤1.5	≤2.0	
23				Cr^{6+}	g/t 锡	0.05	≤3	≤4	
24				Sn	g/t 锡	0.05	≤30	≤40	
25				COD	g/t 锡	0.05	≤900	≤1200	
26				氨氮	g/t 锡	0.05	≤120	≤160	

续表

序号	一级指标	一级指标权重值	二级指标		单位	二级指标权重值	Ⅰ级基准值	Ⅱ级基准值	Ⅲ级基准值
27	污染物产生指标	0.26	单位产品特征污染物产生量（废气）①	Pb	g/t 锡	0.06	≤62	≤126	
28				Hg	g/t 锡	0.06	≤0.32	≤0.63	
29				Cd	g/t 锡	0.06	≤1.6	≤3.15	
30				As	g/t 锡	0.06	≤15.7	≤31.5	
31				Sn	g/t 锡	0.06	≤126	≤252	
32				Sb	g/t 锡	0.06	≤31.5	≤63	
33				F	g/t 锡	0.06	≤94.5	≤189	
34				SO_2	kg/t 锡	0.06	≤6.3	≤25.2	
35				NO_x	kg/t 锡	0.06	≤6.3	≤12.6	
36				颗粒物	kg/t 锡	0.06	≤0.63	≤1.89	
37	产品特征指标	0.04	产品锡		—	1	符合《锡锭》(GB/T 728—2020)的质量要求		
38	清洁生产管理指标	0.10	环境法律法规标准执行情况①		—	0.15	符合国家和地方有关环境法律、法规，废水、废气、噪声等污染物排放和固体废物处理处置符合国家和地方排放(控制)标准；污染物排放应达到国家和地方污染物排放总量控制指标和排污许可证管理要求		
39			产业政策执行情况①		—	0.15	生产规模符合国家和地方相关产业政策，不使用国家和地方明令淘汰的落后工艺和装备		
40			过程资源能源的分级计量情况		—	0.10	根据《企业能源计量器具配备和管理导则》(GB/T 17167)要求和行业现状三级计量要求		
41			清洁生产审计及绩效核算		—	0.10	按照 GB/T 24001 建立并有效运行环境管理体系，环境管理手册、程序文件及作业文件齐备，定期完成清洁生产审核，审核方案全部实施，并通过验收		
42			清洁生产的专职部门和人员设置		—	0.05	建立健全专门环保管理机构，配备专职管理人员，开展环境保护和清洁生产有关工作		
43			环保设施运行管理		—	0.10	环保设施正常运行，达到处理效果的设计要求，无“跑、冒、滴、漏”现象，设立环保标识，环保运行台账齐全		
44			废物处理处置①		—	0.15	根据固体废物性质鉴别的结果，一般工业固体废物按照 GB 18599 的要求进行处置，危险废物按照 GB 18597、GB 18598 等的要求进行处置		
45			环境应急①		—	0.15	编制环境风险应急预案并进行备案，定期开展环境风险应急演练，可及时应对重大环境污染事故的发生		
46			对产业链条上游企业的绿色原料、绿色产品的相关要求		—	0.05	对上游企业的绿色管理提出要求，如绿色原料供应、报废产品绿色回收等；建立可追溯的企业绿色管理台账，绿色原料采购来源、数量等台账		

①的指标为限定性指标。

注：1. 单位能耗计算按照《锡冶炼企业单位产品能源消耗限额》(GB 21348—2014)第 5 节统计范围、计算方法及计算范围计算。

2. 拥有完整工艺流程的锡冶炼企业，即四个工序都有的企业，只考核单位产品综合能耗，只要单位产品综合能耗指标符合标准要求，不考核单一工序能耗指标。工艺流程不完整的锡冶炼企业，缺少一个以上生产工序的企业，应按工序综合能耗指标分别进行对标，所有工序综合能耗指标均达到要求时，判定为符合标准的指标要求。

（3）评价方法

1）指标无量纲化

不同清洁生产指标由于量纲不同，不能直接比较，需要建立原始指标的隶属函数。

$$Y_{g_k}(x_{ij})=\begin{cases}100 & x_{ij}\in g_k \\ 0 & x_{ij}\notin g_k\end{cases} \tag{2-1}$$

式中 x_{ij}——第 i 个一级指标下的第 j 个二级评价指标；

g_k——二级指标基准值，其中 g_1 为Ⅰ级水平，g_2 为Ⅱ级水平，g_3 为Ⅲ级水平；

$Y_{g_k}(x_{ij})$——二级指标 x_{ij} 对于级别 g_k 的隶属函数。

如式(2-1）所示，若指标 x_{ij} 属于级别 g_k，则隶属函数的值为100，否则为0。

2）综合评价指数计算

通过加权平均、逐层收敛可得到评价对象在不同级别 g_k 的得分 Y_{g_k}，如式(2-2）所示。

$$Y_{g_k}=\sum_{i=1}^{m}\left[w_i\sum_{j=1}^{n_i}\omega_{ij}Y_{g_k}(x_{ij})\right] \tag{2-2}$$

式中 w_i——第 i 个一级指标的权重，$\sum_{i=1}^{m}w_i=1$

ω_{ij}——第 i 个一级指标下的第 j 个二级指标的权重，$\sum_{j=1}^{n_i}\omega_{ij}=1$；

m——一级指标的个数；

n_i——第 i 个一级指标下二级指标的个数。

另外，Y_{g1} 等同于 Y_{I}，Y_{g2} 等同于 Y_{II}，Y_{g3} 等同于 Y_{III}。

当企业实际生产过程中某类一级指标项下某些二级指标不适用于该企业时，需要对该类一级指标项目下二级指标权重进行调整，调整后的二级指标权重值计算公式为：

$$\omega'_{ij}=\frac{\omega_{ij}}{\sum\omega_{ij}} \tag{2-3}$$

式中 ω'_{ij}——调整后的二级指标权重；

$\sum\omega_{ij}$——参与考核的指标权重之和。

3）综合评价指数计算步骤

① 将新建企业或新建项目、现有企业相关指标与Ⅰ级限定性指标进行对比，全部符合要求后，再将企业相关指标与Ⅰ级基准值进行逐项对比，计算综合评价指数得分 Y_{I}，当综合指数得分 $Y_{\mathrm{I}}\geqslant 85$ 分时，可判定企业清洁生产水平为Ⅰ级。当企业相关指标不满足Ⅰ级限定性指标要求或综合指数得分 $Y_{\mathrm{I}}<85$ 分时，则进入第二步计算。

② 将新建企业或新建项目、现有企业相关指标与Ⅱ级限定性指标进行对比，全部符合要求后，再将企业相关指标与Ⅱ级基准值进行逐项对比，计算综合评价指数得分 Y_{II}，当综合指数得分 $Y_{\mathrm{II}}\geqslant 85$ 分时，可判定企业清洁生产水平为Ⅱ级。当企业相关指标不满足Ⅱ级限定性指标要求或综合指数得分 $Y_{\mathrm{II}}<85$ 分时，则进入第三步计算。

新建企业或新建项目不再参与第三步计算。

③ 将现有企业相关指标与Ⅲ级限定性指标基准值进行对比，全部符合要求后再将企

业相关指标与Ⅲ级基准值进行逐项对比，计算综合指数得分，当综合指数得分 $Y_{Ⅲ}=100$ 分时可判定企业清洁生产水平为Ⅲ级。当企业相关指标不满足Ⅲ级限定性指标要求或综合指数得分 $Y_{Ⅲ}<100$ 分时，表明企业未达到清洁生产要求。

4）锡行业企业清洁生产水平评定

对新建锡行业企业或项目、现有锡行业企业清洁生产水平的评价，是以其清洁生产综合评价指数为依据，对达到一定综合评价指数的企业，分别评定为国际清洁生产领先水平、国内清洁生产先进水平和国内清洁生产一般水平。根据我国目前锡行业企业实际情况，不同等级清洁生产水平综合评价指数判定值规定见表2-8。

表2-8 行业不同等级清洁生产水平综合评价指数

企业清洁生产水平	清洁生产综合评价指数
Ⅰ级（国际清洁生产领先水平）	同时满足： $Y_{Ⅰ}\geqslant 85$； 限定性指标全部满足Ⅰ级基准值要求
Ⅱ级（国内清洁生产先进水平）	同时满足： $Y_{Ⅱ}\geqslant 85$； 限定性指标全部满足Ⅱ级基准值要求及以上
Ⅲ级（国内清洁生产一般水平）	同时满足： $Y_{Ⅲ}=100$； 限定性指标全部满足Ⅲ级基准值要求及以上

（4）指标解释与数据来源

1）指标解释

① 有效风量率。有效风量率指坑内有效风量占总通风量的百分率。

② 开采回采率。开采回采率指从某一采场或矿块内采出的矿石（或金属）总量与此采场或矿块拥有的矿石（或金属）总储量的比值。其计算公式为：

$$K=\frac{Q_i\times(1-R_d)}{Q_o}\times 100\% \tag{2-4}$$

式中 K——开采回采率，%；

Q_i——区域采出矿石（金属）量，t；

Q_o——区域矿石（金属）总储量，t；

R_d——贫化率，%。

③ 单位综合能耗。单位综合能耗是指采矿、选矿、冶炼生产工艺能源单耗与采矿、选矿、冶炼生产工艺单位辅助能耗及损耗分摊量之和。

Ⅰ. 采矿单位综合能耗：

$$E_C=\frac{E_{Ci}}{Q_C} \tag{2-5}$$

式中 E_C——采矿单位综合能耗，kgce/t；

E_{Ci}——采矿工艺、辅助能耗及损耗分摊量之和折标煤量，kgce；

Q_C——采掘总量，t。

Ⅱ. 选矿单位综合能耗：

$$E_X=\frac{E_{Xi}}{Q_X} \tag{2-6}$$

式中 E_X——选矿单位综合能耗，kgce/t；

E_{Xi}——选矿工艺、辅助能耗及损耗分摊量之和折标煤量，kgce；

Q_X——处理的矿石总量，t。

Ⅲ. 冶炼单位综合能耗：

$$E_X=\frac{E_{Xi}}{Q_X} \tag{2-7}$$

式中 E_X——冶炼单位综合能耗，kgce/t；

E_{Xi}——冶炼工艺、辅助能耗及损耗分摊量之和折标煤量，kgce；

Q_X——锡锭总量，t。

④ 单位产品新鲜水耗。单位产品新鲜水耗是指在一定时间、一定条件下，生产单位产品和单位工作量而消耗的新水量。

Ⅰ. 采矿、选矿单位产品新鲜水耗：

$$R_W=\frac{V_P}{Q_Y} \tag{2-8}$$

式中 R_W——采矿、选矿单位产品新鲜水耗，t/t；

V_P——生产产品而消耗的新水量，t；

Q_Y——原矿总量，t。

Ⅱ. 冶炼单位产品新鲜水耗：

$$R_W=\frac{V_P}{Q_Y} \tag{2-9}$$

式中 R_W——冶炼单位产品新鲜水耗，t/t；

V_P——生产产品而消耗的新水量，t；

Q_Y——锡锭总量，t。

⑤ 废石综合利用率。废石综合利用率是在一定的计量时间（年）内，回收利用的废石量与同期废石产生量之比。

$$R_F=\frac{X_{FR}}{X_{FP}}\times 100\% \tag{2-10}$$

式中 R_F——废石综合利用率，%；

X_{FR}——回收利用的废石量，t；

X_{FP}——同期废石产生量，t。

⑥ 土地复垦率。土地复垦率是已恢复的土地面积与可恢复的破坏土地的面积之比(以百分数表示)。

$$R_C=\frac{S_C}{S_d}\times 100\% \tag{2-11}$$

式中 R_C——土地复垦率，%；

S_C——复垦面积，m^2；

S_d——破坏面积，m^2。

⑦ 工业用水重复利用率。工业水重复利用率是指在一定的计量时间（年）内，生产过程中使用的重复利用水量与总用水量的百分比，总用水量是指生产过程中取用新鲜水量和重复利用水量之和。

$$R=\frac{W_r}{W_t+W_r}\times100\% \quad (2\text{-}12)$$

式中　R——工业水重复利用率，%；

W_r——总重复利用水量（包括循环用水量和串联使用水量），m^3；

W_t——总生产过程中新鲜水量，m^3。

⑧ 尾矿综合利用率。尾矿综合利用率是指在一定的计算时间（年）内，尾矿综合回收利用量与同期尾矿产生量的百分比。

$$R_x=\frac{X_r}{X_o}\times100\% \quad (2\text{-}13)$$

式中　R_x——尾矿综合利用率，%；

X_r——尾矿综合回收利用量，t；

X_o——尾矿产生量，t。

⑨ 选矿回收率。原矿或给矿中所含被回收的有用成分在精矿中回收的质量分数。

$$\varepsilon=\frac{\beta Q_k}{\alpha Q_u}\times100\% \quad (2\text{-}14)$$

式中　ε——选矿回收率，%；

α——原矿或给矿品位；

Q_u——原矿质量；

β——精矿品位；

Q_k——精矿质量。

⑩ 冶炼综合回收率。冶炼过程回收的有价组分锡（铅或有价金属）量占原料中该组分总量的百分数。

$$\varepsilon_f=\frac{Q_p}{Q_o}\times100\% \quad (2\text{-}15)$$

式中　ε_f——冶炼综合回收率，%；

Q_o——冶炼原料中金属的质量；

Q_p——冶炼产品中锡（铅或有价金属）的质量。

⑪ 工业固体废物综合利用率。在一定的计算时间（年）内，冶炼过程中产生的工业固体废物综合回收利用量与同期工业固体废物产生量的百分比。

$$R_G=\frac{X_{GR}}{X_{GP}}\times100\% \quad (2\text{-}16)$$

式中　R_G——工业固体废物综合利用率，%；

X_{GR}——工业固体废物综合回收利用量，t；

X_{GP}——同期工业固体废物产生量，t。

⑫ 总硫利用率。原料中的硫在冶炼过程中通过各种回收方式进行综合利用所达到的利用率，不包括进入水淬渣中的硫、废气末端治理产生的废渣及尾气排入环境中的硫；废气中低浓度二氧化硫治理回收生产副产品，计入总硫利用率。

$$R_s=\frac{P_s}{S_s}\times 100\% \tag{2-17}$$

式中 R_s——总硫利用率，%；

P_s——冶炼过程中得到回收利用的硫总量，t/a；

S_s——原料中含硫量，t/a。

⑬ 污染物产生指标

Ⅰ. 选矿单位产品污染物产生量（废水）。尾矿库既是选矿厂的生产设施也是环保设施，以尾矿库排水（回水）作为废水产生量指标。

选矿单位产品污染物产生量（废水）

$$=\frac{\text{每年尾矿库排水中特征污染物量}+\text{每年尾矿库回水中特征污染物量}}{\text{每年处理的原矿量}} \tag{2-18}$$

Ⅱ. 单位产品冶炼废水中污染物产生量。目前绝大多数企业废水处理后全部回用，以废水处理总站进水中污染物的量作为废水中污染物产生量指标。

单位产品冶炼废水中污染物产生量

$$=\frac{\text{每年冶炼厂废水处理总站处理进水污染物量}}{\text{每年冶炼产品总产量}} \tag{2-19}$$

Ⅲ. 单位产品冶炼废气污染物产生量。冶炼主要工艺末端（包括备料车间及输送、制酸烟气、环集烟气等，不包含渣选矿等其他非主要流程工艺）治理前废气量。

$$\text{单位产品冶炼废气污染物产生量}=\frac{\text{每年废气中污染物产生总量}}{\text{每年冶炼产品总产量}} \tag{2-20}$$

2）数据来源

① 数据计算方法。企业的原材料及能源使用量、产品产量、废水和固体废物产生量及相关技术经济指标等，以法定月报表或年报表为准。

② 采样和监测。本评价指标体系对企业污染物排放情况进行监测的频次、采样时间要求，按照国家有关污染物监测技术规范的规定执行。

2.1.3.2 清洁评价指标体系-锑行业

《锑行业清洁生产评价指标体系》[7] 由国家发展和改革委员会、生态环境部及工业和信息化部共同发布，在2015年12月发布并实施。

该标准规定了锑采选、冶炼企业清洁生产的一般要求。本指标体系将清洁生产标准指标分为六类，即生产工艺及装备指标、资源能源消耗指标、资源综合利用指标、污染物产生指标、原料与产品特征指标（矿山生态保护指标）、清洁生产管理指标。

（1）指标分级

锑采矿企业、锑选矿企业、锑冶炼企业和锑白（三氧化二锑）生产企业生产过程清洁生产水平分三级技术指标：

一级，即国际清洁生产先进水平；

二级，即国内清洁生产先进水平；

三级，即国内清洁生产基本水平。

（2）指标选取说明

本评价指标体系根据清洁生产的原则要求和指标的可度量性进行指标选取。根据评价指标的性质，可分为定量指标和定性指标两种。

定量指标选取了有代表性的能反映“节能”“降耗”“减污”和“增效”等有关清洁生产最终目标的指标，综合考评企业实施清洁生产的状况和企业清洁生产程度。定性指标根据国家有关推行清洁生产的产业发展和技术进步政策、资源环境保护政策规定以及行业发展规划选取，用于考核企业对有关政策法规的符合性及其清洁生产工作实施情况。

（3）指标基准值及其说明

在定量评价指标中，各指标的评价基准值是衡量该项指标是否符合清洁生产基本要求的评价基准。本评价指标体系确定各定量评价指标的评价基准值的依据是：凡国家或行业在有关政策、规划等文件中对该项指标已有明确要求的就执行国家要求的数值；凡国家或行业对该项指标尚无明确要求的，则选用国内大中型锑矿采矿企业、锑矿选矿企业、锑矿冶炼企业和锑白（三氧化二锑）生产企业近年来清洁生产所实际达到的中上等以上水平的指标值。因此，本定量评价指标体系的评价基准值代表了行业清洁生产的先进水平。

在定性评价指标体系中，衡量该项指标是否贯彻执行国家有关政策、法规的情况，按“是”或“否”两种选择来评定。

（4）指标体系

锑矿采矿企业、锑矿选矿企业、锑矿冶炼企业和锑白（三氧化二锑）生产企业清洁生产评价指标体系的各评价指标、评价基准值和权重值见表 2-9～表 2-13。

（5）评价方法

1）二级指标权重值调整

当锑行业企业实际生产过程中某类一级指标项下二级指标项数少于表中相同一级指标项下二级指标项数时，需对该类一级指标项下各二级指标分权重值进行调整，调整后的二级指标分权重值计算公式为：

$$\omega'_{ij}=\omega_{ij}\left(W_i/\sum_{j=1}^{n_i}\omega''_{ij}\right) \tag{2-21}$$

式中　ω'_{ij}——调整后的二级指标项分权重值；

ω_{ij}——原二级指标分权重值；

W_i——第 i 项一级指标的权重值；

ω''_{ij}——实际参与考核的属于该一级指标项下的二级指标的分权重值；

i——一级指标项数（$i=1$，…，m）；

j——二级指标项数（$j=1$，…，n_i）。

2）隶属函数建立

不同清洁生产指标不能直接比较，需要建立原始指标的隶属函数。

$$Y_{g_k}(X_{ij})=\begin{cases}100 & X_{ij}\in g_k\\ 0 & X_{ij}\notin g_k\end{cases} \tag{2-22}$$

表 2-9 锑矿采矿企业评价指标项目、权重值及基准值

序号	一级指标	一级指标权重值	二级指标		单位	二级指标权重值	Ⅰ级基准值	Ⅱ级基准值	Ⅲ级基准值
1	生产工艺及装备指标	0.30	生产工艺		—	0.3	根据矿石赋存条件、地质条件和经济合理性选择最适合的采矿工艺		
2			生产装备		—	0.3	采用大型化、效率高、能耗低的采矿装备		
3			通风		—	0.2	矿井建立机械通风系统；进入矿井的空气无有毒、有害物质的污染；矿井通风系统的有效风量率不低于60%		
4			排水		—	0.2	满足最大矿坑涌水量排水要求	符合有色金属矿山地下开采生产技术规程	
5	资源能源消耗指标	0.24	单位产品综合能耗①	硫化锑、硫氧化混合矿	kgce/t采（掘）量	0.5	≤2.88	≤3.2	≤3.52
				脆硫铅锑矿、锡锑多金属矿（开采深度≤250m）			≤3.5	≤5	≤6
				脆硫铅锑矿、锡锑多金属矿（500m≥开采深度>250m）			≤6	≤7.5	≤8.5
				脆硫铅锑矿、锡锑多金属矿（750m≥开采深度>500m）			≤8.5	≤10	≤11
				脆硫铅锑矿、锡锑多金属矿（开采深度>750m）			≤11	≤12.5	≤13.5
6			单位产品新鲜水耗①		m^3/t原矿	0.5	≤0.3	≤0.4	≤0.5
7	资源综合利用指标	0.22	开采回采率①		%	0.6	≥90	≥88	≥85
8			废石综合利用率		%	0.4	≥60	≥40	≥20
9	污染物产生指标	0.04	作业场所粉尘浓度		mg/m^3	1.0	≤1	≤2.5	≤5
10	矿山生态保护指标	0.10	复垦率		%	1.0	≥90	≥85	≥50

续表

序号	一级指标	一级指标权重值	二级指标	单位	二级指标权重值	Ⅰ级基准值	Ⅱ级基准值	Ⅲ级基准值
11	清洁生产管理指标	0.10	环境法律法规标准[①]	—	0.2	生产工艺和装备符合产业政策要求，污染物排放达到排放标准、符合总量控制和排污许可证管理要求，严格执行建设项目环境影响评价制度和建设项目环保“三同时”制度		
12			废物处理处置[①]	—	0.2	根据固体废物性质鉴别的结果，一般工业固体废物按照 GB 18599 的要求进行处置，危险废物按照 GB 18597、GB18598 等的要求进行处置		
13			组织机构	—	0.1	建立健全专门环保管理机构，配备专职管理人员，开展环境保护和清洁生产有关工作		
14			清洁生产审核：审核管理文件及审核周期、验收	—	0.2	按照 GB/T 24001 建立并有效运行环境管理体系，环境管理手册、程序文件及作业文件齐备，定期完成新一轮清洁生产审核，审核方案全部实施，并通过验收		
15			环保设施运行管理	—	0.1	环保设施正常运行，无跑、冒、滴、漏现象，设立环保标识，环保设施运行台账齐全		
16			环境应急[①]	—	0.2	编制环境风险应急预案，并进行备案，定期开展环境风险应急演练，可及时应对重大环境污染事故的发生		

①指标为限定性指标。

表 2-10　锑矿选矿企业评价指标项目、权重值及基准值

序号	一级指标	一级指标权重值	二级指标			单位	二级指标权重值	Ⅰ级基准值	Ⅱ级基准值	Ⅲ级基准值
1	生产工艺及装备指标	0.30	生产工艺			—	0.2	采用先进、适用的选矿工艺和技术		
2			生产装备			—	0.2	采用具有大型化、一定自动化程度、效率高、能耗低的国际先进水平的选矿装备		
3			生产作业地面防渗措施			—	0.2	具备		
4			事故性渗漏防范措施			—	0.2	具备		
5			共伴生矿产资源综合利用措施和设施			—	0.2	具备		
6	资源能源消耗指标	0.16	单位产品综合能耗[①]	硫化锑、硫氧化混合矿	手选、重选	kgce/t 原矿	0.5	≤2.5	≤2.75	≤3
					手选、浮选			≤2.57	≤2.85	≤3.14
					浮选			≤2.7	≤3	≤3.3
					重选＋浮选			≤3	≤3.5	≤4
					手选、重介质预选、重—浮选			≤3	≤3.3	≤3.5
				脆硫铅锑矿、锡锑多金属矿				≤12	≤13	≤14
7			单位产品新鲜水耗[①]	硫化锑矿		m^3/t 原矿	0.5	≤2	≤3	≤4
				混合（难选）矿和脆硫铅锑矿、锡锑多金属矿				≤3	≤4.5	≤6

续表

序号	一级指标	一级指标权重值	二级指标			单位	二级指标权重值	Ⅰ级基准值	Ⅱ级基准值	Ⅲ级基准值
8	资源综合利用指标	0.24	选矿回收率	锑(硫化锑矿)		%	0.3	≥90	≥85	≥80
				锑[混合(难选)矿和脆硫铅锑矿]				≥80	≥75	≥70
9				可回收共伴生有价金属		%	0.3	≥80	≥75	≥70
10			工业用水重复利用率①			%	0.2	≥85	≥80	≥75
11			尾矿综合利用率			%	0.2	≥30	≥20	≥15
12	污染物产生指标	0.16	作业场所粉尘浓度			mg/m^3	0.1	≤1	≤2.5	≤5
13			单位产品特征污染物产生量(废水)①	硫化锑矿	Pb	g/t 原矿	0.15	≤0.8	≤0.96	≤1.12
					Hg	g/t 原矿	0.15	≤0.02	≤0.024	≤0.028
					Cd	g/t 原矿	0.15	≤0.08	≤0.096	≤0.112
					As	g/t 原矿	0.15	≤0.4	≤0.48	≤0.56
					Sb	g/t 原矿	0.15	≤1.2	≤1.44	≤1.68
					COD	g/t 原矿	0.15	≤240	≤288	≤336
14				混合(难选)矿和脆硫铅锑矿	Pb	g/t 原矿	0.15	≤1.2	≤1.4	≤1.6
					Hg	g/t 原矿	0.15	≤0.03	≤0.035	≤0.04
					Cd	g/t 原矿	0.15	≤0.12	≤0.14	≤0.16
					As	g/t 原矿	0.15	≤0.6	≤0.7	≤0.8
					Sb	g/t 原矿	0.15	≤1.8	≤2.1	≤2.4
					COD	g/t 原矿	0.15	≤360	≤420	≤480
15	产品特征指标	0.04	锑精矿化学成分量			—	1	符合 YS/T 385 锑精矿的质量标准		
			铅锑精矿化学成分量					符合 YS/T 882 铅锑精矿的质量标准		
16	清洁生产管理指标	0.10	环境法律法规标准①			—	0.2	生产工艺和装备符合产业政策要求，污染物排放达到排放标准、符合总量控制和排污许可证管理要求，严格执行建设项目环境影响评价制度和建设项目环保“三同时”制度		
17			废物处理处置①			—	0.2	采取专用尾矿库，具有完善的集、回水措施和排洪措施，尾矿库坝面和坝坡采取覆盖等措施并有专人维护管理，根据固体废物性质鉴别的结果，一般工业固体废物按照 GB 18599 的要求进行处置，危险废物按照 GB 18597、GB 18598 等的要求进行处置		
18			组织机构			—	0.1	建立健全专门环保管理机构，配备专职管理人员，开展环境保护和清洁生产有关工作		

续表

序号	一级指标	一级指标权重值	二级指标		单位	二级指标权重值	Ⅰ级基准值	Ⅱ级基准值	Ⅲ级基准值
19	清洁生产管理指标	0.10	清洁生产审核	审核管理文件及审核周期、验收	—	0.2	按照GB/T 24001建立并有效运行环境管理体系，环境管理手册、程序文件及作业文件齐备，定期完成新一轮清洁生产审核，审核方案全部实施，并通过验收		
20			环保设施运行管理		—	0.1	环保设施正常运行，无跑、冒、滴、漏现象，设立环保标识，环保设施运行台账齐全		
21			环境应急①		—	0.2	编制环境风险应急预案并进行备案，定期开展环境风险应急演练，可及时应对重大环境污染事故的发生		

①指标为限定性指标。

注：1. 污染物产生指标中废水的相关指标均指尾矿库废水量及回水口处污染物浓度等相关指标。

2. 多金属矿单位产品新鲜水耗指标按照分配到锑精矿的新鲜用水量核定。

表 2-11　硫化锑、硫氧化混合锑精矿冶炼企业评价指标项目、权重值及基准值

序号	一级指标	一级指标权重值	二级指标	单位	二级指标权重值	Ⅰ级基准值	Ⅱ级基准值	Ⅲ级基准值
1	生产工艺及装备指标	0.30	冶炼工艺	—	0.4	富氧挥发熔炼工艺	挥发熔炼工艺	挥发焙烧工艺
2			精炼反射炉	m^2	0.2	≥18	≥15	≥10
3			鼓风炉	m^2	0.2	≥4	≥3	≥1
			平炉			≥12	≥10	≥8
4			废气的收集与处理	—	0.1	具有防止废气逸出措施。在易产生废气无组织排放的位置设有废气收集净化装置		
5			粉状物料输送	—	0.05	采用封闭式仓储，储存仓库配通风设施，封闭式输送		
6			余热利用装置	—	0.05	具有余热锅炉或其他余热利用装置		
7	资源能源消耗指标	0.16	单位产品综合能耗①	kgce/t(锑锭)	0.5	≤1000	≤1030	
8			单位产品新鲜水耗①	m^3/t(锑锭)	0.5	≤15	≤20	≤30

续表

序号	一级指标	一级指标权重值	二级指标		单位	二级指标权重值	Ⅰ级基准值	Ⅱ级基准值	Ⅲ级基准值
9	资源综合利用指标	0.24	冶炼回收率①	锑(硫氧混合矿)	%	0.4	≥93	≥92	≥90
				锑(硫化锑矿)			≥96		≥95
10				可回收共伴生有价金属		0.2	≥90	≥85	≥80
11			工业用水重复利用率①		%	0.2	≥98	≥95	
12			工业固体废物综合利用率		%	0.2	≥90	≥80	≥75
13	污染物产生指标	0.16	单位产品特征污染物产生量(废气)①	Pb	g/t(锑锭)	0.12	≤25.2	≤31.5	
14				Hg	g/t(锑锭)	0.12	≤0.47	≤0.63	
15				Cd	g/t(锑锭)	0.12	≤2.52	≤3.15	
16				As	g/t(锑锭)	0.16	≤25.2	≤31.5	
17				Sb	g/t(锑锭)	0.16	≤189	≤252	
18				二氧化硫	kg/t(锑锭)	0.16	≤6.3	≤25.2	
19				氮氧化物	kg/t(锑锭)	0.16	≤6.3	≤12.6	
20	原料与产品特征指标	0.04	锑锭		—	1	符合 GB/T 1599 相应牌号锑锭的质量标准		
21	清洁生产管理指标	0.10	环境法律法规标准①		—	0.2	生产工艺和装备符合产业政策要求,污染物排放达到排放标准、符合总量控制和排污许可证管理要求,严格执行建设项目环境影响评价制度和建设项目环保“三同时”制度		
22			废物处理处置①		—	0.2	根据固体废物性质鉴别的结果,一般工业固体废物按照 GB 18599 的要求进行处置,危险废物按照 GB18597、GB 18598 等的要求进行处置		
23			组织机构		—	0.1	建立健全专门环保管理机构,配备专职管理人员,开展环境保护和清洁生产有关工作		
24			清洁生产审核	审核管理文件及审核周期、验收	—	0.2	按照 GB/T 24001 建立并有效运行环境管理体系,环境管理手册、程序文件及作业文件齐备,定期完成新一轮清洁生产审核,审核方案全部实施,并通过验收		
25									
26			环保设施运行管理		—	0.1	环保设施正常运行,无跑、冒、滴、漏现象,设立环保标识,环保设施运行台账齐全		
27			环境应急①		—	0.2	编制环境风险应急预案并进行备案,定期开展环境风险应急演练,可及时应对重大环境污染事故的发生		

① 指标为限定性指标。

注:1. 锑冶炼采用挥发熔炼工艺,布袋收尘器作为生产设施,收下的锑氧粉为下一段工序的原料,污染物产生指标均指废气排口的相关指标。

2. 单位能耗计算按照《锑冶炼企业单位产品能耗消耗限额》(GB 21349—2014)第 5 款统计范围、计算方法及计算范围计算。

表 2-12　脆硫铅锑矿冶炼企业评价指标项目、权重值及基准值

序号	一级指标	一级指标权重值	二级指标		单位	二级指标权重值	Ⅰ级基准值	Ⅱ级基准值	Ⅲ级基准值
1	生产工艺及装备指标	0.30	冶炼工艺		—	0.4	熔池熔炼工艺和旋涡柱连续熔炼工艺		
2			精炼反射炉		m^2	0.3	≥18	≥14	≥10
3			废气的收集与处理		—	0.1	具有防止废气逸出措施。在易产生废气无组织排放的位置设有废气收集净化装置		
4			粉状物料输送		—	0.1	采用封闭式仓储，储存仓库配通风设施，封闭式输送		
5			余热利用装置		—	0.1	具有余热锅炉或其他余热利用装置		
6	资源能源消耗指标	0.16	单位产品综合能耗①		kgce/t(锑锭、铅锭、高铅锑锭)	0.5	≤1800	≤1900	≤2100
7			单位产品新鲜水耗①		m^3/t(锑锭、铅锭、高铅锑锭)	0.5	≤30	≤35	≤40
8	资源综合利用指标	0.24	冶炼回收率	锑	%	0.2	≥90	≥85	≥80
9				铅		0.2	≥95	≥90	≥88
10				其他有价金属		0.1	≥85		≥80
11			工业用水重复利用率①		%	0.2	≥98		≥95
12			工业固体废物综合利用率		%	0.2	≥90	≥80	≥75
13			总硫利用率		%	0.1	≥96	≥95	≥94
14	污染物产生指标	0.16	单位产品特征污染物产生量（废水）①	Pb	g/t(锑锭、铅锭、高铅锑锭)	0.1	≤7.5	≤10	
15				Hg	g/t(锑锭、铅锭、高铅锑锭)	0.05	≤0.025	≤0.05	
16				Cd	g/t(锑锭、铅锭、高铅锑锭)	0.05	≤3.5	≤4.5	
17				As	g/t(锑锭、铅锭、高铅锑锭)	0.1	≤3.75	≤5	
18				Sb	g/t(锑锭、铅锭、高铅锑锭)	0.1	≤12.5	≤15	

续表

<table>
<tr><th>序号</th><th>一级指标</th><th>一级指标权重值</th><th colspan="2">二级指标</th><th>单位</th><th>二级指标权重值</th><th>Ⅰ级基准值</th><th>Ⅱ级基准值</th><th>Ⅲ级基准值</th></tr>
<tr><td>19</td><td rowspan="7">污染物产生指标</td><td rowspan="7">0.16</td><td rowspan="7">单位产品特征污染物产生量(废气)①</td><td>Pb</td><td>g/t(锑锭、铅锭、高铅锑锭)</td><td>0.1</td><td>≤100.8</td><td colspan="2">≤126</td></tr>
<tr><td>20</td><td>Hg</td><td>g/t(锑锭、铅锭、高铅锑锭)</td><td>0.05</td><td>≤0.47</td><td colspan="2">≤0.63</td></tr>
<tr><td>21</td><td>Cd</td><td>g/t(锑锭、铅锭、高铅锑锭)</td><td>0.05</td><td>≤2.52</td><td colspan="2">≤3.15</td></tr>
<tr><td>22</td><td>As</td><td>g/t(锑锭、铅锭、高铅锑锭)</td><td>0.1</td><td>≤25.2</td><td colspan="2">≤31.5</td></tr>
<tr><td>23</td><td>Sb</td><td>g/t(锑锭、铅锭、高铅锑锭)</td><td>0.1</td><td>≤189</td><td colspan="2">≤252</td></tr>
<tr><td>24</td><td>二氧化硫</td><td>kg/t(锑锭、铅锭、高铅锑锭)</td><td>0.1</td><td>≤6.3</td><td colspan="2">≤25.2</td></tr>
<tr><td>25</td><td>氮氧化物</td><td>kg/t(锑锭、铅锭、高铅锑锭)</td><td>0.1</td><td>≤6.3</td><td colspan="2">≤12.6</td></tr>
<tr><td>26</td><td rowspan="2">原料与产品特征指标</td><td rowspan="2">0.04</td><td colspan="2">锑锭</td><td>—</td><td>0.5</td><td colspan="3">符合《锑锭》(GB/T 1599)的质量标准</td></tr>
<tr><td>27</td><td colspan="2">铅锭</td><td>—</td><td>0.5</td><td colspan="3">符合《铅锭》(GB/T 469)的质量标准</td></tr>
<tr><td>28</td><td rowspan="7">清洁生产管理指标</td><td rowspan="7">0.10</td><td colspan="2">环境法律法规标准①</td><td>—</td><td>0.2</td><td colspan="3">生产工艺和装备符合产业政策要求,污染物排放达到排放标准、符合总量控制和排污许可证管理要求,严格执行建设项目环境影响评价制度和建设项目环保“三同时”制度</td></tr>
<tr><td>29</td><td colspan="2">废物处理处置①</td><td>—</td><td>0.2</td><td colspan="3">根据固体废物性质鉴别的结果,一般工业固体废物按照 GB 18599 的要求进行处置,危险废物按照 GB 18597、GB 18598 等的要求进行处置</td></tr>
<tr><td>30</td><td colspan="2">组织机构</td><td>—</td><td>0.1</td><td colspan="3">建立健全专门环保管理机构,配备专职管理人员,开展环境保护和清洁生产有关工作</td></tr>
<tr><td>31</td><td rowspan="2">清洁生产审核</td><td rowspan="2">审核管理文件及审核周期、验收</td><td rowspan="2">—</td><td rowspan="2">0.2</td><td colspan="3" rowspan="2">按照 GB/T 24001 建立并有效运行环境管理体系,环境管理手册、程序文件及作业文件齐备,定期完成新一轮清洁生产审核,审核方案全部实施,并通过验收</td></tr>
<tr><td>32</td></tr>
<tr><td>33</td><td colspan="2">环保设施运行管理</td><td>—</td><td>0.1</td><td colspan="3">环保设施正常运行,无跑、冒、滴、漏现象,设立环保标识,环保设施运行台账齐全</td></tr>
<tr><td>34</td><td colspan="2">环境应急①</td><td>—</td><td>0.2</td><td colspan="3">编制环境风险应急预案并进行备案,定期开展环境风险应急演练,可及时应对重大环境污染事故的发生</td></tr>
</table>

① 指标为限定性指标。

注：1. 污染物产生指标中废水的相关指标均指进入废水处理总站的废水，不包含生产循环用水。

2. 锑冶炼采用挥发熔炼工艺，布袋收尘器作为生产设施，收下的锑氧粉为下一段工序的原料，污染物产生指标均指废气排口的相关指标。

表 2-13　锑白（三氧化二锑）生产企业评价指标项目、权重值及基准值

序号	一级指标	一级指标权重值	二级指标		单位	二级指标权重值	Ⅰ级基准值	Ⅱ级基准值	Ⅲ级基准值
1	生产工艺及装备指标	0.30	生产工艺与装备		—	0.8	采用先进的生产工艺和技术，采用自动化程度高、机械性能好、效率高、能耗低的设备		
2			废气的收集与处理		—	0.2	具有防止废气逸出措施。在易产生废气无组织排放的位置设有废气收集净化装置		
3	资源能源消耗指标	0.16	单位产品综合能耗①	间接法（以精锑为原料）	kgce/t（锑白）	1	≤15		≤20
4	资源综合利用指标	0.24	冶炼回收率（锑）①	间接法（以精锑为原料）	%	0.7	≥99.2	≥99.1	≥99
5			工业固体废物综合利用率		%	0.3	≥90	≥80	≥75
6	污染物产生指标	0.16	单位产品特征污染物产生量（废气）①	Sb[间接法（以精锑为原料）]	g/t（锑白）	1	≤8	≤16	≤20
7	原料与产品特征指标	0.04	锑白（三氧化二锑）		—	1	符合 GB/T 4062 的质量要求		
8	清洁生产管理指标	0.10	环境法律法规标准①		—	0.2	生产工艺和装备符合产业政策要求，污染物排放达到排放标准、符合总量控制和排污许可证管理要求，严格执行建设项目环境影响评价制度和建设项目环保“三同时”制度		
9			废物处理处置①		—	0.2	根据固体废物性质鉴别的结果，一般工业固体废物按照 GB 18599 的要求进行处置，危险废物按照 GB 18597、GB 18598 等的要求进行处置		
10			组织机构		—	0.1	建立健全专门环保管理机构，配备专职管理人员，开展环境保护和清洁生产有关工作		
11			清洁生产审核	审核管理文件及审核周期、验收	—	0.2	按照 GB/T 24001 建立并有效运行环境管理体系，环境管理手册、程序文件及作业文件齐备，定期完成新一轮清洁生产审核，审核方案全部实施，并通过验收		
12			环保设施运行管理		—	0.1	环保设施正常运行，无跑、冒、滴、漏现象，设立环保标识，环保设施运行台账齐全		
13			环境应急①		—	0.2	编制环境风险应急预案并进行备案，定期开展环境风险应急演练，可及时应对重大环境污染事故的发生		

① 指标为限定性指标。

注：锑白生产采用氧化挥发工艺，布袋收尘器作为生产设施，收下的锑白粉为产品，污染物产生指标均指废气排口的相关指标。

式中　X_{ij}——第 i 个一级指标下的第 j 个二级指标；

g_k——二级指标基准值，其中 g_1 为Ⅰ级水平，g_2 为Ⅱ级水平，g_3 为Ⅲ级水平；

$Y_{g_k}(X_{ij})$——二级指标 X_{ij} 对于级别 g_k 的隶属函数。

如式(2-22) 所示，若指标 X_{ij} 属于级别 g_k，则隶属函数的值为 100，否则为 0。

3）综合评价指数计算

通过加权平均、逐层收敛可得到评价对象在不同级别 g_k 的得分 Y_{g_k}，公式为：

$$Y_{g_k}=\sum_{i=1}^{m}\left[W_i\sum_{j=1}^{n_i}\omega_{ij}Y_{g_k}(X_{ij})\right] \tag{2-23}$$

式中　W_i——第 i 个一级指标的权重，$\sum_{i=1}^{m}W_i=1$；

ω_{ij}——第 i 个一级指标下的第 j 个二级指标的权重，$\sum_{j=1}^{n_i}\omega_{ij}=1$；

m——一级指标的个数；

n_i——第 i 个一级指标下二级指标的个数。

另外，Y_{g_1} 等同于 $Y_{\text{Ⅰ}}$，Y_{g_2} 等同于 $Y_{\text{Ⅱ}}$，Y_{g_3} 等同于 $Y_{\text{Ⅲ}}$。

4）锑行业清洁生产企业的评定

本标准采用限定指标和指标分级加权评价相结合的方法。在限定性指标达到Ⅲ级水平的基础上，采用指标分级加权评价方法，计算行业清洁生产综合评价指数。根据综合评价指数，确定清洁生产水平等级。

对锑行业企业清洁生产水平的评价，是以其清洁生产综合评价指数为依据，对达到一定综合评价指数的企业，分别评定为国际清洁生产先进企业、国内清洁生产先进企业或清洁生产一般企业。

不同等级清洁生产企业的综合评价指数见表 2-14。

表 2-14　锑行业不同等级清洁生产企业综合评价指数

企业清洁生产水平	清洁生产综合评价指数
一级	$Y_{g_1}\geqslant 85$，限定性指标全部满足Ⅰ级基准值要求
二级	$Y_{g_2}\geqslant 85$，限定性指标全部满足Ⅱ级基准值要求及以上
三级	$Y_{g_3}=100$

（6）指标解释与数据来源

1）指标解释

① 开采回采率。开采回采率指从某一采场或矿块内采出的矿石（或金属）总量与此采场或矿块拥有的矿石（或金属）总储量的比值。其计算公式为：

$$K=\frac{Q_i(1-R_d)}{Q_o}\times 100\% \tag{2-24}$$

式中　K——开采回采率，%；

Q_i——区域采出矿石（金属）量，t；

Q_o——区域矿石（金属）总储量，t；

R_d——贫化率，%。

② 单位产品综合能耗。单位产品综合能耗是指采矿、选矿、冶炼和锑白（三氧化二锑）生产工艺能源单耗与采矿、选矿、冶炼和锑白（三氧化二锑）生产工艺单位辅助能耗及损耗分摊量之和。

Ⅰ. 采矿单位综合能耗：

$$E_C=\frac{E_{Ci}}{Q_C} \tag{2-25}$$

式中 E_C——采矿单位综合能耗，kgce/t；

E_{Ci}——采矿工艺与辅助能耗及损耗分摊量之和折标煤量，kgce；

Q_C——采掘总量，t。

Ⅱ. 选矿单位综合能耗：

$$E_X=\frac{E_{Xi}}{Q_X} \tag{2-26}$$

式中 E_X——选矿单位综合能耗，kgce/t；

E_{Xi}——选矿工艺与辅助能耗及损耗分摊量之和折标煤量，kgce；

Q_X——处理的矿石总量，t。

Ⅲ. 铅锑矿冶炼单位综合能耗：

$$E_P=\frac{E_{Pi}}{Q_P} \tag{2-27}$$

式中 E_P——铅锑矿冶炼单位综合能耗，kgce/t；

E_{Pi}——铅锑矿冶炼工艺与辅助能耗及损耗分摊量之和折标煤量，kgce；

Q_P——锑锭、铅锭和高铅锑锭总量，t。

Ⅳ. 硫化锑、硫氧化混合锑精矿冶炼单位综合能耗：

$$E_S=\frac{E_{Si}}{Q_S} \tag{2-28}$$

式中 E_S——硫化锑、硫氧化混合锑精矿冶炼单位综合能耗，kgce/t；

E_{Si}——硫化锑、硫氧化混合锑精矿冶炼工艺与辅助能耗及损耗分摊量之和折标煤量，kgce；

Q_S——锑锭总量，t。

Ⅴ. 锑白生产单位综合能耗：

$$E_B=\frac{E_{Bi}}{Q_B} \tag{2-29}$$

式中 E_B——锑白生产单位综合能耗，kgce/t；

E_{Bi}——锑白生产工艺与辅助能耗及损耗分摊量之和折标煤量，kgce；

Q_B——锑白（三氧化二锑）总量，t

③ 单位产品新鲜水耗。单位产品新鲜水耗是指生产单位产品和单位工作量而消耗的新水量。

Ⅰ. 采矿、选矿单位产品新鲜水耗：

$$R_W=\frac{V_P}{Q_Y} \tag{2-30}$$

式中　R_W——采矿、选矿单位产品新鲜水耗，t/t；

V_P——生产产品而消耗的新水量，t；

Q_Y——原矿总量，t。

Ⅱ. 铅锑矿冶炼单位产品新鲜水耗：

$$R_P=\frac{V_P}{Q_P} \tag{2-31}$$

式中　R_P——铅锑矿冶炼单位产品新鲜水耗，t/t；

V_p——生产产品而消耗的新水量，t；

Q_P——锑锭、铅锭和高铅锭总量，t。

Ⅲ. 硫化锑、硫氧化混合锑精矿冶炼单位产品新鲜水耗：

$$R_S=\frac{V_S}{Q_S} \tag{2-32}$$

式中　R_S——硫化锑、硫氧化混合锑精矿冶炼单位产品新鲜水耗，t/t；

V_S——生产产品而消耗的新水量，t；

Q_S——锑锭总量，t。

④ 废石综合利用率。废石综合利用率是指回收利用的废石量与同期废石产生量之比。

$$R_F=\frac{X_{FR}}{X_{FP}}\times 100\% \tag{2-33}$$

式中　R_F——废石综合利用率，%；

X_{FR}——回收利用的废石量，t；

X_{FP}——同期废石产生量，t。

⑤ 土地复垦率。土地复垦率是已恢复的土地面积与可恢复的破坏土地的面积之比（以百分数表示）。

$$R_C=\frac{S_C}{S_d}\times 100\% \tag{2-34}$$

式中　R_C——土地复垦率，%；

S_C——复垦面积，m^2；

S_d——破坏面积，m^2。

⑥ 工业用水重复利用率。工业水重复利用率是指在生产过程中使用的重复利用水量与总用水量的百分比，总用水量是指生产过程中取用新鲜水量和重复利用水量之和。

$$R=\frac{W_r}{W_t+W_r}\times 100\% \tag{2-35}$$

式中　R——工业水重复利用率，%；

W_r——总重复利用水量（包括循环用水量和串联使用水量），m^3；

W_t——总生产过程中新鲜水量，m^3。

⑦ 尾矿综合利用率。尾矿综合利用率是指尾矿综合回收利用量与同期尾矿产生量的百分比。

$$R_x=\frac{X_r}{X_o}\times 100\% \tag{2-36}$$

式中 R_x——尾矿综合利用率，%；

X_r——尾矿综合回收利用量，t；

X_o——尾矿产生量，t。

⑧ 选矿回收率。原矿或给矿中所含被回收的有用成分在精矿中回收的质量分数。

$$\varepsilon=\frac{\beta Q_k}{\alpha Q_u}\times 100\% \tag{2-37}$$

式中 ε——选矿回收率，%；

α——原矿或给矿品位；

Q_u——原矿重量；

β——精矿品位；

Q_k——精矿重量。

⑨ 可回收共伴生有价金属综合选矿回收率。可回收共伴生有价金属综合选矿回收率即各精矿产品中共伴生有用组分的质量与原矿中共伴生有用组分的比值，用百分数表示。

在计算过程中，为解决不同矿种、储量单位差异的综合利用率的计算，引入当量品位对计算公式进行修正，可以采用以下公式计算：

$$T_{修正}=\frac{\sum_{i=1}^{n}选矿回收率_i\times 当量品位_i}{\sum_{i=1}^{m}当量品位_i}\times 100\%=\frac{K\times\sum_{i=1}^{n}\varepsilon\cdot 当量品位_i}{\sum_{i=1}^{m}当量品位_i} \tag{2-38}$$

式中 m——精矿中有用组分的种类数；

n——已回收利用的有用组分的种类数；

i——第 i 种有用组分的选矿回收率；

当量品位 i——第 i 种有用组分的当量品位。

当量品位计算公式如下：

$$某组分的当量品位=某组分的品位\times\frac{某组分的单价}{主要组分的单价}\times 100\% \tag{2-39}$$

式中，单价均为元/t。

⑩ 冶炼回收率。冶炼回收率即冶炼过程回收的有价组分锑（铅或有价金属）量占原料中该组分总量的百分数。

$$\varepsilon_f=\frac{Q_p}{Q_o}\times 100\% \tag{2-40}$$

式中 ε_f——冶炼回收率，%；

Q_o——冶炼原料中金属的质量；

Q_p——冶炼产品中锑（铅或有价金属）的质量。

⑪ 工业固废综合利用率。工业固废综合利用率即冶炼过程中产生的工业固废综合回收利用量与同期工业固废产生量的百分比。

$$R_G=\frac{X_{GR}}{X_{GP}}\times 100\% \tag{2-41}$$

式中　R_G——工业固废综合利用率，%；

X_{GR}——工业固废综合回收利用量，t；

X_{GP}——同期工业固废产生量，t。

⑫ 总硫利用率。总硫利用率即原料中的硫在冶炼过程中通过各种回收方式进行综合利用所达到的利用率，不包括进入水淬渣中的硫、废气末端治理产生的废渣及尾气排入环境中的硫。废气中低浓度二氧化硫治理回收生产副产品，计入总硫利用率。

$$R_S=\frac{P_S}{S_S}\times 100\% \tag{2-42}$$

式中　R_S——总硫利用率，%；

P_S——冶炼过程中得到回收利用的硫总量，t/a；

S_S——原料中含硫量，t/a。

⑬ 污染物产生指标

Ⅰ. 选矿单位产品污染物产生量（废水）。尾矿库既是选矿厂的生产设施也是环保设施。

$$R_{XW}=\frac{Q_{XW}}{Q_Y} \tag{2-43}$$

式中　R_{XW}——选矿单位产品污染物产生量（废水）；

Q_{XW}——每年尾矿库废水中特征污染物的总量；

Q_Y——每年处理的原矿量。

Ⅱ. 铅锑矿冶炼单位产品污染物产生量（废水）。

$$R_{YW}=\frac{Q_{YW}}{Q_{YD}} \tag{2-44}$$

式中　R_{YW}——铅锑矿冶炼单位产品污染物产生量（废水）；

Q_{YW}——每年冶炼厂废水处理总站进水中特征污染物的总量；

Q_{YD}——每年锑锭、铅锭和高铅锭总产量。

Ⅲ. 铅锑矿冶炼单位产品污染物产生量（废气）。锑冶炼采用挥发熔炼工艺，收下的锑氧粉为下一段工序的原料，布袋除尘既是冶炼厂的生产设施也是环保设施。

$$R_{YQ}=\frac{Q_{YQ}}{Q_{YD}} \tag{2-45}$$

式中　R_{YQ}——铅锑矿冶炼单位产品污染物产生量（废气）；

Q_{YQ}——每年废气中特征污染物排放总量；

Q_{YD}——每年锑锭、铅锭和高铅锭总产量。

Ⅳ. 硫化锑、硫氧化混合锑精矿冶炼单位产品污染物产生量（废气）。锑冶炼采用挥发熔炼工艺，收下的锑氧粉为下一段工序的原料，布袋除尘既是冶炼厂的生产设施也是环保设施。

$$R_{SQ}=\frac{Q_{SQ}}{Q_{SD}} \tag{2-46}$$

式中 R_{SQ}——硫化锑、硫氧化混合锑精矿冶炼单位产品污染物产生量（废气）；

Q_{SQ}——每年废气中特征污染物排放总量；

Q_{SD}——每年锑锭总产量。

Ⅴ. 锑白（三氧化二锑）生产单位产品污染物产生量（废气）。锑白生产采用氧化挥发工艺，收下的锑白粉为产品，布袋除尘既是冶炼厂的生产设施也是环保设施。

$$R_{BQ}=\frac{Q_{BQ}}{Q_{BD}} \tag{2-47}$$

式中 R_{BQ}——锑白（三氧化二锑）生产单位产品污染物产生量（废气）；

Q_{BQ}——每年废气中特征污染物排放总量；

Q_{BD}——每年锑白（三氧化二锑）总产量。

2）数据来源

① 统计。企业的原材料和新鲜水的消耗量、重复用水量、产品产量、能耗及各种资源的综合利用量等，以年报表或考核周期报表为准。

② 实测。如果统计数据严重短缺，资源综合利用指标也可以在考核周期内用实测方法取得，考核周期一般不少于1个月。

③ 采样和监测。本指标体系污染物产生指标的采样和监测按照相关技术规范执行，并采用表2-15所列测定方法。

表 2-15 污染物指标监测采样点及分析方法

监测项目	测点位置	监测采样及分析方法
COD_{Cr}	尾矿库回水口	《水质 化学需氧量的测定 重铬酸盐法》(HJ 828) 《水质 化学需氧量的测定 快速消解分光光度法》(HJ/T 399)
Pb	废水处理站进水口、尾矿库回水口	《水质 铜、锌、铅、镉的测定 原子吸收分光光度法》(GB 7475) 《水质 铅的测定 双硫腙分光光度法》(GB 7470) 《水质 65种元素的测定 电感耦合等离子体质谱法》(HJ 700)
Cd		《水质 铜、锌、铅、镉的测定 原子吸收分光光度法》(GB 7475) 《水质 镉的测定 双硫腙分光光度法》(GB 7471) 《水质 65种元素的测定 电感耦合等离子体质谱法》(HJ700)
Sb		《水质 汞、砷、硒、铋和锑的测定 原子荧光法》(HJ 694) 《水质 65种元素的测定 电感耦合等离子体质谱法》(HJ 700)
Hg		《水质 总汞的测定 冷原子吸收分光光度法》(HJ 597) 《水质 总汞的测定 高锰酸钾-过硫酸钾消解法双硫腙分光光度法》(GB 7469) 《水质 汞、砷、硒、铋和锑的测定 原子荧光法》(HJ 694)
As		《水质 总砷的测定 二乙基二硫代氨基甲酸银分光光度法》(GB 7485) 《水质 65种元素的测定 电感耦合等离子体质谱法》(HJ 700) 《水质 汞、砷、硒、铋和锑的测定 原子荧光法》(HJ 694)

续表

监测项目	测点位置	监测采样及分析方法
粉尘	作业场所	《重量法》(GB 5748)
二氧化硫	废气排口	《固定污染源排气中二氧化硫的测定　碘量法》(HJ/T 56) 《固定污染源废气 二氧化硫的测定　定电位电解法》(HJ 57) 《固定污染源废气 二氧化硫的测定　非分散红外吸收法》(HJ 629)
氮氧化物		《固定污染源排气中氮氧化物的测定　紫外分光光度法》(HJ/T 42) 《固定污染源排气中氮氧化物的测定　盐酸萘乙二胺分光光度法》(HJ/T 43)
锑及其化合物		《空气和废气 颗粒物中铅等金属元素的测定　电感耦合等离子体质谱法》(HJ 657)
汞及其化合物		《固定污染源废气 汞的测定　冷原子吸收分光光度法(暂行)》(HJ 543)
镉及其化合物		《大气固定污染源 镉的测定　火焰原子吸收分光光度法》(HJ/T 64.1) 《大气固定污染源 镉的测定　石墨炉原子吸收分光光度法》(HJ/T 64.2) 《大气固定污染源 镉的测定　对-偶氮苯重氮氨基偶氮苯磺酸分光光度法》(HJ/T 64.3)
铅及其化合物		《空气和废气　颗粒物中铅等金属元素的测定　电感耦合等离子体质谱法》(HJ 657) 《固定污染源废气　铅的测定　火焰原子吸收分光光度法(暂行)》(HJ 538)
砷及其化合物		《空气和废气　颗粒物中铅等金属元素的测定　电感耦合等离子体质谱法》(HJ 657) 《固定污染源废气 砷的测定　二乙基二硫代氨基甲酸银分光光度法》(HJ 540)

2.1.4　锡锑行业污染治理标准要求

2.1.4.1　《锡、锑、汞工业污染物排放标准》(GB 30770—2014)要求

《锡、锑、汞工业污染物排放标准》[8,9] 由环境保护部于 2014 年 5 月 16 日批准，从 2014 年 7 月 1 日起开始实施。

该标准规定了锡、锑、汞采选及冶炼工业企业生产过程中水污染物和大气污染物排放限值、监测和监控要求，对重点区域规定了水污染物和大气污染物特别排放限值，详见书后附录 1。

2.1.4.2　锡锑行业排污许可要求

(1)《排污许可证申请与核发技术规范　水处理通用工序》

该标准[10] 规定了采矿类、生产类、服务类排污单位水处理设施排放污染物的排污许可证申请与核发的基本情况填报要求、许可排放限值确定、实际排放量核算、合规判定的一般方法，以及自行监测、环境管理台账和排污许可证执行报告等环境管理要求，提出了污染防治可行技术要求。

1) 许可排放限值

① 许可排放浓度。锡、锑、汞矿采选业排污单位排放废水污染物浓度限值执行 GB 30770。

国家、地方管理文件或环境影响评价批复文件中对排污单位废水排放有明确要求的，从严确定。

地方有更严格的排放标准要求的，则从其规定。

排污单位生产设施同时生产两种以上产品，可适用不同排放控制要求或不同行业水污染物排放标准，且生产设施产生的污水混合处理排放的情况下，应执行排放标准中规定的最严格的浓度限值。

② 许可排放量。采矿类排污单位主要排放口明确化学需氧量、氨氮许可排放量，主要车间或车间处理设施废水排放口，还应根据废水中所含重金属因子情况，明确铅、汞、铬、镉、砷五项重金属的许可排放量。生态环境主管部门另有规定的，从其规定。

排污单位水污染物年许可排放量采用式（2-48）计算。

$$E_{i,许可}=Q_iC_{i,许可}\times10^{-6} \tag{2-48}$$

式中 $E_{i,许可}$——排污单位出水第 i 项水污染物的年许可排放量，t/a；

Q_i——废水排放量，m^3/a（行业排放标准中有单位产品基准排水量的，按单位产品基准排水量和产品产能确定废水排放量；没有行业排放标准或行业排放标准中没有单位产品基准排水量的，取近三年实际排水量的平均值，运行不满三年的则从投产之日开始计算年均排水量，但需剔除浓度限值超标或者监测数据缺失时段，未投入运行的排污单位取设计水量）；

$C_{j,许可}$——排污单位出水第 j 项水污染物许可排放浓度限值，mg/L。

2）自行监测要求

① 一般原则。排污单位可自行或委托监测机构开展监测工作，并对监测数据进行记录、整理、统计和分析。排污单位应记录手工监测期间的工况（包括运行负荷、污染治理设施运行情况等）。

② 废水监测。采矿类排污单位废水监测点位、监测指标及最低监测频次分别按照表2-16执行。

表 2-16　采矿类排污单位废水监测点位、监测指标及最低监测频次

行业	监测点位	监测指标	最低监测频次	
			直接排放	间接排放
锡、锑、汞金属矿采选	废水外排口	流量	自动监测	
		化学需氧量、氨氮	自动监测（月）①	
		pH 值、悬浮物、总磷、总氮	月	季度
		石油类、总铜、总锌、总锡、总锑、硫化物、氟化物	季度	半年
	车间或车间处理设施废水排放口	流量	自动监测	
		总汞、总镉、总铅、总砷	月	
		六价铬	季度	

① 重点管理排污单位化学需氧量、氨氮自动监测，其余按月监测。

注：1. 设区的市级及以上生态环境主管部门明确要求安装自动监测设备的污染物指标，须采取自动监测。

2. 雨水排放口每季度第一次排水期间开展监测。

（2）《排污许可证申请与核发技术规范 有色金属工业-锡冶炼》

该标准规定了锡冶炼排污单位排污许可证申请与核发的基本情况填报要求、许可排放限值确定和实际排放量核算方法、合规判定方法，以及自行监测、环境管理台账与排污许可证执行报告等环境管理要求，提出了锡冶炼行业污染防治可行技术及运行管理要求[11]。

1）许可排放限值

① 许可排放浓度

Ⅰ. 废气。排污单位废气许可排放浓度依据 GB 13271、GB 30770 确定，污染物许可排放浓度为小时均值浓度。有地方排放标准要求的，按照地方排放标准确定。

大气污染防治重点控制区按照《关于执行大气污染物特别排放限值的公告》和《关于执行大气污染物特别排放限值有关问题的复函》的要求执行。其他执行大气污染物特别排放限值的地域范围、时间，由国务院环境保护主管部门或省级人民政府规定。

若执行不同许可排放浓度的多台设施采用混合方式排放烟气，且选择的监控位置只能监测混合烟气中的大气污染物浓度，则应执行各限值要求中最严格的许可排放浓度。

Ⅱ. 废水。排污单位水污染物许可排放浓度按照 GB 30770 确定，许可排放浓度为日均浓度（pH 值为任何一次监测值）。有地方排放标准要求的，按照地方排放标准确定。

若排污单位在同一个废水排放口排放两种或两种以上工业废水，且每种废水同一种污染物的排放标准不同时，则应执行各限值要求中最严格的许可排放浓度。

② 许可排放量

Ⅰ. 废气。根据排放标准浓度限值、单位产品基准排气量、产能确定大气污染物许可排放量。

a. 年许可排放量。年许可排放量等于主要排放口年许可排放量，计算如下：

$$E_{i,\text{许可}}=E_{i,\text{主要排放口}} \tag{2-49}$$

式中　$E_{i,\text{许可}}$——排污单位第 i 项大气污染物年许可排放量，t/a；

$E_{i,\text{主要排放口}}$——排污单位第 i 项大气污染物主要排放口年许可排放量，t/a。

b. 主要排放口年许可排放量。主要排放口年许可排放量用下式计算：

$$E_{i,\text{主要排放口}}=\sum_{j=1}^{n}C_iQ_jR\times10^{-9} \tag{2-50}$$

式中　$E_{i,\text{主要排放口}}$——主要排放口第 i 种大气污染物年许可排放量，t/a；

C_i——第 i 种大气污染物许可排放浓度限值，mg/m^3；

R——主要产品年产能，t/a；

Q_j——第 j 个主要排放口单位产品基准排气量，m^3/t 产品，参照表 2-17 取值。

表 2-17　锡冶炼排污单位主要排放口基准排气量　　单位：m^3/t 产品

序号	工序名称	排放口	基准排气量
1	炼前处理系统	装置排气筒	6000
2	还原熔炼系统	装置排气筒	10000
3	挥发熔炼系统	装置排气筒	22000
4	环境集烟(出渣、出锡口等)	装置排气筒	10000

注:1. 对多个主要排放口烟气统一排放的情况,基准排气量取相关工序基准排气量之和。

2. 对于除炼前处理系统、还原熔炼系统、挥发熔炼系统烟气外,其他全部烟气(包括环境集烟、精炼烟气等)在一个排气口排放的情况,该排气口应确定为主要排放口,基准排气量为 $25000m^3$(标)。

3. 产品为最终产品精锡,以粗锡为最终产品的企业需折算成锡的金属量。

c. 特殊时段许可排放量。特殊时段排污单位日许可排放量按式（2-51）计算。地方制定的相关法规中对特殊时段许可排放量有明确规定的从其规定。国家和地方环境保护主管部门依法规定的其他特殊时段短期许可排放量应当在排污许可证当中载明。

$$E_{日许可}=E_{前一年环统日均排放量}\times(1-\alpha) \quad (2\text{-}51)$$

式中 $E_{日许可}$——锡冶炼排污单位重污染天气应对期间或冬防阶段日许可排放量，t；

$E_{前一年环统日均排放量}$——锡冶炼排污单位前一年环境统计实际排放量折算的日均值，t；

α——重污染天气应对期间或冬防阶段日产量或排放量减少比例。

Ⅱ. 废水。水污染物年许可排放量根据水污染物许可排放浓度限值、单位产品基准排水量和产能核定。

a. 主要排放口年许可排放量。主要排放口年许可排放量用下式计算：

$$D_i=C_iQR\times10^{-6} \quad (2\text{-}52)$$

式中 D_i——主要排放口第 i 种水污染物年许可排放量，t/a；

C_i——第 i 种水污染物许可排放浓度限值，mg/L；

R——主要产品年产能，t/a；

Q——主要排放口单位产品基准排水量，m^3/t 产品，取值参见表 2-18。

表 2-18　锡冶炼排污单位基准排水量　　单位：m^3/t 产品

序号	排放口	排放口类型	基准排水量
1	车间或生产装置排放口	主要排放口	2
2	企业废水总排放口	主要排放口	5(3)

注：括号内的数值为执行特别排放限值排污单位的基准排水量。

b. 年许可排放量。锡冶炼排污单位总铅、总砷、总镉、总汞年许可排放量为车间或生产装置排放口年许可排放量。化学需氧量和氨氮在企业废水总排放口许可年排放量。按照公式（2-52）进行核算，其中 C_i 取值参照 GB 30770 中污染因子浓度，基准排水量 Q 参考表 2-18。

没有制酸的锡冶炼排污单位的年许可排放量按照式(2-52）进行核算，其中 C_i 取值参照 GB 30770 中污染因子浓度，基准排水量参见 GB 30770。

锡冶炼排污单位无组织排放节点和控制措施见表 2-19。

表 2-19　锡冶炼排污单位无组织排放节点和控制措施

序号	工序(无组织排放节点)	控制措施
1	运输	(1)冶炼厂内粉状物料运输应采取抑尘措施。 (2)冶炼厂内大宗物料转移、输送应采取皮带通廊、封闭式皮带输送机或流态化输送等输送方式。带式输送机的受料点、卸料点采取喷雾等抑尘措施；或设置密闭罩，并配备除尘设施。 (3)冶炼厂内运输道路应硬化，并采取洒水、喷雾或移动吸尘等措施。 (4)运输车辆驶离冶炼厂前应冲洗车轮，或采取其他控制措施
2	冶炼	(1)原煤应贮存于封闭式煤场；不能封闭的应采用防风抑尘网，防风抑尘网高度不低于堆存物料高度的 1.1 倍。锡精矿等原料，石英石、石灰石等辅料应采用库房贮存。备料工序产尘点应设置集气罩，并配备除尘设施。 (2)冶炼炉(窑)的加料口、出料口应设置集气罩并保证足够的集气效率，配套设置密闭抽风除尘设施。 (3)溜槽应设置盖板

2）自行监测要求

① 废水排放监测。排污单位均需在废水总排放口、雨水排放口设置监测点位，生活污水单独排入水体的须在生活污水排放口设置监测点位。

涉及监控位置为车间或生产设施废水排放口的，采样点位一律设在车间或车间处理设施排放口，或专门处理此类污染物设施的排口[12]。

排污单位废水排放监测点位、指标及最低监测频次按照表 2-20 执行。

表 2-20　排污单位废水排放监测点位、指标及最低监测频次

污染源		监测因子(指标)	最低监测频次
产污环节	监测点位		
废水	车间或生产装置排放口	总砷、总铅、总镉、总汞	日
		六价铬	月
	企业废水总排放口	pH 值、流量、化学需氧量、氨氮	自动监测
		总磷	日(自动监测①)
		总氮	日②
		总砷、总铅、总镉、总汞	日
		总锌、总铜、总锡③、总锑、六价铬	月
		悬浮物、氟化物、石油类、硫化物	季度
生活污水排放口		流量、pH 值、悬浮物、化学需氧量、氨氮、总氮、总磷、五日生化需氧量、动植物油	月
雨水排放口		pH 值、化学需氧量、悬浮物、石油类	日④

①水环境质量中总磷实施总量控制区域，总磷需采取自动监测。

②水环境质量中总氮实施总量控制区域，总氮最低监测频次按日执行，待自动监测技术规范发布后需采取自动监测。

③锡、冶炼排污单位废水监测项目。

④雨水排放口有流动水排放时按日监测。若监测一年无异常情况，可放宽至每季度开展一次监测。

注：表中所列监测指标，设区的市级及以上环保主管部门明确要求安装自动监测设备的，需采取自动监测。

② 废气排放监测。有组织废气排放监测点位、监测指标及最低监测频次按照表 2-21 执行。无组织废气排放监测点位、监测指标及最低监测频次按照表 2-22 执行。对于多个污染源或生产设备共用一个排气筒的，监测点位可布设在共用排气筒上，监测指标应涵盖所对应的污染源或生产设备监测指标，最低监测频次按照严格的执行。

表 2-21　排污单位有组织废气排放监测点位、监测指标及最低监测频次

行业类型	监测点位	监测指标	最低监测频次
锡冶炼	原料制备及输送系统排气筒	颗粒物	半年
	粉煤制备排气筒	颗粒物	半年
	炼前处理排气筒	二氧化硫、氮氧化物、颗粒物	自动监测
		锡及其化合物、铅及其化合物、砷及其化合物、镉及其化合物、汞及其化合物、锑及其化合物	月
		氟化物	季度

续表

行业类型	监测点位	监测指标	最低监测频次
锡冶炼	还原熔炼系统排气筒	二氧化硫、氮氧化物、颗粒物	自动监测
		锡及其化合物、铅及其化合物、砷及其化合物、镉及其化合物、汞及其化合物、锑及其化合物	月
		氟化物	季度
	挥发熔炼系统排气筒	二氧化硫、氮氧化物、颗粒物	自动监测
		锡及其化合物、铅及其化合物、砷及其化合物、镉及其化合物、汞及其化合物、锑及其化合物	月
		氟化物	季度
	环境集烟(各炉窑进料口、出渣口、出锡口等)排气筒	二氧化硫、氮氧化物、颗粒物	自动监测
		锡及其化合物、铅及其化合物、砷及其化合物、镉及其化合物、汞及其化合物、锑及其化合物	月
		氟化物	季度
	精炼系统排气筒	二氧化硫、氮氧化物、颗粒物、锡及其化合物、铅及其化合物、砷及其化合物、镉及其化合物、汞及其化合物、锑及其化合物、氟化物	季度

注:1. 废气监测需按照相应监测分析方法、技术规范同步监测烟气参数。

2. 表中所列监测指标,设区的市级及以上环保主管部门明确要求安装自动监测设备的,需采取自动监测。

表 2-22 排污单位无组织废气排放监测点位、监测指标及最低监测频次

污染源		排放口类型	监测指标	最低监测频次
产污环节	监测点位			
厂界	企业边界	硫酸雾、氟化物、锡及其化合物、汞及其化合物、镉及其化合物、铅及其化合物、砷及其化合物和锑及其化合物		季度

(3)《排污许可证申请与核发技术规范 有色金属工业-锑冶炼》

该标准[13] 规定了锑冶炼排污单位排污许可证申请与核发的基本情况填报要求、许可排放限值确定和实际排放量核算方法、合规判定方法,以及自行监测、环境管理台账与排污许可证执行报告等环境管理要求,提出了锑冶炼行业污染防治可行技术及运行管理要求。

1) 许可排放限值

① 许可排放浓度

Ⅰ. 废气。锑冶炼排污单位废气许可排放浓度依据 GB 13271、GB 30770 确定,污染物许可排放浓度为小时均值浓度。有地方排放标准要求的,按照地方排放标准确定。

大气污染防治重点控制区按照《关于执行大气污染物特别排放限值的公告》和《关于执行大气污染物特别排放限值有关问题的复函》的要求执行。其他执行大气污染物特别排放限值的地域范围、时间,由国务院环境保护主管部门或省级人民政府规定。

若执行不同许可排放浓度的多台设施采用混合方式排放烟气，且选择的监控位置只能监测混合烟气中的大气污染物浓度，则应执行各限值要求中最严格的许可排放浓度。

Ⅱ. 废水。锑冶炼排污单位水污染物许可排放浓度按照GB 30770确定，许可排放浓度为日均浓度（pH值为任何一次监测值）。有地方排放标准要求的，按照地方排放标准确定。

若排污单位在同一个废水排放口排放两种或两种以上工业废水，且每种废水同一种污染物执行的排放标准不同时，则应执行各限值要求中最严格的许可排放浓度。

② 许可排放量

Ⅰ. 废气。根据排放标准浓度限值、单位产品基准排气量、产能确定大气污染物许可排放量。

a. 年许可排放量。年许可排放量等于主要排放口年许可排放量，计算如下：

$$E_{i,许可}=E_{i,主要排放口} \tag{2-53}$$

式中　$E_{i,许可}$——排污单位第 i 项大气污染物年许可排放量，t/a；

$E_{i,主要排放口}$——排污单位第 i 项大气污染物主要排放口年许可排放量，t/a。

b. 主要排放口年许可排放量。主要排放口年许可排放量用下式计算：

$$E_{i,主要排放口}=\sum_{j=1}^{n}C_iQ_jR\times10^{-9} \tag{2-54}$$

式中　$E_{i,主要排放口}$——主要排放口第 i 种大气污染物年许可排放量，t/a；

C_i——第 i 种大气污染物许可排放浓度限值，mg/m^3；

R——主要产品年产能，t/a；

Q_j——第 j 个主要排放口单位产品基准排气量，m^3/t 产品，参照表2-23取值。

表2-23　锑冶炼排污单位主要排放口基准排气量　　单位：m^3/t 产品

序号	原料	生产设施	排放口	基准排气量
1	以锑精矿为原料	挥发熔炼（焙烧）系统（包括前床）	各装置排气筒	46000
2		还原熔炼系统		12500
3	以铅锑精矿为原料	沸腾焙烧系统	装置排气筒	63000
4		烧结系统		
5		还原熔炼系统		
6		精炼系统		
7		吹炼系统		
8		环境集烟（配料、进料、出渣、出锑口）系统		

续表

序号	原料	生产设施	排放口	基准排气量
9	以锑金精矿为原料	挥发熔炼系统(包括前床)	各装置排气筒	39000
10		还原熔炼系统		11000
11		灰吹系统		6500

注:1. 以锑精矿为原料生产的挥发熔炼(焙烧)系统(包括鼓风炉前床),如果鼓风炉和鼓风炉前床分别设置排放口,则鼓风炉和鼓风炉前床分别按照基准排气量的85%和15%计算。

2. 以锑精矿和锑金精矿为原料,产品以精锑计。以铅锑精矿为原料,产品以精锑和精铅之和计。

c. 特殊时段许可排放量。特殊时段排污单位日许可排放量按式(2-55)计算。地方制定的相关法规中对特殊时段许可排放量有明确规定的从其规定。国家和地方环境保护主管部门依法规定的其他特殊时段短期许可排放量应当在排污许可证当中载明。

$$E_{日许可}=E_{前一年环统日均排放量}\times(1-\alpha) \tag{2-55}$$

式中 $E_{日许可}$——锑冶炼排污单位重污染天气应对期间或冬防阶段日许可排放量,t;

$E_{前一年环统日均排放量}$——锑冶炼排污单位前一年环境统计实际排放量折算的日均值,t;

α——重污染天气应对期间或冬防阶段日产量或排放量减少比例。

Ⅱ. 废水。水污染物年许可排放量根据水污染物许可排放浓度限值、单位产品基准排水量和产能核定。

a. 主要排放口年许可排放量。主要排放口年许可排放量用下式计算:

$$D_i=C_iQR\times10^{-6} \tag{2-56}$$

式中 D_i——主要排放口第 i 种水污染物年许可排放量,t/a;

C_i——第 i 种水污染物许可排放浓度限值,mg/L;

R——主要产品年产能,t/a;

Q——主要排放口单位产品基准排水量,m^3/t 产品,取值参见表 2-24。

表 2-24 锑冶炼排污单位基准排水量 单位:m^3/t 产品

序号	排放口	排放口类型	基准排水量
1	车间或生产装置排放口	主要排放口	5(3)
2	企业废水总排放口	主要排放口	5(3)

注:括号内的数值为执行特别排放限值排污单位的基准排水量。

b. 年许可排放量。锑冶炼排污单位总铅、总砷、总镉、总汞年许可排放量为车间或生产装置排放口年许可排放量,化学需氧量和氨氮年许可排放量为企业废水总排放口年许可排放量,按照式(2-56)进行核算,其中 C_i 取值参照 GB 30770 中污染因子浓度,基准排水量 Q 参考表 2-24。

锑冶炼排污单位无组织排放节点和控制措施见表 2-25。

表 2-25 锑冶炼排污单位无组织排放节点和控制措施

序号	工序	指标控制措施
1	运输	(1)冶炼厂内粉状物料运输应采取抑尘措施。 (2)冶炼厂内大宗物料转移、输送应采取皮带通廊、封闭式皮带输送机或流态化输送等输送方式。带式输送机的受料点、卸料点采取喷雾等抑尘措施;或设置密闭罩,并配备除尘设施。

续表

序号	工序	指标控制措施
1	运输	（3）冶炼厂内运输道路应硬化，并采取洒水、喷雾或移动吸尘等措施。 （4）运输车辆驶离冶炼厂前应冲洗车轮，或采取其他控制措施
2	冶炼	（1）原煤应贮存于封闭式煤场；不能封闭的应采用防风抑尘网，防风抑尘网高度不低于堆存物料高度的 1.1 倍。锑精矿等原料，石英石、石灰石等辅料应采用库房贮存。备料工序产尘点应设置集气罩，并配备除尘设施。 （2）冶炼炉（窑）的加料口、出料口应设置集气罩并保证足够的集气效率，配套设置密闭抽风收尘设施。 （3）溜槽应设置盖板

2）自行监测要求

① 废水排放监测。排污单位均须在废水总排放口、雨水排放口设置监测点位，生活污水单独排入水体的需在生活污水排放口设置监测点位。

涉及监控位置为车间或生产设施废水排放口的，采样点位一律设在车间或车间处理设施排放口，或专门处理此类污染物设施的排口[11]。

排污单位废水排放监测点位、监测指标及最低监测频次按照表 2-26 执行。

表 2-26　排污单位废水排放监测点位、监测指标及最低监测频次

<table>
<tr><th colspan="2">污染源</th><th rowspan="2">监测指标</th><th rowspan="2">最低监测频次</th></tr>
<tr><th>产污环节</th><th>监测点位</th></tr>
<tr><td rowspan="8">废水</td><td rowspan="2">车间或生产装置排放口</td><td>总砷、总铅、总镉、总汞</td><td>日</td></tr>
<tr><td>六价铬</td><td>月</td></tr>
<tr><td rowspan="6">企业废水总排放口</td><td>pH 值、流量、化学需氧量、氨氮</td><td>自动监测</td></tr>
<tr><td>总磷</td><td>日（自动监测①）</td></tr>
<tr><td>总氮</td><td>日②</td></tr>
<tr><td>总砷、总铅、总镉、总汞</td><td>日</td></tr>
<tr><td>总锌、总铜、总锡③、总锑、六价铬</td><td>月</td></tr>
<tr><td>悬浮物、氟化物、石油类、硫化物</td><td>季度</td></tr>
<tr><td colspan="2">生活污水排放口</td><td>流量、pH 值、悬浮物、化学需氧量、氨氮、总氮、总磷、五日生化需氧量、动植物油</td><td>月</td></tr>
<tr><td colspan="2">雨水排放口</td><td>pH 值、化学需氧量、悬浮物、石油类</td><td>日④</td></tr>
</table>

①水环境质量中总磷实施总量控制区域，总磷需采取自动监测。

②水环境质量中总氮实施总量控制区域，总氮最低监测频次按日执行，待自动监测技术规范发布后，须采取自动监测。

③锡、锑冶炼排污单位废水监测项目。

④雨水排放口有流动水排放时按日监测。若监测一年无异常情况，可放宽至每季度开展一次监测。

注：表中所列监测指标，设区的市级及以上环保主管部门明确要求安装自动监测设备的，需采取自动监测。

② 废气排放监测。有组织废气排放监测点位、监测指标及最低监测频次按照表 2-27 执行。无组织废气排放监测点位、监测指标及最低监测频次按照表 2-28 执行。对于多个污染源或生产设备共用一个排气筒的，监测点位可布设在共用排气筒上，监测指标应涵盖所对应的污染源或生产设备监测指标，最低监测频次按照严格的执行。

表 2-27 排污单位有组织废气排放监测点位、监测指标及最低监测频次

污染源		监测指标	监测频次
产污环节	监测点位		
锑冶炼（以锑精矿为原料）	原料制备及输送系统排气筒	颗粒物	半年
	挥发熔炼系统（包括前床）排气筒	颗粒物、二氧化硫、氮氧化物	自动监测
		锡及其化合物、汞及其化合物、镉及其化合物、铅及其化合物、砷及其化合物和锑及其化合物	月
	挥发焙烧排气筒	颗粒物、二氧化硫、氮氧化物	自动监测
		锡及其化合物、汞及其化合物、镉及其化合物、铅及其化合物、砷及其化合物和锑及其化合物	月
	还原熔炼系统排气筒	颗粒物、二氧化硫、氮氧化物	自动监测
		锡及其化合物、汞及其化合物、镉及其化合物、铅及其化合物、砷及其化合物和锑及其化合物	月
	环境集烟（进料、出渣、出锑口等）排气筒	颗粒物、二氧化硫、氮氧化物、锡及其化合物、汞及其化合物、镉及其化合物、铅及其化合物、砷及其化合物和锑及其化合物	季度
锑冶炼（以铅锑精矿为原料）	原料制备及输送系统排气筒	颗粒物	半年
	沸腾焙烧系统排气筒	颗粒物、二氧化硫、氮氧化物	自动监测
		锡及其化合物、汞及其化合物、镉及其化合物、铅及其化合物、砷及其化合物和锑及其化合物	月
	烧结系统排气筒	颗粒物、二氧化硫、氮氧化物	自动监测
		锡及其化合物、汞及其化合物、镉及其化合物、铅及其化合物、砷及其化合物和锑及其化合物	月
	还原熔炼系统排气筒	颗粒物、二氧化硫、氮氧化物	自动监测
		锡及其化合物、汞及其化合物、镉及其化合物、铅及其化合物、砷及其化合物和锑及其化合物	月
	精炼系统排气筒	颗粒物、二氧化硫、氮氧化物	自动监测
		锡及其化合物、汞及其化合物、镉及其化合物、铅及其化合物、砷及其化合物和锑及其化合物	月
	吹炼系统排气筒	颗粒物、二氧化硫、氮氧化物	自动监测
		锡及其化合物、汞及其化合物、镉及其化合物、铅及其化合物、砷及其化合物和锑及其化合物	月
	环境集烟（配料、进料、出渣、出锑口等）排气筒	颗粒物、二氧化硫、氮氧化物	自动监测
		锡及其化合物、汞及其化合物、镉及其化合物、铅及其化合物、砷及其化合物和锑及其化合物	月

续表

污染源		监测指标	监测频次
产污环节	监测点位		
锑冶炼（以锑金精矿为原料）	原料制备及输送系统排气筒	颗粒物	半年
	挥发熔炼系统（包括前床）排气筒	颗粒物、二氧化硫、氮氧化物	自动监测
		锡及其化合物、汞及其化合物、镉及其化合物、铅及其化合物、砷及其化合物和锑及其化合物	月
	吹灰系统排气筒	颗粒物、二氧化硫、氮氧化物	自动监测
		锡及其化合物、汞及其化合物、镉及其化合物、铅及其化合物、砷及其化合物和锑及其化合物	月
	还原熔炼系统排气筒	颗粒物、二氧化硫、氮氧化物	自动监测
		锡及其化合物、汞及其化合物、镉及其化合物、铅及其化合物、砷及其化合物和锑及其化合物	月
	环境集烟（进料、出渣、出锑口等）排气筒	颗粒物、二氧化硫、氮氧化物、锡及其化合物、汞及其化合物、镉及其化合物、铅及其化合物、砷及其化合物和锑及其化合物	季度
	炼金系统排气筒	颗粒物、二氧化硫、氮氧化物、锡及其化合物、汞及其化合物、镉及其化合物、铅及其化合物、砷及其化合物和锑及其化合物	半年
锑冶炼（以精锑为原料）	锑白炉排气筒	颗粒物、二氧化硫、氮氧化物、锑及其化合物	半年

注：1. 废气监测需按照相应监测分析方法、技术规范同步监测烟气参数。

2. 表中所列监测指标，设区的市级及以上环保主管部门明确要求安装自动监测设备的，需采取自动监测。

表 2-28　排污单位无组织废气排放监测点位、监测指标及最低监测频次

污染源		排放口类型	监测指标	最低监测频次
产污环节	监测点位			
厂界	企业边界	硫酸雾、锡及其化合物、汞及其化合物、镉及其化合物、铅及其化合物、砷及其化合物和锑及其化合物		季度

2.1.5　国家危险废物名录（2021 年版）

HW27 含锑废物：锑金属及粗氧化锑生产过程中产生的熔渣和集（除）尘装置收集的粉尘；氧化锑生产过程中产生的熔渣[14]。

2.1.6　一般工业固体废物贮存和填埋污染控制标准（GB 18599—2020）

（1）贮存场和填埋场选址要求[15]

① 一般工业固体废物贮存场、填埋场的选址应符合环境保护法律法规及相关法定规划要求。

② 贮存场、填埋场的位置与周围居民区的距离应依据环境影响评价文件及审批意见确定。

③ 贮存场、填埋场不得选在生态保护红线区域、永久基本农田集中区域和其他需要特别保护的区域内。

④ 贮存场、填埋场应避开活动断层、溶洞区、天然滑坡或泥石流影响区以及湿地等区域。

⑤ 贮存场、填埋场不得选在江河、湖泊、运河、渠道、水库最高水位线以下的滩地和岸坡，以及国家和地方长远规划中的水库等人工蓄水设施的淹没区和保护区之内。

⑥ 上述选址规定不适用于一般工业固体废物的充填和回填。

（2）贮存场和填埋场技术要求

① 根据建设、运行、封场等污染控制技术要求不同，贮存场、填埋场分为Ⅰ类场和Ⅱ类场。

② 贮存场、填埋场的防洪标准应按重现期不小于五十年一遇的洪水位设计，国家已有标准提出更高要求除外。

③ 贮存场和填埋场一般应包括以下单元：a. 防渗系统、渗滤液收集和导排系统；b. 雨污分流系统；c. 分析化验与环境监测系统；d. 公用工程和配套设施；e. 地下水导排系统和废水处理系统（根据具体情况选择设置）。

④ 贮存场及填埋场施工方案中应包括施工质量保证和施工质量控制内容，明确环保条款和责任，作为项目竣工环境保护验收的依据，同时可作为建设环境监理的主要内容。

⑤ 贮存场及填埋场在施工完毕后应保存施工报告、全套竣工图、所有材料的现场及实验室检测报告。采用高密度聚乙烯膜作为人工合成材料衬层的贮存场及填埋场还应提交人工防渗衬层完整性检测报告。上述材料连同施工质量保证书作为竣工环境保护验收的依据。

⑥ 贮存场及填埋场渗滤液收集池的防渗要求应不低于对应贮存场、填埋场的防渗要求。

⑦ 贮存场除应符合本标准规定污染控制技术要求之外，其设计、施工、运行、封场等还应符合相关行政法规规定、国家及行业标准要求。

⑧ 食品制造业、纺织服装和服饰业、造纸和纸制品业、农副食品加工业等为日常生活提供服务的活动中产生的与生活垃圾性质相近的一般工业固体废物，以及有机质含量超过5%的一般工业固体废物（煤矸石除外），其直接贮存、填埋处置应符合GB 16889要求。

（3）Ⅰ类场技术要求

① 当天然基础层饱和渗透系数不大于1.0×10^{-5}cm/s，且厚度不小于0.75m时，可以采用天然基础层作为防渗衬层。

② 当天然基础层不能满足①条防渗要求时，可采用改性压实黏土类衬层或具有同等以上隔水效力的其他材料防渗衬层，其防渗性能应至少相当于渗透系数为1.0×10^{-5}cm/s且厚度为0.75m的天然基础层。

（4）Ⅱ类场技术要求

① Ⅱ类场应采用单人工复合衬层作为防渗衬层，并符合以下技术要求：

a. 人工合成材料应采用高密度聚乙烯膜，厚度不小于1.5mm，并满足GB/T 17643规定的技术指标要求。采用其他人工合成材料的，其防渗性能至少相当于1.5mm高密度聚乙烯膜的防渗性能。

b. 黏土衬层厚度应不小于0.75m，且经压实、人工改性等措施处理后的饱和渗透系数不应大于1.0×10^{-7}cm/s。使用其他黏土类防渗衬层材料时，应具有同等以上隔水效力。

② Ⅱ类场基础层表面应与地下水年最高水位保持1.5m以上的距离。当场区基础层表面与地下水年最高水位距离不足1.5m时，应建设地下水导排系统。地下水导排系统应确保Ⅱ类场运行期地下水水位维持在基础层表面1.5m以下。

③ Ⅱ类场应设置渗漏监控系统，监控防渗层的完整性。渗漏监控系统的构成包括但不限于防渗衬层渗漏监测设备、地下水监测井。

④ 人工合成材料衬层、渗滤液收集和导排系统的施工不应对黏土衬层造成破坏。

（5）入场要求

① 进入Ⅰ类场的一般工业固体废物应同时满足的要求：a. 第Ⅰ类一般工业固体废物（包括第Ⅱ类一般工业固体废物经处理后属于第Ⅰ类一般工业固体废物的）；b. 有机质含量小于2%（煤矸石除外），测定方法按照HJ 761进行；c. 水溶性盐总量小于2%，测定方法按照NY/T 1121.16进行。

② 进入Ⅱ类场的一般工业固体废物应同时满足的要求：a. 有机质含量小于5%（煤矸石除外），测定方法按照HJ 761进行；b. 水溶性盐总量小于5%，测定方法按照NY/T 1121.16进行。

③（2）部分中⑧所规定的一般工业固体废物经处理并满足（5）部分中②条要求后仅可进入Ⅱ类场贮存、填埋。

④ 不相容的一般工业固体废物应设置不同的分区进行贮存和填埋作业。

⑤ 危险废物和生活垃圾不得进入一般工业固体废物贮存场及填埋场。国家及地方有关法律法规、标准另有规定的除外。

（6）贮存场和填埋场运行要求

① 贮存场、填埋场投入运行之前，企业应制定突发环境事件应急预案或在突发事件应急预案中制定环境应急预案专章，说明各种可能发生的突发环境事件情景及应急处置措施。

② 贮存场、填埋场应制订运行计划，运行管理人员应定期参加企业的岗位培训。

③ 贮存场、填埋场运行企业应建立档案管理制度，并按照国家档案管理等法律法规进行整理与归档，永久保存。档案资料主要包括但不限于以下内容：a. 场址选择、勘察、征地、设计、施工、环评、验收资料；b. 废物的来源、种类、污染特性、数量、贮存或填埋位置等资料；c. 各种污染防治设施的检查维护资料；d. 渗滤液、工艺水总量以及渗滤液、工艺水处理设备工艺参数及处理效果记录资料；e. 封场及封场后管理资料；f. 环境监测及应急处置资料。

④ 贮存场、填埋场的环境保护图形标志应符合GB 15562.2的规定，并应定期检查和维护。

⑤ 易产生扬尘的贮存或填埋场应采取分区作业、覆盖、洒水等有效抑尘措施防止扬尘污染。尾矿库应采取均匀放矿、洒水抑尘等措施防止干滩扬尘污染。

⑥ 污染物排放控制要求，具体包括：

a. 贮存场、填埋场产生的渗滤液应进行收集处理，达到 GB 8978 要求后方可排放，已有行业、区域或地方污染物排放标准规定的应执行相应标准；b. 贮存场、填埋场产生的无组织气体排放应符合 GB 16297 规定的无组织排放限值的相关要求；c. 贮存场、填埋场排放的环境噪声、恶臭污染物应符合 GB 12348、GB 14554 的规定。

(7) 充填及回填利用污染控制要求

① 第Ⅰ类一般工业固体废物可按下列途径进行充填或回填作业：a. 粉煤灰可在煤炭开采矿区的采空区中充填或回填；b. 煤矸石可在煤炭开采矿井、矿坑等采空区中充填或回填；c. 尾矿、矿山废石等可在原矿开采区的矿井、矿坑等采空区中充填或回填。

② 第Ⅱ类一般工业固体废物以及不符合上述①条充填或回填途径的第Ⅰ类一般工业固体废物，其充填或回填活动前应开展环境本底调查，并按照 HJ 25.3 等相关标准进行环境风险评估，重点评估对地下水、地表水及周边土壤的环境污染风险，确保环境风险可以接受。充填或回填活动结束后，应根据风险评估结果对可能受到影响的土壤、地表水及地下水开展长期监测，监测频次至少每年 1 次。

③ 不应在充填物料中掺加除充填作业所需要的添加剂之外的其他固体废物。

④ 一般工业固体废物回填作业结束后应立即实施土地复垦（回填地下的除外），土地复垦应符合本标准 (8) ⑨条的规定。

⑤ 食品制造业、纺织服装和服饰业、造纸和纸制品业、农副食品加工业等为日常生活提供服务的活动中产生的与生活垃圾性质相近的一般工业固体废物以及其他有机物含量超过 5%的一般工业固体废物（煤矸石除外）不得进行充填、回填作业。

(8) 封场及土地复垦要求

① 当贮存场、填埋场服务期满或不再承担新的贮存、填埋任务时，应在 2 年内启动封场作业，并采取相应的污染防治措施，防止造成环境污染和生态破坏。封场计划可分期实施。尾矿库的封场时间和封场过程还应执行闭库的相关行政法规和管理规定。

② 贮存场、填埋场封场时应控制封场坡度，防止雨水侵蚀。

③ Ⅰ类场封场一般应覆盖土层，其厚度视固体废物的颗粒度大小和拟种植物种类确定。

④ Ⅱ类场的封场结构应包括阻隔层、雨水导排层、覆盖土层。覆盖土层的厚度视拟种植物种类及其对阻隔层可能产生的损坏确定。

⑤ 封场后，仍需对覆盖层进行维护管理，防止覆盖层不均匀沉降、开裂。

⑥ 封场后的贮存场、填埋场应设置标志物，注明封场时间以及使用该土地时应注意的事项。

⑦ 封场后渗滤液处理系统、废水排放监测系统应继续正常运行，直到连续 2 年内没有渗滤液产生或产生的渗滤液未经处理即可稳定达标排放。

⑧ 封场后如需对一般工业固体废物进行开采再利用，应进行环境影响评价。

⑨ 贮存场、填埋场封场完成后，可依据当地地形条件、水资源及表土资源等自然环

境条件和社会发展需求并按照相关规定进行土地复垦。土地复垦实施过程应满足 TD/T 1036 规定的相关土地复垦质量控制要求。土地复垦后用作建设用地的，还应满足 GB 36600 的要求；用作农用地的，还应满足 GB 15618 的要求。

⑩ 历史堆存一般工业固体废物场地经评估确保环境风险可以接受时，可进行封场或土地复垦作业。

2.2　环境法律责任

2.2.1　刑法和环境保护法法律责任

（1）《中华人民共和国刑法》[16]

第二百二十九条　承担资产评估、验资、验证、会计、审计、法律服务、保荐、安全评价、环境影响评价、环境监测等职责的中介组织的人员故意提供虚假证明文件，情节严重的，处五年以下有期徒刑或者拘役，并处罚金；有下列情形之一的，处五年以上十年以下有期徒刑，并处罚金：

（一）提供与证券发行相关的虚假的资产评估、会计、审计、法律服务、保荐等证明文件，情节特别严重的；

（二）提供与重大资产交易相关的虚假的资产评估、会计、审计等证明文件，情节特别严重的；

（三）在涉及公共安全的重大工程、项目中提供虚假的安全评价、环境影响评价等证明文件，致使公共财产、国家和人民利益遭受特别重大损失的。

有前款行为，同时索取他人财物或者非法收受他人财物构成犯罪的，依照处罚较重的规定定罪处罚。

第一款规定的人员，严重不负责任，出具的证明文件有重大失实，造成严重后果的，处三年以下有期徒刑或者拘役，并处或者单处罚金。

第二百八十六条　违反国家规定，对计算机信息系统功能进行删除、修改、增加、干扰，造成计算机信息系统不能正常运行，后果严重的，处五年以下有期徒刑或者拘役；后果特别严重的，处五年以上有期徒刑。

违反国家规定，对计算机信息系统中存储、处理或者传输的数据和应用程序进行删除、修改、增加的操作，后果严重的，依照前款的规定处罚。

故意制作、传播计算机病毒等破坏性程序，影响计算机系统正常运行，后果严重的，依照第一款的规定处罚。

单位犯前三款罪的，对单位判处罚金，并对其直接负责的主管人员和其他直接责任人员，依照第一款的规定处罚。

第三百三十八条　违反国家规定，排放、倾倒或者处置有放射性的废物、含传染病病原体的废物、有毒物质或者其他有害物质，严重污染环境的，处三年以下有期徒刑或者拘役，并处或者单处罚金；情节严重的，处三年以上七年以下有期徒刑，并处罚金；有下列情形之一的，处七年以上有期徒刑，并处罚金：

（一）在饮用水水源保护区、自然保护地核心保护区等依法确定的重点保护区域排放、倾倒、处置有放射性的废物、含传染病病原体的废物、有毒物质，情节特别严重的；

（二）向国家确定的重要江河、湖泊水域排放、倾倒、处置有放射性的废物、含传染病病原体的废物、有毒物质，情节特别严重的；

（三）致使大量永久基本农田基本功能丧失或者遭受永久性破坏的；

（四）致使多人重伤、严重疾病，或者致人严重残疾、死亡的。

有前款行为，同时构成其他犯罪的，依照处罚较重的规定定罪处罚。

第三百三十九条　违反国家规定，将境外的固体废物进境倾倒、堆放、处置的，处五年以下有期徒刑或者拘役，并处罚金；造成重大环境污染事故，致使公私财产遭受重大损失或者严重危害人体健康的，处五年以上十年以下有期徒刑，并处罚金；后果特别严重的，处十年以上有期徒刑，并处罚金。

未经国务院有关主管部门许可，擅自进口固体废物用作原料，造成重大环境污染事故，致使公私财产遭受重大损失或者严重危害人体健康的，处五年以下有期徒刑或者拘役，并处罚金；后果特别严重的，处五年以上十年以下有期徒刑，并处罚金。

以原料利用为名，进口不能用作原料的固体废物、液态废物和气态废物的，依照本法第一百五十二条第二款、第三款的规定定罪处罚。

第三百四十二条　违反土地管理法规，非法占用耕地、林地等农用地，改变被占用土地用途，数量较大，造成耕地、林地等农用地大量毁坏的，处五年以下有期徒刑或者拘役，并处或者单处罚金。

第三百四十二条之一　违反自然保护地管理法规，在国家公园、国家级自然保护区进行开垦、开发活动或者修建建筑物，造成严重后果或者有其他恶劣情节的，处五年以下有期徒刑或者拘役，并处或者单处罚金。

有前款行为，同时构成其他犯罪的，依照处罚较重的规定定罪处罚。

第四百零八条　负有环境保护监督管理职责的国家机关工作人员严重不负责任，导致发生重大环境污染事故，致使公私财产遭受重大损失或者造成人身伤亡的严重后果的，处三年以下有期徒刑或者拘役。

（2）《中华人民共和国环境保护法》[17]

第五十九条　企业事业单位和其他生产经营者违法排放污染物，受到罚款处罚，被责令改正，拒不改正的，依法作出处罚决定的行政机关可以自责令改正之日的次日起，按照原处罚数额按日连续处罚。

前款规定的罚款处罚，依照有关法律法规按照防治污染设施的运行成本、违法行为造成的直接损失或者违法所得等因素确定的规定执行。

地方性法规可以根据环境保护的实际需要，增加第一款规定的按日连续处罚的违法行为的种类。

第六十条　企业事业单位和其他生产经营者超过污染物排放标准或者超过重点污染物排放总量控制指标排放污染物的，县级以上人民政府环境保护主管部门可以责令其采取限制生产、停产整治等措施；情节严重的，报经有批准权的人民政府批准，责令停业、关闭。

第六十一条　建设单位未依法提交建设项目环境影响评价文件或者环境影响评价文件未经批准，擅自开工建设的，由负有环境保护监督管理职责的部门责令停止建设，处以罚款，并可以责令恢复原状。

第六十二条　违反本法规定，重点排污单位不公开或者不如实公开环境信息的，由县级以上地方人民政府环境保护主管部门责令公开，处以罚款，并予以公告。

第六十三条　企业事业单位和其他生产经营者有下列行为之一，尚不构成犯罪的，除依照有关法律法规规定予以处罚外，由县级以上人民政府环境保护主管部门或者其他有关部门将案件移送公安机关，对其直接负责的主管人员和其他直接责任人员，处十日以上十五日以下拘留；情节较轻的，处五日以上十日以下拘留：

（一）建设项目未依法进行环境影响评价，被责令停止建设，拒不执行的；

（二）违反法律规定，未取得排污许可证排放污染物，被责令停止排污，拒不执行的；

（三）通过暗管、渗井、渗坑、灌注或者篡改、伪造监测数据，或者不正常运行防治污染设施等逃避监管的方式违法排放污染物的；

（四）生产、使用国家明令禁止生产、使用的农药，被责令改正，拒不改正的。

第六十四条　因污染环境和破坏生态造成损害的，应当依照《中华人民共和国侵权责任法》的有关规定承担侵权责任。

第六十五条　环境影响评价机构、环境监测机构以及从事环境监测设备和防治污染设施维护、运营的机构，在有关环境服务活动中弄虚作假，对造成的环境污染和生态破坏负有责任的，除依照有关法律法规规定予以处罚外，还应当与造成环境污染和生态破坏的其他责任者承担连带责任。

第六十六条　提起环境损害赔偿诉讼的时效期间为三年，从当事人知道或者应当知道其受到损害时起计算。

第六十七条　上级人民政府及其环境保护主管部门应当加强对下级人民政府及其有关部门环境保护工作的监督。发现有关工作人员有违法行为，依法应当给予处分的，应当向其任免机关或者监察机关提出处分建议。

依法应当给予行政处罚，而有关环境保护主管部门不给予行政处罚的，上级人民政府环境保护主管部门可以直接作出行政处罚的决定。

第六十八条　地方各级人民政府、县级以上人民政府环境保护主管部门和其他负有环境保护监督管理职责的部门有下列行为之一的，对直接负责的主管人员和其他直接责任人员给予记过、记大过或者降级处分；造成严重后果的，给予撤职或者开除处分，其主要负责人应当引咎辞职：

（一）不符合行政许可条件准予行政许可的；

（二）对环境违法行为进行包庇的；

（三）依法应当作出责令停业、关闭的决定而未作出的；

（四）对超标排放污染物、采用逃避监管的方式排放污染物、造成环境事故以及不落实生态保护措施造成生态破坏等行为，发现或者接到举报未及时查处的；

（五）违反本法规定，查封、扣押企业事业单位和其他生产经营者的设施、设备的；

（六）篡改、伪造或者指使篡改、伪造监测数据的；

（七）应当依法公开环境信息而未公开的；

（八）将征收的排污费截留、挤占或者挪作他用的；

（九）法律法规规定的其他违法行为。

第六十九条　违反本法规定，构成犯罪的，依法追究刑事责任。

2.2.2 排污许可管理条例法律责任

第三十二条　违反本条例规定，生态环境主管部门在排污许可证审批或者监督管理中有下列行为之一的，由上级机关责令改正；对直接负责的主管人员和其他直接责任人员依法给予处分[18]：

（一）对符合法定条件的排污许可证申请不予受理或者不在法定期限内审批；

（二）向不符合法定条件的排污单位颁发排污许可证；

（三）违反审批权限审批排污许可证；

（四）发现违法行为不予查处；

（五）不依法履行监督管理职责的其他行为。

第三十三条　违反本条例规定，排污单位有下列行为之一的，由生态环境主管部门责令改正或者限制生产、停产整治，处20万元以上100万元以下的罚款；情节严重的，报经有批准权的人民政府批准，责令停业、关闭：

（一）未取得排污许可证排放污染物；

（二）排污许可证有效期届满未申请延续或者延续申请未经批准排放污染物；

（三）被依法撤销、注销、吊销排污许可证后排放污染物；

（四）依法应当重新申请取得排污许可证，未重新申请取得排污许可证排放污染物。

第三十四条　违反本条例规定，排污单位有下列行为之一的，由生态环境主管部门责令改正或者限制生产、停产整治，处20万元以上100万元以下的罚款；情节严重的，吊销排污许可证，报经有批准权的人民政府批准，责令停业、关闭：

（一）超过许可排放浓度、许可排放量排放污染物；

（二）通过暗管、渗井、渗坑、灌注或者篡改、伪造监测数据，或者不正常运行污染防治设施等逃避监管的方式违法排放污染物。

第三十五条　违反本条例规定，排污单位有下列行为之一的，由生态环境主管部门责令改正，处5万元以上20万元以下的罚款；情节严重的，处20万元以上100万元以下的罚款，责令限制生产、停产整治：

（一）未按照排污许可证规定控制大气污染物无组织排放；

（二）特殊时段未按照排污许可证规定停止或者限制排放污染物。

第三十六条　违反本条例规定，排污单位有下列行为之一的，由生态环境主管部门责令改正，处2万元以上20万元以下的罚款；拒不改正的，责令停产整治：

（一）污染物排放口位置或者数量不符合排污许可证规定；

（二）污染物排放方式或者排放去向不符合排污许可证规定；

（三）损毁或者擅自移动、改变污染物排放自动监测设备；

（四）未按照排污许可证规定安装、使用污染物排放自动监测设备并与生态环境主管部门的监控设备联网，或者未保证污染物排放自动监测设备正常运行；

（五）未按照排污许可证规定制定自行监测方案并开展自行监测；

（六）未按照排污许可证规定保存原始监测记录；

（七）未按照排污许可证规定公开或者不如实公开污染物排放信息；

（八）发现污染物排放自动监测设备传输数据异常或者污染物排放超过污染物排放标准等异常情况不报告；

（九）违反法律法规规定的其他控制污染物排放要求的行为。

第三十七条　违反本条例规定，排污单位有下列行为之一的，由生态环境主管部门责令改正，处每次 5 千元以上 2 万元以下的罚款；法律另有规定的，从其规定：

（一）未建立环境管理台账记录制度，或者未按照排污许可证规定记录；

（二）未如实记录主要生产设施及污染防治设施运行情况或者污染物排放浓度、排放量；

（三）未按照排污许可证规定提交排污许可证执行报告；

（四）未如实报告污染物排放行为或者污染物排放浓度、排放量。

第三十八条　排污单位违反本条例规定排放污染物，受到罚款处罚，被责令改正的，生态环境主管部门应当组织复查，发现其继续实施该违法行为或者拒绝、阻挠复查的，依照《中华人民共和国环境保护法》的规定按日连续处罚。

第三十九条　排污单位拒不配合生态环境主管部门监督检查，或者在接受监督检查时弄虚作假的，由生态环境主管部门责令改正，处 2 万元以上 20 万元以下的罚款。

第四十条　排污单位以欺骗、贿赂等不正当手段申请取得排污许可证的，由审批部门依法撤销其排污许可证，处 20 万元以上 50 万元以下的罚款，3 年内不得再次申请排污许可证。

第四十一条　违反本条例规定，伪造、变造、转让排污许可证的，由生态环境主管部门没收相关证件或者吊销排污许可证，处 10 万元以上 30 万元以下的罚款，3 年内不得再次申请排污许可证。

第四十二条　违反本条例规定，接受审批部门委托的排污许可技术机构弄虚作假的，由审批部门解除委托关系，将相关信息记入其信用记录，在全国排污许可证管理信息平台上公布，同时纳入国家有关信用信息系统向社会公布；情节严重的，禁止从事排污许可技术服务。

第四十三条　需要填报排污登记表的企业事业单位和其他生产经营者，未依照本条例规定填报排污信息的，由生态环境主管部门责令改正，可以处 5 万元以下的罚款。

第四十四条　排污单位有下列行为之一，尚不构成犯罪的，除依照本条例规定予以处罚外，对其直接负责的主管人员和其他直接责任人员，依照《中华人民共和国环境保护法》的规定处以拘留：

（一）未取得排污许可证排放污染物，被责令停止排污，拒不执行；

（二）通过暗管、渗井、渗坑、灌注或者篡改、伪造监测数据，或者不正常运行污染防治设施等逃避监管的方式违法排放污染物。

第四十五条　违反本条例规定，构成违反治安管理行为的，依法给予治安管理处罚；构成犯罪的，依法追究刑事责任。

2.3 环境执法监管

2.3.1 关于加强排污许可执法监管的指导意见

为贯彻落实党中央、国务院关于深入打好污染防治攻坚战有关决策部署，全面推进排污许可制度改革，加快构建以排污许可制为核心的固定污染源执法监管体系，持续改善生态环境质量，提出以下意见[19]。

（1）总体要求

以习近平新时代中国特色社会主义思想为指导，全面贯彻党的十九大和十九届历次全会精神，深入贯彻习近平生态文明思想，按照党中央、国务院决策部署，坚持精准治污、科学治污、依法治污，以固定污染源排污许可制为核心，创新执法理念，加大执法力度，优化执法方式，提高执法效能，构建企业持证排污、政府依法监管、社会共同监督的生态环境执法监管新格局，为深入打好污染防治攻坚战提供坚强保障。

到2023年年底，重点行业实施排污许可清单式执法检查，排污许可日常管理、环境监测、执法监管有效联动，以排污许可制为核心的固定污染源执法监管体系基本形成。到2025年年底，排污许可清单式执法检查全覆盖，排污许可执法监管系统化、科学化、法治化、精细化、信息化水平显著提升，以排污许可制为核心的固定污染源执法监管体系全面建立。

（2）全面落实责任

① 压实地方政府属地责任。设区的市级以上地方人民政府全面负责本行政区域排污许可制度组织实施工作，强化统筹协调，明确部门职责，加强督查督办。将排污许可制度执行情况纳入污染防治攻坚战成效考核，对排污许可监管工作中的失职渎职行为依法依规追究责任。建立综合监管协调机制，统筹解决无法取得环评批复、影响排污许可证核发的历史遗留问题，2023年年底前，原则上固定污染源全部持证排污。

② 强化生态环境部门监管责任。设区的市级以上地方生态环境部门要严格落实《排污许可管理条例》，依法履行排污许可监督管理职责，谁核发、谁监管、谁负责。进一步增强排污许可证核发的科学性、规范性和可操作性，不断提高核发质量。加强事中事后监管，强化排污许可证后管理，督促排污单位落实相关制度。

③ 夯实排污单位主体责任。排污单位必须依法持证排污、按证排污，建立排污许可责任制，明确责任人和责任事项，确保事有人管、责有人负。健全企业环境管理制度，及时申请取得、延续和变更排污许可证，完善污染防治措施，正常运行自动监测设施，提高自行监测质量。确保申报材料、环境管理台账记录、排污许可证执行报告、自行监测数据的真实、准确和完整，依法如实在全国排污许可证管理信息平台上公开信息，不得弄虚作假，自觉接受监督。

（3）严格执法监管

① 依法核发排污许可证。规范排污许可证申请与核发流程，加强排污许可证延续、变更、注销、撤销等环节管理。修订《排污许可管理办法（试行）》，发布新版排污许可证（副本），强化污染物排放直接相关的生产设施、污染防治设施管控。建立排污许可证核发包保工作机制，强化对地方发证工作的技术支持和帮扶指导。

② 加强跟踪监管。加强排污许可证动态跟踪监管，加大抽查指导力度。2023年年底前，生态环境部门要对现有排污许可证核发质量开展检查，依托全国排污许可证管理信息平台，采取随机抽取和靶向核查相结合、非现场和现场核查相结合的方式，重点检查是否应发尽发、应登尽登，是否违规降低管理级别，实际排污状况与排污许可证载明事项是否一致。对发现的问题，要分级分类处置，依法依规变更，动态跟踪管理。

③ 开展清单式执法检查。推行以排污许可证载明事项为重点的清单式执法检查，重点检查排放口规范化建设、污染物排放浓度和排放量、污染防治设施运行和维护、无组织排放控制等要求的落实情况，抽查核实环境管理台账记录、排污许可证执行报告、自行监测数据、信息公开内容的真实性。生态环境部组织开展排污许可清单式执法检查试点，省级生态环境部门制定排污许可清单式执法检查实施方案，设区的市级生态环境部门逐步推进清单式执法检查。

④ 强化执法监测。健全执法和监测机构协同联动快速响应的工作机制，按照排污许可执法监管需求开展执法监测，确保执法取证及时到位、数据准确、报告合法。加大排污单位污染物排放浓度、排放量以及停限产等特殊时段排放情况的抽测力度。开展排污单位自行监测方案、自行监测数据、自行监测信息公开的监督检查。鼓励有资质、能力强、信用好的社会环境监测机构参与执法监测工作。

⑤ 健全执法监管联动机制。强化排污许可日常管理、环境监测、执法监管联动，加强信息共享、线索移交和通报反馈，构建发现问题、督促整改、问题销号的排污许可执法监管联动机制。加强与环境影响评价工作衔接，将环境影响评价文件及批复中关于污染物排放种类、浓度、数量、方式及特殊监管要求纳入排污许可证，严格按证执法监管。做好与生态环境损害赔偿工作衔接，明确赔偿启动的标准、条件和部门职责，推进信息共享和结果双向应用。

⑥ 严惩违法行为。将排污许可证作为生态环境执法监管的主要依据，加大对无证排污、未按证排污等违法违规行为的查处力度。对偷排偷放、自行监测数据弄虚作假和故意不正常运行污染防治设施等恶意违法行为，综合运用停产整治、按日连续处罚、吊销排污许可证等手段依法严惩重罚。情节严重的，报经有批准权的人民政府批准，责令停业、关闭。构成犯罪的，依法追究刑事责任。加大典型违法案件公开曝光力度，形成强大震慑。

⑦ 加强行政执法与刑事司法衔接。建立生态环境部门、公安机关、检察机关联席会议制度，完善排污许可执法监管信息共享、案情通报、证据衔接、案件移送等生态环境行政执法与刑事司法衔接机制，规范线索通报、涉案物品保管和委托鉴定等工作程序。鼓励生态环境部门和公安机关、检察机关优势互补，提升环境污染物证鉴定与评估能力。

（4）优化执法方式

① 完善“双随机、一公开”监管。深化“放管服”改革，按照“双随机、一公开”

监管工作要求，将排污许可发证登记信息纳入执法监管数据库，采取现场检查和远程核查相结合的方式，对排污许可证及证后执行情况进行随机抽查。设区的市级生态环境部门要按照排污许可履职要求，根据执法监管力量、技术装备和经费保障等情况统筹制定年度现场检查计划并按月细化落实。对存在生态环境违法问题、群众反映强烈、环境风险高的排污单位，增加抽查频次和执法监管力度。检查计划、检查结果要及时、准确向社会公开。

② 实施执法正面清单。进一步加强生态环境执法正面清单管理，综合考虑排污单位环境管理水平、污染防治设施运行和维护情况、守法状况等因素设定清单准入条件，优先将治污水平高、环境管理规范的排污单位纳入清单。推动排污许可差异化执法监管，对守法排污单位减少现场检查次数。将存在恶意偷排、篡改台账记录、逃避监管等行为的排污单位及时移出清单。

③ 推行非现场监管。将非现场监管作为排污许可执法监管的重要方式，完善监管程序，规范工作流程，落实责任要求。建立健全数据采集、分析、预警、督办、违法查处、问题整改等排污许可非现场执法监管机制。依托全国排污许可证管理信息平台开展远程核查。加强污染源自动监控管理，推行视频监控、污染防治设施用水（电）监控，开展污染物异常排放远程识别、预警和督办。

④ 规范行使行政裁量权。2022 年 6 月底前，省级生态环境部门因地制宜补充细化排污许可处罚幅度相关规定。对初次实施未依法填报排污许可登记表、环境管理台账记录数据不全、未按规定提交排污许可证执行报告或未按规定公开信息等违法行为且危害后果轻微并及时改正的，依法可以不予行政处罚。鼓励有条件的设区的市级生态环境部门对排污许可行政处罚裁量规则和基准进行细化量化，进一步规范行使自由裁量权。

⑤ 实施举报奖励。将举报排污许可违法行为纳入生态环境违法行为举报奖励范围，优化奖励发放方式、简化发放流程，对举报人信息严格保密。对举报重大生态环境违法行为、安全隐患和协助查处重大案件的，实施重奖。开展通俗易懂、覆盖面广、针对性强的举报奖励宣传。2022 年 6 月底前，设区的市级以上地方生态环境部门建立实施举报奖励制度。

⑥ 加强典型案例指导。生态环境部建立排污许可典型案例收集、解析和发布机制，完善典型案例发布的业务审核、法律审核和集体审议决定制度。设区的市级以上地方生态环境部门要积极开展案件总结、分析和报送工作，加强典型案例发布宣传，扩展典型案例应用，发挥警示教育作用。

（5）强化支撑保障

① 完善标准和技术规范。加快制定修订重点行业排污许可证申请与核发技术规范、自行监测技术指南。完善排污单位自主标记数据有效性判定规则，强化自动监测设备的计量管理。出台污染物排放量核算技术方法和污染物排放超标判定规则。

② 加强技术和平台支撑。强化排污许可执法监管信息化建设，推进全员、全业务、全流程使用生态环境移动执法系统查办案件。加强固定污染源管理与监控能力建设，加快全国排污许可证管理信息平台与移动执法系统互联互通，强化排污许可执法监管有效信息技术支撑。

③ 加快队伍和装备建设。按照机构规范化、装备现代化、队伍专业化、管理制度化

的要求开展执法机构标准化建设。鼓励各地按有关规定建立办案立功受奖激励机制。将排污许可执法监管经费列入本级预算，将生态环境执法用车纳入执法执勤车辆序列，配齐配全执法调查取证设备，有条件的地区加快配备无人机（船）等高科技执法装备。全面落实执法责任制，规范排污许可执法程序，健全内部约束和外部监督机制，建立插手干预监督执法记录制度，明确并严格执行执法人员行为规范和纪律要求，对失职渎职、以权谋私、包庇纵容等违法违规行为严肃查处。

④ 强化环保信用监管。建立排污许可守法和诚信信息共享机制，强化排污许可证的信用约束。将申领排污许可证的排污单位纳入环保信用评价制度，加强环保信用信息归集共享，强化评价结果应用，实施分级分类监管，做好与生态环境执法正面清单衔接。

⑤ 鼓励公众参与。生态环境部门要依法主动公开排污许可核发和执法监管信息，接受社会监督，积极听取有关方面意见建议。搭建公众参与和沟通平台，完善政府、企业、公众三方对话机制，开辟有效的意见交流和投诉渠道。对公众反映的排污许可等生态环境问题，积极调查处理并反馈信息。充分发挥新媒体作用，及时解读相关政策，为公众解疑释惑，支持新闻媒体进行舆论监督。

⑥ 加强普法宣传。按照“谁执法、谁普法”原则，建立排污许可普法长效机制。突出现场检查的普法宣传，推行全程说理式执法，推广说理式执法文书。组织“送法入企”活动，举办普法培训，开展执法帮扶，营造良好的排污许可守法环境。

2.3.2 关于进一步加强重金属污染防控的意见

“十三五”时期，重金属污染防控取得积极成效。同时应该看到，一些地区重金属污染问题仍然突出，威胁生态环境安全和人民群众健康，重金属污染防控任重道远。根据《中共中央 国务院关于深入打好污染防治攻坚战的意见》，为进一步强化重金属污染物排放控制，有效防控涉重金属环境风险，制定本意见[20]。

（1）指导思想

以习近平新时代中国特色社会主义思想为指导，全面贯彻落实党的十九大和十九届历次全会精神，深入贯彻落实习近平生态文明思想，立足新发展阶段，完整、准确、全面贯彻新发展理念，服务构建新发展格局，把握减污降碳协同增效总要求，以改善生态环境质量为核心，以有效防控重金属环境风险为目标，以重点重金属污染物减排为抓手，坚持稳中求进工作总基调，坚持精准治污、科学治污、依法治污，深入开展重点行业重金属污染综合治理，有效管控重点区域重金属污染，切实维护生态环境安全和人民群众健康。

（2）防控重点

① 重点重金属污染物。重点防控的重金属污染物是铅、汞、镉、铬、砷、铊和锑，并对铅、汞、镉、铬和砷五种重点重金属污染物排放量实施总量控制。

② 重点行业。包括重有色金属矿采选业（铜、铅锌、镍钴、锡、锑和汞矿采选）、重有色金属冶炼业（铜、铅锌、镍钴、锡、锑和汞冶炼）、铅蓄电池制造业、电镀行业、化学原料及化学制品制造业[电石法（聚）氯乙烯制造、铬盐制造、以工业固体废物为原料的锌无机化合物工业]、皮革鞣制加工业等6个行业。

③ 重点区域。依据重金属污染物排放状况、环境质量改善和环境风险防控需求，划

定重金属污染防控重点区域。

鼓励地方根据本地生态环境质量改善目标和重金属污染状况，确定上述要求以外的重点重金属污染物、重点行业和重点区域。

（3）主要目标

到2025年，全国重点行业重点重金属污染物排放量比2020年下降5%，重点行业绿色发展水平较快提升，重金属环境管理能力进一步增强，推进治理一批突出历史遗留重金属污染问题。

到2035年，建立健全重金属污染防控制度和长效机制，重金属污染治理能力、环境风险防控能力和环境监管能力得到全面提升，重金属环境风险得到全面有效管控。

（4）分类管理，完善重金属污染物排放管理制度

① 完善全口径清单动态调整机制。各地生态环境部门全面排查以工业固体废物为原料的锌无机化合物工业企业信息，将其纳入全口径涉重金属重点行业企业清单（以下简称全口径清单）；梳理排查以重点行业企业为主的工业园区，建立涉重金属工业园区清单；及时增补新、改、扩建企业信息和漏报企业信息，动态更新全口径清单，并在省（区、市）生态环境厅（局）网站上公布。依法将重点行业企业纳入重点排污单位名录。

② 加强重金属污染物减排分类管理。根据各省（区、市）重金属污染物排放量基数和减排潜力，分档确定减排目标；按重点区域、重点行业以及重点重金属，实施差别化减排政策。各地生态环境部门应进一步摸排企业情况，挖掘减排潜力，以结构调整、升级改造和深度治理为主要手段，将减排目标任务落实到具体企业，推动实施一批重金属减排工程，持续减少重金属污染物排放。

③ 推行企业重金属污染物排放总量控制制度。依法将重点行业企业纳入排污许可管理。对于实施排污许可重点管理的企业，排污许可证应当明确重金属污染物排放种类、许可排放浓度、许可排放量等。各地生态环境部门探索将重点行业减排企业重金属污染物排放总量要求落实到排污许可证，减排企业在执行国家和地方污染物排放标准的同时，应当遵守分解落实到本单位的重金属排放总量控制要求。重点行业企业适用的污染物排放标准、重点污染物总量控制要求发生变化，需要对排污许可证进行变更的，审批部门可以依法对排污许可证相应事项进行变更，并载明削减措施、减排量，作为总量替代来源的还应载明出让量和出让去向。到2025年，企业排污许可证环境管理台账、自行监测和执行报告数据基本实现完整、可信，有效支撑重点行业企业排放量管理。

④ 探索重金属污染物排放总量替代管理豁免。在统筹区域环境质量改善目标和重金属环境风险防控水平、高标准落实重金属污染治理要求并严格审批前提下，对实施国家重大发展战略直接相关的重点项目，可在环评审批程序实行重金属污染物排放总量替代管理豁免。对利用涉重金属固体废物的重点行业建设项目，特别是以历史遗留涉重金属固体废物为原料的，在满足利用固体废物种类、原料来源、建设地点、工艺设备和污染治理水平等必要条件并严格审批前提下，可在环评审批程序实行重金属污染物排放总量替代管理豁免。

（5）严格准入，优化涉重金属产业结构和布局

① 严格重点行业企业准入管理。新、改、扩建重点行业建设项目应符合“三线一

单”、产业政策、区域环评、规划环评和行业环境准入管控要求。重点区域的新、改、扩建重点行业建设项目应遵循重点重金属污染物排放“减量替代”原则，减量替代比例不低于1.2∶1；其他区域遵循“等量替代”原则。建设单位在提交环境影响评价文件时应明确重点重金属污染物排放总量及来源。无明确具体总量来源的，各级生态环境部门不得批准相关环境影响评价文件。总量来源原则上应是同一重点行业内企业削减的重点重金属污染物排放量，当同一重点行业内企业削减量无法满足时可从其他重点行业调剂。严格重点行业建设项目环境影响评价审批，审慎下放审批权限，不得以改革试点为名降低审批要求。

② 依法推动落后产能退出。根据《产业结构调整指导目录》《限期淘汰产生严重污染环境的工业固体废物的落后生产工艺设备名录》等要求，推动依法淘汰涉重金属落后产能和化解过剩产能。严格执行生态环境保护等相关法规标准，推动经整改仍达不到要求的产能依法依规关闭退出。

③ 优化重点行业企业布局。推动涉重金属产业集中优化发展，禁止低端落后产能向长江、黄河中上游地区转移。禁止新建用汞的电石法（聚）氯乙烯生产工艺。新建、扩建的重有色金属冶炼、电镀、制革企业优先选择布设在依法合规设立并经规划环评的产业园区。广东、江苏、辽宁、山东、河北等省份加快推进专业电镀企业入园，力争到2025年底专业电镀企业入园率达到75%。

（6）突出重点，深化重点行业重金属污染治理

① 加强重点行业企业清洁生产改造。加强重点行业清洁生产工艺的开发和应用。重点行业企业“十四五”期间依法至少开展一轮强制性清洁生产审核。到2025年底，重点行业企业基本达到国内清洁生产先进水平。加强重金属污染源头防控，减少使用高镉、高砷或高铊的矿石原料。加大重有色金属冶炼行业企业生产工艺设备清洁生产改造力度，积极推动竖罐炼锌设备替代改造和铜冶炼转炉吹炼工艺提升改造。电石法（聚）氯乙烯生产企业生产每吨聚氯乙烯用汞量不得超过49.14克，并确保持续稳中有降。

② 推动重金属污染深度治理。自2023年起，重点区域铅锌冶炼和铜冶炼行业企业，执行颗粒物和重点重金属污染物特别排放限值。根据排放标准相关规定和重金属污染防控需求，省级人民政府可增加执行特别排放限值的地域范围。上述执行特别排放限值的地域范围，由省级人民政府通过公告或印发相关文件等适当方式予以公布。重有色金属冶炼企业应加强生产车间低空逸散烟气收集处理，有效减少无组织排放。重有色金属矿采选企业要按照规定完善废石堆场、排土场周边雨污分流设施，建设酸性废水收集与处理设施，处理达标后排放。采用洒水、旋风等简易除尘治理工艺的重有色金属矿采选企业，应加强废气收集，实施过滤除尘等颗粒物治理升级改造工程。开展电镀行业重金属污染综合整治，推进专业电镀园区、专业电镀企业重金属污染深度治理。排放汞及汞化合物的企业应当采用最佳可行技术和最佳环境实践，控制并减少汞及汞化合物的排放和释放。

③ 开展涉镉涉铊企业排查整治行动。开展农用地土壤镉等重金属污染源头防治行动，持续推进耕地周边涉镉等重金属行业企业排查整治。全面排查涉铊企业，指导督促涉铊企业建立铊污染风险问题台账并制定问题整改方案。开展重有色金属冶炼、钢铁等典型涉铊企业废水治理设施除铊升级改造，严格执行车间或生产设施废水排放口达标要求。各地生

态环境部门构建涉铊企业全链条闭环管理体系，督促企业对矿石原料、主副产品和生产废物中铊成分进行检测分析，实现铊元素可核算可追踪。江西、湖南、广西、贵州、云南、陕西、甘肃等省份要制定铊污染防控方案，强化涉铊企业综合整治，严防铊污染问题发生。

④ 加强涉重金属固体废物环境管理。加强重点行业企业废渣场环境管理，完善防渗漏、防流失、防扬散等措施。推动锌湿法冶炼工艺按有关规定配套建设浸出渣无害化处理系统及硫渣处理设施。加强尾矿污染防控，开展长江经济带尾矿库污染治理“回头看”和黄河流域、嘉陵江上游尾矿库污染治理。严格废铅蓄电池、冶炼灰渣、钢厂烟灰等含重金属固体废物收集、贮存、转移、利用处置过程的环境管理，防止二次污染。

⑤ 推进涉重金属历史遗留问题治理。全面推动陕西省白河县硫铁矿区污染系统治理，有序推进丹江口库区及上游等地区历史遗留矿山污染排查整治，因地制宜、“一矿一策”，形成一批可复制可推广的污染治理技术模式。推动“锰三角”地区加快锰产业结构调整，系统开展锰污染治理和生态修复，加强全国其他地区涉锰企业污染整治。坚持问题导向，举一反三，推动地方结合农用地土壤镉等重金属污染防治、清废行动等专项工作，开展废渣、底泥等突出历史遗留重金属污染问题排查，以防控环境风险为核心实施分类整治。对问题复杂、短期难以彻底解决的问题，要以保障人体健康为优先目标做好污染阻隔等风险管控措施，防止污染饮用水水源地、耕地等环境敏感目标。鼓励有条件的地方利用卫星遥感、无人机、大数据等手段开展历史遗留重金属污染问题排查。

（7）健全标准，加强重金属污染监管执法

① 完善重金属污染物标准体系。研究修订铅锌、电镀等行业污染物排放标准，加快制定出台废水重金属在线监测系统安装、运行、验收技术规范。修订《重点重金属污染物排放量控制目标完成情况评估细则（试行）》。省级生态环境部门结合本地区突出的重金属污染问题，加强地方排放标准体系建设，对于涉锰、锑、钼等产业分布集中的地区，要加快研究制定地方性生态环境标准，推动解决区域性特色行业污染问题。

② 强化重金属污染监控预警。加快推进废水、废气重金属在线监测技术、设备的研发与应用。建立健全重金属污染监控预警体系，提升信息化监管水平。各地生态环境部门在涉铊涉锑行业企业分布密集区域下游，依托水质自动监测站加装铊、锑等特征重金属污染物自动监测系统。排放镉等重金属的企业，应依法对周边大气镉等重金属沉降及耕地土壤重金属进行定期监测，评估大气重金属沉降造成耕地土壤中镉等重金属累积的风险，并采取防控措施。鼓励重点行业企业在重点部位和关键节点应用重金属污染物自动监测、视频监控和用电（能）监控等智能监控手段。

③ 强化涉重金属执法监督力度。将重点行业企业及相关堆场、尾矿库等设施纳入“双随机、一公开”抽查检查对象范围，进行重点监管。加大排污许可证后监管力度，对重金属污染物实际排放量超出许可排放量的企业依法依规处理。将对涉重金属行业专项执法检查纳入污染防治攻坚战监督检查考核工作，依法严厉打击超标排放、不正常运行污染治理设施及非法排放、倾倒、收集、贮存、转移、利用、处置含重金属危险废物等违法违规行为，涉嫌犯罪的，依法移送公安机关，依法追究刑事责任。

④ 强化涉重金属污染应急管理。重点行业企业应依法依规完善环境风险防范和环境

安全隐患排查治理措施，制定环境应急预案，储备相关应急物资，定期开展应急演练。各地生态环境部门结合“一河一策一图”将涉重金属污染应急处置预案纳入本地突发环境应急预案，加强应急物资储备，定期开展应急演练，不断提升环境应急处置能力。

（8）落实责任，促进信息公开和社会共治

① 分解工作任务。省级生态环境部门明确重金属污染防控责任人，加强组织领导，制定工作方案，明确年度减排目标，细化任务分工，逐项落实工作任务，确保各项工作顺利开展。按照一区一策原则，在工作方案中明确各重点区域污染控制、质量改善、风险管控等任务。省级工作方案应于2022年6月30日前报送生态环境部备案。

② 定期调度进展。省级生态环境部门要加强重金属污染防控工作调度和成效评估，每年7月15日前将上半年重点行业建设项目总量替代清单、减排工程实施清单，每年1月底前将上年重金属污染防控工作进展、减排评估结果和动态更新后的全口径企业清单报送生态环境部。生态环境部根据省级生态环境部门工作情况，加强工作指导和技术帮扶。对于进展滞后的地区实施预警，对未执行总量替代政策的进行通报。

③ 加强财政金融支持。省级生态环境部门按照土壤污染防控等资金管理相关规定合理使用资金，积极拓宽资金来源渠道，支持涉重金属历史遗留问题治理等工作。收集、贮存、运输、利用、处置涉重金属危险废物的单位，应当按照国家有关规定，投保环境污染责任保险。鼓励各地探索开展重金属污染物排污权交易工作。

④ 鼓励公众参与。重点行业企业应依法披露重金属相关环境信息。有条件的企业可设置企业公众开放日。充分发挥行业协会等社会团体作用，督促企业自觉履行社会责任。支持各地建立完善有奖举报制度，将举报重点行业企业非法生产、不正常运行治理设施、超标排放、倾倒转移含重金属废物等列入重点奖励范围。

2.3.3　尾矿污染环境防治管理办法

（1）总则

① 为了防治尾矿污染环境，保护和改善生态环境，根据《中华人民共和国环境保护法》《中华人民共和国固体废物污染环境防治法》《中华人民共和国土壤污染防治法》等有关法律法规，制定本办法[21]。

② 本办法适用于中华人民共和国境内尾矿的污染环境防治（以下简称污染防治）及其监督管理。

伴生放射性矿开发利用活动中产生的铀（钍）系单个核素活度浓度超过1Bq/g的尾矿，以及铀（钍）矿尾矿的污染防治及其监督管理，适用放射性污染防治有关法律法规的规定，不适用本办法。

③ 尾矿污染防治坚持预防为主、污染担责的原则。

产生、贮存、运输、综合利用尾矿的单位，以及尾矿库运营、管理单位，应当采取措施，防止或者减少尾矿对环境的污染，对所造成的环境污染依法承担责任。

对产生尾矿的单位和尾矿库运营、管理单位实施控股管理的企业集团，应当加强对其下属企业的监督管理，督促、指导其履行尾矿污染防治主体责任。

④ 国务院生态环境主管部门对全国尾矿污染防治工作实施监督管理。

地方各级生态环境主管部门负责本行政区域尾矿污染防治工作的监督管理。

国务院生态环境主管部门所属的流域生态环境监督管理机构依据法律法规规定的职责或者国务院生态环境主管部门的委托，对管辖范围内的尾矿污染防治工作进行指导、协调和监督。

⑤ 尾矿库污染防治实行分类分级环境监督管理。

国务院生态环境主管部门负责制定尾矿库分类分级环境监督管理技术规程，根据尾矿所属矿种类型、尾矿库周边环境敏感程度、尾矿库环境保护水平等因素，将尾矿库分为一级、二级和三级环境监督管理尾矿库，并明确不同等级的尾矿库环境监督管理要求。

省级生态环境主管部门负责确定本行政区域尾矿库分类分级环境监督管理清单，并加强监督管理。

设区的市级生态环境主管部门根据省级生态环境主管部门确定的尾矿库分类分级环境监督管理清单，对尾矿库进行分类分级管理。

（2）污染防治

① 产生尾矿的单位应当建立健全尾矿产生、贮存、运输、综合利用等全过程的污染防治责任制度，确定承担污染防治工作的部门和专职技术人员，明确单位负责人和相关人员的责任。

② 产生尾矿的单位和尾矿库运营、管理单位应当建立尾矿环境管理台账。

③ 产生尾矿的单位应当在尾矿环境管理台账中如实记录生产运营中产生尾矿的种类、数量、流向、贮存、综合利用等信息；尾矿库运营、管理单位应当在尾矿环境管理台账中如实记录尾矿库的污染防治设施建设和运行情况、环境监测情况、污染隐患排查治理情况、突发环境事件应急预案及其落实情况等信息。

尾矿环境管理台账保存期限不得少于五年，其中尾矿库运营、管理单位的环境管理台账信息应当永久保存。

产生尾矿的单位和尾矿库运营、管理单位应当于每年 1 月 31 日之前通过全国固体废物污染环境防治信息平台填报上一年度产生的相关信息。

④ 产生尾矿的单位委托他人贮存、运输、综合利用尾矿，或者尾矿库运营、管理单位委托他人运输、综合利用尾矿的，应当对受托方的主体资格和技术能力进行核实，依法签订书面合同，在合同中约定污染防治要求。

⑤ 新建、改建、扩建尾矿库的，应当依法进行环境影响评价，并遵守国家有关建设项目环境保护管理的规定，落实尾矿污染防治的措施。

尾矿库选址，应当符合生态环境保护有关法律法规和强制性标准要求。禁止在生态保护红线区域、永久基本农田集中区域、河道湖泊行洪区和其他需要特别保护的区域内建设尾矿库以及其他贮存尾矿的场所。

⑥ 新建、改建、扩建尾矿库的，应当根据国家有关规定和尾矿库实际情况，配套建设防渗、渗滤液收集、废水处理、环境监测、环境应急等污染防治设施。

⑦ 尾矿库防渗设施的设计和建设，应当充分考虑地质、水文等条件，并符合相应尾矿属性类别管理要求。

尾矿库配套的渗滤液收集池、回水池、环境应急事故池等设施的防渗要求应当不低于该尾矿库的防渗要求，并设置防漫流设施。

⑧ 新建尾矿库的排尾管道、回水管道应当避免穿越农田、河流、湖泊；确需穿越的，应当建设管沟、套管等设施，防止渗漏造成环境污染。

⑨ 采用传送带方式输送尾矿的，应当采取封闭等措施，防止尾矿流失和扬散。

通过车辆运输尾矿的，应当采取遮盖等措施，防止尾矿遗撒和扬散。

⑩ 依法实行排污许可管理的产生尾矿的单位，应当申请取得排污许可证或者填报排污登记表，按照排污许可管理的规定排放尾矿及污染物，并落实相关环境管理要求。

⑪ 尾矿库运营、管理单位应当采取防扬散、防流失、防渗漏或者其他防止污染环境的措施，加强对尾矿库污染防治设施的管理和维护，保证其正常运行和使用，防止尾矿污染环境。

⑫ 尾矿库运营、管理单位应当采取库面抑尘、边坡绿化等措施防止扬尘污染，美化环境。

⑬ 尾矿水应当优先返回选矿工艺使用；向环境排放的，应当符合国家和地方污染物排放标准，不得与尾矿库外的雨水混合排放，并按照有关规定设置污染物排放口，设立标志，依法安装流量计和视频监控。

污染物排放口的流量计监测记录保存期限不得少于五年，视频监控记录保存期限不得少于三个月。

⑭ 尾矿库运营、管理单位应当按照国家有关标准和规范，建设地下水水质监测井。

尾矿库上游、下游和可能出现污染扩散的尾矿库周边区域，应当设置地下水水质监测井。

⑮ 尾矿库运营、管理单位应当按照国家有关规定开展地下水环境监测以及土壤污染状况监测和评估。

排放尾矿水的，尾矿库运营、管理单位应当在排放期间，每月至少开展一次水污染物排放监测；排放有毒有害水污染物的，还应当每季度对受纳水体等周边环境至少开展一次监测。

尾矿库运营、管理单位应当依法公开污染物排放监测结果等相关信息。

⑯ 尾矿库运营、管理单位应当建立健全尾矿库污染隐患排查治理制度，组织开展尾矿库污染隐患排查治理；发现污染隐患的，应当制定整改方案，及时采取措施消除隐患。

尾矿库运营、管理单位应当于每年汛期前至少开展一次全面的污染隐患排查。

⑰ 尾矿库运营、管理单位在环境监测等活动中发现尾矿库周边土壤和地下水存在污染物渗漏或者含量升高等污染迹象的，应当及时查明原因，采取措施及时阻止污染物泄漏，并按照国家有关规定开展环境调查与风险评估，根据调查与风险评估结果采取风险管控或者治理修复等措施。

生态环境主管部门在监督检查中发现尾矿库周边土壤和地下水存在污染物渗漏或者含量升高等污染迹象的，应当及时督促尾矿库运营、管理单位采取相应措施。

⑱ 尾矿库运营、管理单位应当按照国务院生态环境主管部门有关规定，开展尾矿库突发环境事件风险评估，编制、修订、备案尾矿库突发环境事件应急预案，建设并完善环

境风险防控与应急设施，储备环境应急物资，定期组织开展尾矿库突发环境事件应急演练。

⑲ 发生突发环境事件时，尾矿库运营、管理单位应当立即启动尾矿库突发环境事件应急预案，采取应急措施，消除或者减轻事故影响，及时通报可能受到危害的单位和居民，并向本行政区域县级生态环境主管部门报告。

县级以上生态环境主管部门在发现或者得知尾矿库突发环境事件信息后，应当按照有关规定做好应急处置、环境影响和损失调查、评估等工作。

⑳ 尾矿库运营、管理单位应当在尾矿库封场期间及封场后，采取措施保证渗滤液收集设施、尾矿水排放监测设施继续正常运行，并定期开展水污染物排放监测，确保污染物排放符合国家和地方排放标准。

尾矿库的渗滤液收集设施、尾矿水排放监测设施应当正常运行至尾矿库封场后连续两年内没有渗滤液产生或者产生的渗滤液不经处理即可稳定达标排放。

尾矿库运营、管理单位应当在尾矿库封场后，采取措施保证地下水水质监测井继续正常运行，并按照国家有关规定持续进行地下水水质监测，直到下游地下水水质连续两年不超出上游地下水水质或者所在区域地下水水质本底水平。

㉑ 开展尾矿充填、回填以及利用尾矿提取有价组分和生产建筑材料等尾矿综合利用单位，应当按照国家有关规定采取相应措施，防止造成二次环境污染。

（3）监督管理

① 国务院生态环境主管部门应当加强尾矿污染防治工作信息化建设，强化环境管理信息系统对接与数据共享。

② 省级生态环境主管部门应当加强对新建、改建、扩建尾矿库建设项目环境影响评价审批程序、审批结果的监督与评估；发现设区的市、县级生态环境主管部门不具备尾矿库建设项目环境影响评价审批能力，或者在审批过程中存在突出问题的，应当依法调整上收环境影响评价审批权限。

③ 设区的市级生态环境主管部门应当将一级和二级环境监督管理尾矿库的运营、管理单位列入重点排污单位名录，实施重点管控。

④ 鼓励地方各级生态环境主管部门综合利用远程视频监控、无人机、遥感、地理信息系统等手段进行尾矿污染防治监督管理。

（4）罚则

① 产生尾矿的单位或者尾矿库运营、管理单位违反本办法规定，有下列行为之一的，依照《中华人民共和国固体废物污染环境防治法》《中华人民共和国水污染防治法》《中华人民共和国土壤污染防治法》等法律法规的规定予以处罚：a. 未建立尾矿环境管理台账并如实记录的；b. 超过水污染物排放标准排放水污染物的；c. 未依法报批建设项目环境影响评价文件，擅自开工建设的；d. 未按规定开展土壤和地下水环境监测的；e. 未依法开展尾矿库突发环境事件应急处置的；f. 擅自倾倒、堆放、丢弃、遗撒尾矿，或者未采取相应防范措施，造成尾矿扬散、流失、渗漏或者其他环境污染的；g. 其他违反法律法规规定的行为。

② 产生尾矿的单位或者尾矿库运营、管理单位违反本办法规定，未按时通过全国固

体废物污染环境防治信息平台填报上一年度产生的相关信息的，由设区的市级以上地方生态环境主管部门责令改正，给予警告；拒不改正的，处三万元以下的罚款。

③ 违反本办法规定，向环境排放尾矿水，未按照国家有关规定设置污染物排放口标志的，由设区的市级以上地方生态环境主管部门责令改正，给予警告；拒不改正的，处五万元以下的罚款。

④ 尾矿库运营、管理单位违反本办法规定，未按要求组织开展污染隐患排查治理的，由设区的市级以上生态环境主管部门责令改正，给予警告；拒不改正的，处十万元以下的罚款。

（5）附则

① 本办法中下列用语的含义：

a. 尾矿，是指金属、非金属矿山开采出的矿石，经选矿厂选出有价值的精矿后产生的固体废物。

b. 尾矿库，是指用以贮存尾矿的场所。

c. 封场，是指尾矿库停止使用后，对尾矿库采取关闭的措施，也称闭库。

d. 尾矿库运营、管理单位，包括尾矿库所属企业和地方人民政府指定的尾矿库管理维护单位。

② 本办法自2022年7月1日起施行。《防治尾矿污染环境管理规定》（国家环境保护局令第11号）同时废止。

参考文献

[1] 国家发改委令〔2019〕29号. 产业结构调整指导目录（2019年本）[Z]. 2019.

[2] 关于印发淀粉等五个行业建设项目重大变动清单的通知. 镍、钴、锡、锑、汞冶炼建设项目重大变动清单（试行）[Z]. 2015.

[3] 关于发布《重点行业二噁英污染防治技术政策》等5份指导性文件的公告.《砷污染防治技术政策》[Z]. 2015.

[4] GB/T 20424—2006.

[5] YS/T 385—2019.

[6] 国家发展改革委办公厅关于征求铜冶炼行业等16项清洁生产评价指标体系（征求意见稿）意见的函. 锡行业清洁生产评价指标体系（征求意见稿）[Z]. 2019.

[7] 国家发展改革委、环境保护部、工业和信息化部公告〔2015〕36号. 锑行业清洁生产评价指标体系[Z]. 2015.

[8] GB 30770—2014.

[9] GB 30770—2014/XG1—2020.

[10] HJ 1120—2020.

[11] HJ 936—2017.

[12] HJ 989—2018.

[13] HJ 938—2017.

[14] 中华人民共和国生态环境部，中华人民共和国国家发展和改革委员会，中华人民共和国公安部，中华人民共和国交通运输部，中华人民共和国国家卫生健康委员会令2020年第15号. 国家危险废物名录（2021年版）[Z]. 2020.

[15] GB 18599—2020 一般工业固体废物贮存和填埋污染控制标准.

[16] 中华人民共和国主席令〔2020〕66号. 中华人民共和国刑法[Z]. 2020.

[17] 中华人民共和国主席令〔2014〕9号. 中华人民共和国环境保护法[Z]. 2014.

[18] 中华人民共和国国务院令〔2020〕736号. 排污许可管理条例 [Z]. 2020.
[19] 生态环境部通知 环执法〔2022〕23号. 关于印发《关于加强排污许可执法监管的指导意见》的通知 [Z]. 2022.
[20] 生态环境部意见 环固体〔2022〕17号. 关于进一步加强重金属污染防控的意见 [Z]. 2022.
[21] 生态环境部令 第26号. 尾矿污染环境防治管理办法 [Z]. 2022.

第3章
锡锑行业污染源解析

3.1 锡行业主要生产工艺及产排污节点分析

3.1.1 锡采选行业主要生产工艺及产排污节点分析

3.1.1.1 锡采选企业A

该矿山于2013年扩建为9万吨/年。目前已发现54条矿脉，矿山现主要开采51号、95号矿体，51号矿体的矿量占矿区总储量70%左右，现已开采至245m中段。328m中段南、北两段已连通，290m中段以上矿体除个别中段尚有少量矿段没有开采外，富矿部位已基本采完。95号矿体目前已进入开采阶段。在其余较大的矿体中，56号、57号、61号、67～71号、73号、74号、91号、96～98号、103号、104号、106号、107号、126号矿体尚未开采；16～19号、53号矿体民采破坏严重，48号、50号、52号、59号、90号矿体已开采完。

(1) 生产工艺

根据矿体赋存特点及开采技术条件，设计采用浅孔留矿法。

1) 采准和切割

阶段运输巷道一般沿矿脉靠下盘掘进。在薄矿脉的中沿脉掘进，使矿脉位于天井断面的中央，以利于探矿。在中厚矿体中，为了减小回采间柱时炮眼孔的长度，也可以布置于间柱水平断面的中央。天井的上下出口，应位于巷道侧壁内。联络道是用来连通矿房和天井的，一般从天井内每隔5～6m垂直高度掘进一条。

切割包括拉底和扩漏。拉底空间的高度为2m，面积与矿房一致，但最小宽度不小于1.2m，扩漏一般从拉底空间向下扩大到斗颈上部成喇叭口，或者在斗颈上掘进2m后，在继续上掘的同时向四周扩帮，以形成喇叭口和拉底空间。在坑木假底矿块中，拉底很简单，即从运输巷道顶板向上挑顶约高3m，架好假巷和漏斗即可。

2) 回采

回采包括凿岩爆破、局部放矿、平场、处理松石和破碎大块，在采用顺路天井的采场中，架设顺路天井。凿岩采用01-45、YSP-45型等向上凿岩机，打上向炮孔，孔深1.5～1.8m，也有部分采用YT-25等气腿凿岩机打水平或微倾斜炮孔的，孔深2～3m。爆破主要采用硝胺、铵油、铵松蜡等安全炸药，用火雷管和非电导爆破管起爆。每次崩下的矿石放出35%～40%，使回采作业空间保持2m左右高度。

3）选矿工艺

选矿工艺采用先浮选后重选的联合工艺流程，即原矿经破碎、磨矿分级后，矿浆先进入浮选段进行铜、锌浮选，浮选尾矿进入重选段回收锡石，得到锡精矿和最终尾矿，如图3-1所示。

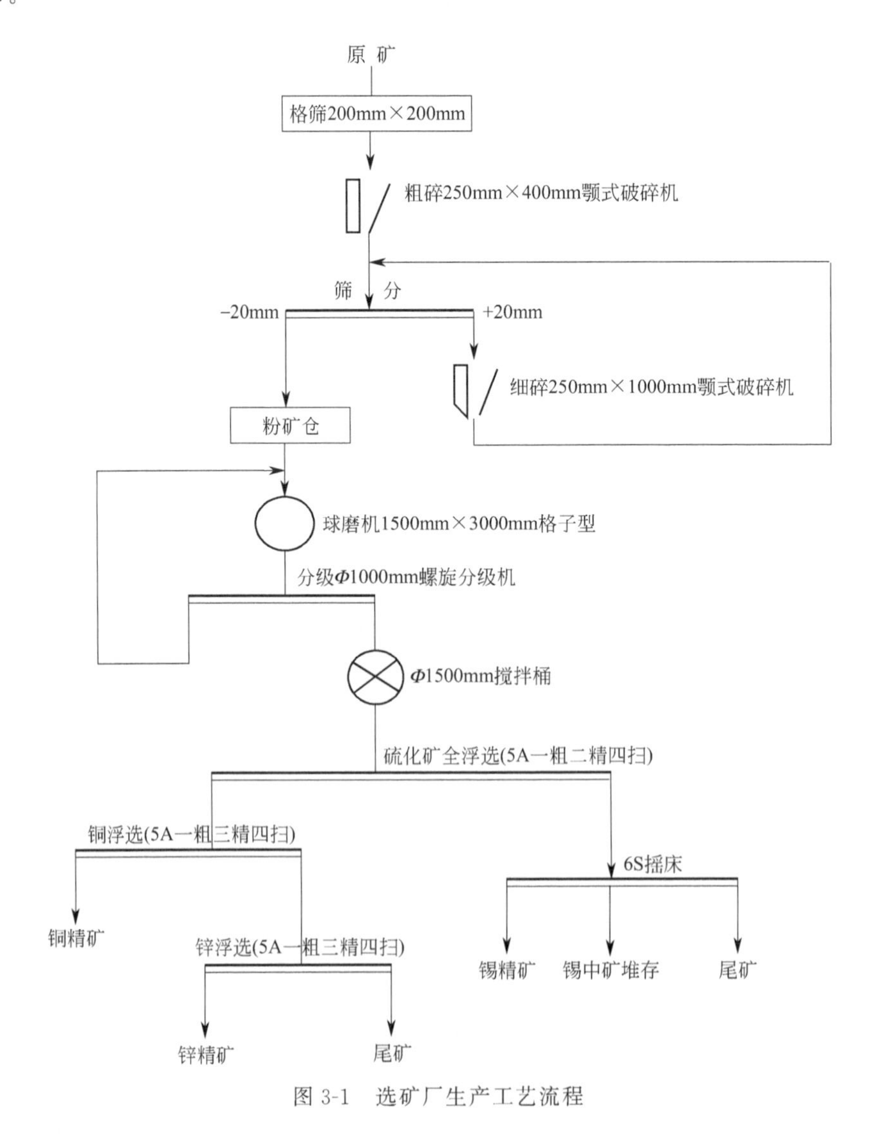

图3-1 选矿厂生产工艺流程

（2）污染防治情况

1）废气污染防治

进风井井口周围要设绿化隔离带，防止粉尘等有害物质污染井下；若井口附近粉尘较大，采取喷雾洒水等净化措施，以确保矿井风源的空气质量。

采矿作业过程中，井下掘进、采场凿岩爆破、出矿作业点、运输过程等是井下主要尘源。可采取就地净化和排出井外的方式防止其危害。就地净化的措施是采取湿式作业和喷雾洒水降尘；抽排方式主要是利用通风系统总负压通风和安装局扇风机进行局部强制抽排通风，特殊情况下还可以采用压气进行临时通风，使废气经回风井巷排出地面，确保井下作业环境达到安全规程的要求。

2）废水污染防治

矿区废水主要来源于矿坑水、尾矿水及生活污水。

① 矿坑水。矿坑水主要是井下基岩裂隙渗水、降尘洒水、凿岩废水等。在整个95#矿体开拓系统形成并正式回采矿块时，最大水量200m^3/d。按原矿及该区域水文地质条件分析，矿坑水除含有悬浮物外，还有锡、铜等重金属离子，可采用化学沉淀＋过滤法处理。这些废水通过水泵排到井口附近的沉淀循环水池，经沉淀处理后供井下和地面生产循环使用。所有井下生产废水及地表生产废水在外排之前必须经过专用沟渠或专用管道引入集中统一沉淀处理池进行处理，确保做到达标外排。

② 地面作业废水及生活污水。地面作业废水汇入井口沉淀池集中处理后达标排放；矿山居民生活产生的生活污水进化粪池处理后用于绿化浇灌。

③ 尾矿水。选矿厂排出的尾矿经尾砂池沉淀后，上清液经过处理后回用，浓缩后的尾砂送入尾矿堆存场堆存，最后复垦。

3）固体废物处置

采矿过程中每年出窿的废石，集中堆放在井口工业场地附近，废石场周围修建排洪沟、设导流沟。废石场服务结束后，进行复垦和植被恢复。尾矿在尾矿库内贮存。

4）噪声污染控制

矿山作业的噪声源主要是柴油发电机、空压机、凿岩机和风机。空压机及柴油发电机均安装在480平硐附近的机房内，距井口作业地点、办公生活区和人行道比较近，要在机房内安装消声设施、隔声帘、隔声墙等来减少噪声污染。

凿岩机产生的噪声在95～115dB（A）之间，并且是排气噪声，以高频为主，可在凿岩机内部的排气通道上安装消声器和石棉吸声材料，这样既有效地降低噪声又不影响设备的性能。

风机噪声在95～115dB（A）范围内，并且以中高频为主。噪声主要是空气动力噪声、机械噪声和电磁噪声，且由进风口和排风口传出。设计在风机的进出风口安装扩散筒等消声器，降低噪声。

3.1.1.2 锡采选企业B

企业主要从事难处理锡多金属矿的选矿生产，选矿采用重选—浮选—重选的选矿工艺，处理能力170万吨/年，主要原料是锡多金属硫化矿，主要产品为锡精矿、锌精矿、铅锑精矿，年产锡、锌、铅锑综合金属3.5万吨以上。

（1）生产工艺

目前选矿设备有皮带运输机、双层振动筛、磨矿机、浮选机、摇床、砂泵等，工艺流程见图 3-2。

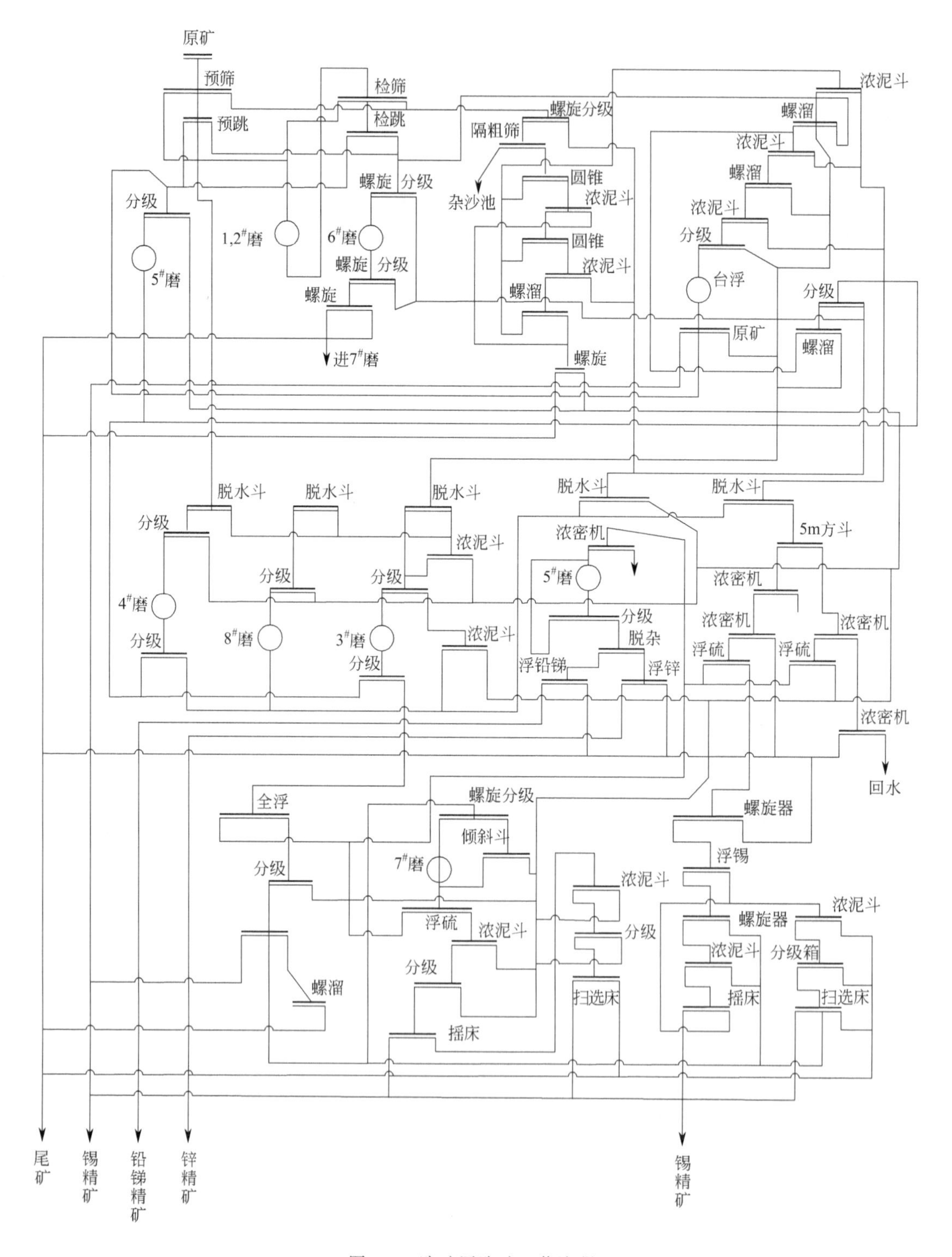

图 3-2　选矿厂选矿工艺流程

在重选作业中，原矿经过筛分后分成 3 个粒级的产品：>4.0mm 的粗粒产品进行原矿磨矿，磨后再返回筛分，形成闭路；大于2.0mm且小于4.0mm粒级的产品进入跳汰机进行预先富集，然后经8#磨矿机进行选择性磨矿，之后经摇床选矿产出最终锡精矿；<2.0mm的细粒级筛下物进入摇床上产出最终精矿，其尾矿进入尾矿输送系统被送至尾矿库，中矿进入二段磨矿系统（3#磨矿机、4#磨矿机）再磨。跳汰尾矿中由于金属含量低（锡品位<0.1%），且含有大量脉石矿物（如石英、方解石等）以及少量的硫、锌、铅锑等，其粒度较粗，产量较大（占原矿的20%左右），直接进入尾矿系统将会增加尾矿输送的难度，因此跳汰尾矿经6#磨矿机后再通过尾矿扫选回收部分已单体解离的锡、锌、铅锑。

（2）污染防治情况

1）废水的处理情况

选矿废水直接排入厂内沉淀池。沉淀池一部分出水进入厂内二级循环泵站，然后被泵入山顶水池作为选矿用水；沉淀池另外一部分出水被抽到尾矿库，经过自然沉淀，95%的出水被泵入山顶水池进行回用，5%的出水外排。废水处理流程如图3-3所示。

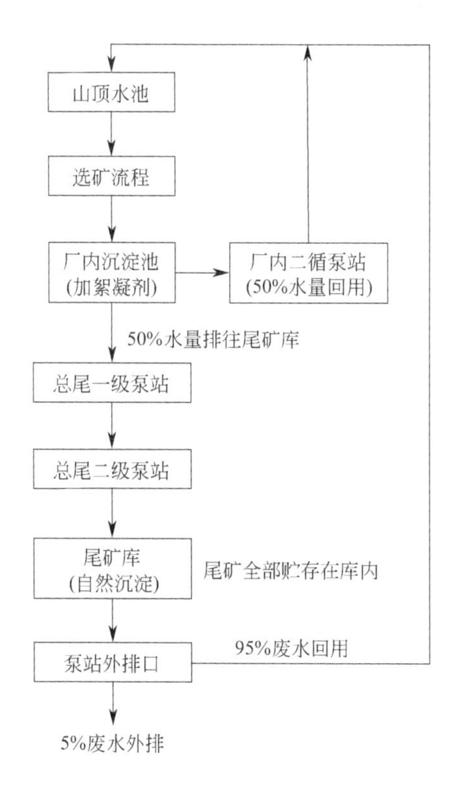

图3-3 选矿厂废水处理流程

2）尾矿处理处置情况

尾矿全部贮存于尾矿库中，尾矿库为山谷型尾矿库，按国家二等库标准设计。

3.1.1.3 锡采选企业C

公司本部位于某工业园内，下设工会办公室、党群工作部、财务部、企管部、人力资源部等11个部室，矿山设有综合办公室、经营科、生产技术科、安全环保科、设备能源科、质量计量科6个职能部室和采剥一队、采剥二队、探采工程队、碎矿工段、粗选工段、精选工段、机修工段和尾矿工段共8个生产单元。

(1) 采矿

采矿规模为1500t/d。采矿工艺流程及产污节点见图3-4。

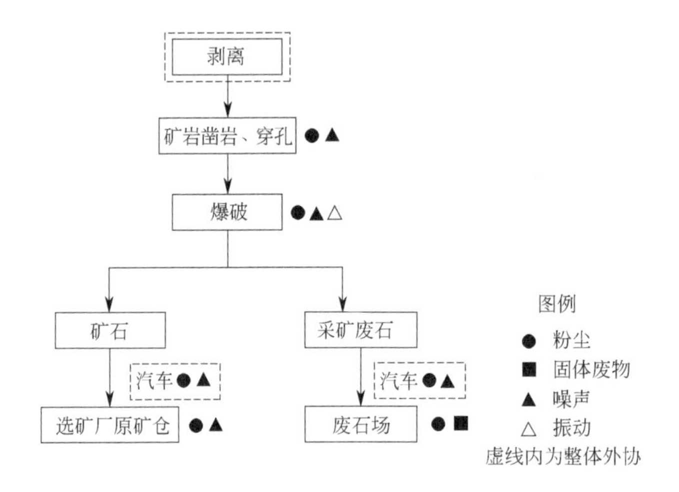

图3-4 采矿工艺流程及产污节点

(2) 选矿

选矿规模为1500t/d，采用破碎—磨矿—浮选—磁选—重选生产工艺。

① 破碎。设计采用三段一闭路的碎矿流程。

② 磨矿。鉴于锡石以中、细粒分布为主（>0.3mm粒级较少），采用一段棒磨与螺旋分级机闭路磨至−200目。

③ 硫化矿浮选、分离和磁选。硫化矿浮选采用一粗一扫一精，混合精矿再磨至−200目，进行一粗一扫三精的铜硫分离，产出铜精矿。浮选扫选尾矿用弱磁选机一粗一精脱除强磁性矿物和铁屑。铜精矿采用浓缩、过滤两段脱水流程。

④ 两段摇床粗选。磁选尾矿经二段旋流器预先分级、脱泥（<0.019mm），大于0.037mm和大于0.019mm粒级物料经分泥斗、分级箱分级，分别进行一段摇床选矿，产出粗锡精矿、次精矿和再磨尾矿。

一段摇床再磨尾矿闭路磨至−200目，用水力旋流器脱泥，沉砂经分泥斗、分级箱分级进行二段摇床选矿，产出粗锡精矿、次精矿和最终尾矿。

⑤ 次精矿选矿。一、二段摇床次精矿集中浓缩，磨矿（−200目）后，采用一粗一精一扫浮选脱硫，脱硫尾矿进行摇床精选，产出最终锡精矿，摇床尾矿并入一段摇床再磨尾矿系统。

⑥ 粗锡精矿精选。粗锡精矿精选采用间断、连续操作制度，其生产原则流程为：粗锡精矿贮存及人工调浆制备→一粗一扫和开路精选→磁选脱铁→摇床一次精选和中矿选锡→摇床尾矿磨矿→摇床再选产出部分高锡中矿。

选矿工艺流程及产污节点见图3-5。

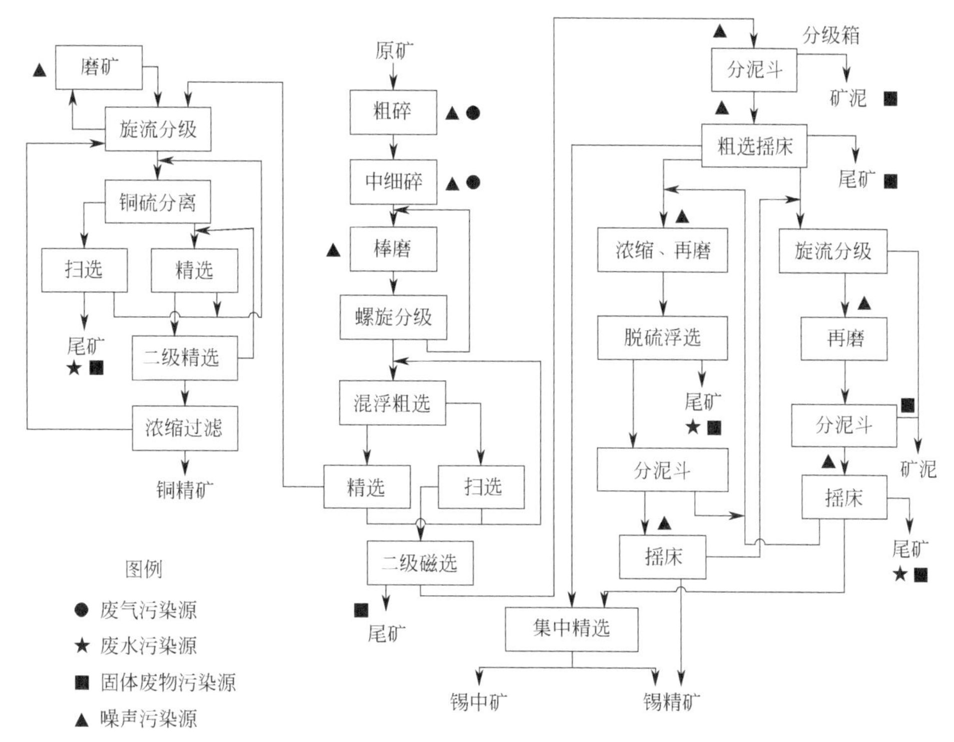

图 3-5 选矿工艺流程及产污节点

(3) 污染防治情况

1) 废气的来源与治理措施

生产过程中产生的废气主要有选矿厂破碎工段废气、无组织废气等。

① 破碎工段废气。废气来源：选矿厂对原矿进行粗碎、中细碎过程中会产生粉尘，废气产生量约 6000m^3/h，主要污染物为粉尘。

治理措施：粗碎、中细碎工段各安装有一套脉冲布袋除尘器，处理后的废气分别经 1 根 15m 高排气筒排放。

② 无组织废气。废气来源：包括爆破凿岩产生的无组织粉尘、尾矿库扬尘和道路扬尘等，主要污染物为粉尘。

治理措施：爆破凿岩产生的无组织粉尘、道路扬尘采取洒水抑尘等措施进行治理；尾矿库坝外侧及时绿化和复垦，有效防止扬尘的产生。

2) 废水的来源与治理措施

生产过程中产生的废水包括选矿废水、废石堆场淋溶水和生活污水。

① 选矿废水。废水来源：产生于选矿过程，产生量 18000m^3/d，主要污染物为 SS (悬浮固体)、COD (化学需氧量)。

治理措施：选矿废水随尾矿排入尾矿库，经尾矿库物理沉淀和自然降解后最终泵至高位水池，回用于选厂，不外排。

② 废石堆场淋溶水。废水来源：主要为雨季时产生，日均产生量 300m^3/d，主要污染物为 SS。

治理措施：废石堆场淋溶水经坝脚回水泵站排至回水池回用于选矿厂，不外排。

③ 生活污水。废水来源：主要为食堂、冲厕等日常生活产生，产生量 $50m^3/d$，主要污染物为 SS、COD、BOD_5（5 日生化需氧量）、NH_4-N 等。

治理措施：经化粪池及一体化污水处理设施处理达标后排至尾矿库。

3.1.1.4 锡采选企业 D

公司是一个开采 60 余年的大型采选联合矿山，具有较好的资源基础，拥有较为完备的采、选生产系统，形成了合理的人行、提升、运输、通风、排水、供风、供电、充填系统，工业辅助设施、生活福利设施及生产技术管理系统完备，为矿山的持续发展提供了十分有利的生产条件。

（1）生产工艺

1）采矿生产工艺

将矿体划分为矿房和矿柱，先采矿房后采矿柱。先在矿房（柱）内掘进进路，然后采用湿式凿岩，用乳胶炸药对矿石进行爆破落矿，对崩落下的矿石采用电动耙矿把矿石装入矿车，用电机车经平巷、斜井绞车运输出坑口。对采完矿石后形成的矿房（柱）采空区，采用充填采矿法（无底柱）进行充填，充填料采用磨砂或废石，矿房进行胶结充填，矿柱原则上不进行胶结充填，尽量用废石充填。有底柱分段空场法及全面法、留矿法空区不进行胶结充填，采用废石回填空区，并且对空区采取封闭和隔离等措施。采区内采出的氧化矿直接运送到选矿厂 1 进行选矿处理，硫化矿通过索道运输送至选矿厂 2 进行处理。

公司采矿工艺原则流程见图 3-6。

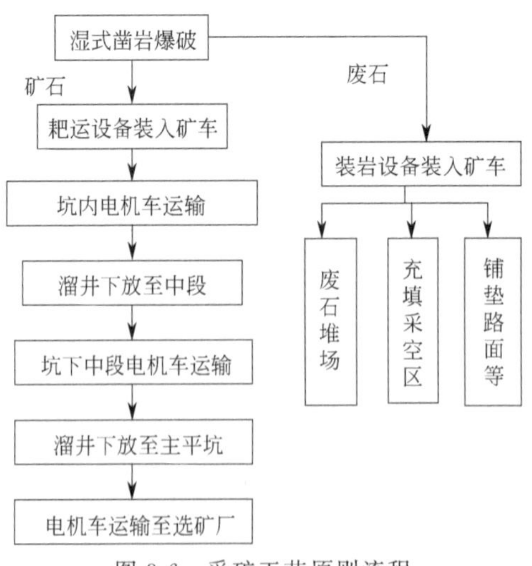

图 3-6　采矿工艺原则流程

2）选矿生产工艺

公司下辖选矿厂 1 主要处理氧化矿，选矿工艺为重力选矿，目前选矿车间已形成氧化锡矿日处理能力 1500t/d。重力选矿原则流程为：原矿经碎矿和磨矿后，采用三段磨矿、三段选别，产出粗锡精矿，尾矿堆存在尾矿库内。

公司选矿工艺原则流程见图 3-7。

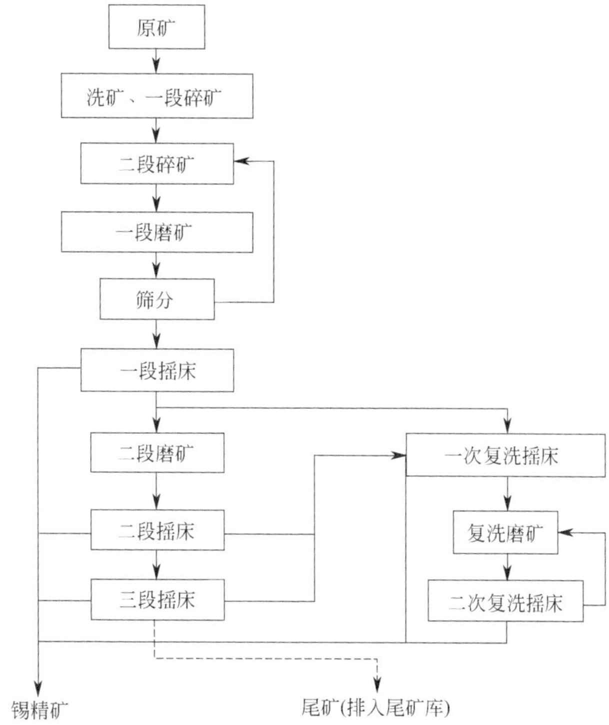

图 3-7　选矿工艺原则流程

（2）污染防治情况

1）废气污染防治

① 井下采矿抑尘措施。坑内掘进与回采作业均采取湿式凿岩；爆破堆喷雾洒水、定期进行巷壁清洗；井下破碎矿尘、矿石和废石溜井口等采用喷雾除尘等抑尘措施。

② 选矿车间抑尘措施。选矿车间碎矿先进行洗矿，破碎及选矿均采用湿式作业，抑制粉尘产生。

卸料口、受料点及筛分等各个工段产尘点均采取湿式作业，降低粉尘的排放量。原矿直接用电机车从采矿坑口拉至选厂卸料口，原矿成分中含有一定水分，加之在卸料口至受料点设封闭式管道，并在破碎机受料口设置了洒水装置。洒水装置与破碎机联动开关，确保破碎设备在开动时卸料、受料产尘点粉尘得到抑制。碎矿、洗矿工艺全部采用湿式工艺，用水流把矿石与杂物分开，抑制粉尘产生。

2）废水污染防治

① 坑下涌水。坑下水主要来源于雨季地表水裂隙渗透。坑下涌水经井下水仓收集，经沉淀后一部分用于坑下各中段用水，另一部分经水泵提升后送选矿车间高位水池沉淀，然后送至选矿生产工艺利用。

② 选矿废水。选矿废水即尾矿水，来自选矿工艺、选矿车间设厂前回水系统及尾矿库回水系统。选矿车间产生的尾矿废水通过选矿车间厂前浓密机（30m 浓密机 2 台，45m 浓密机 1 台）浓缩后，其沉砂经尾矿输送系统输送至尾矿库内自然沉淀，清水由浮船回水

泵站闭路循环输送到车间的中位水池使用。厂前浓密机的溢流水由水泵闭路循环输送到选矿车间的中位水池和高位水池使用。

井下废石除充填采空区、作为筑路骨料进行综合利用外，全部集中堆存在废石场；尾矿则全部堆存在尾矿库内。

3.1.1.5 锡采选企业 E

公司为采选合一的综合性企业。现有 2 个矿山采矿坑口，1 个选矿车间。其中：2 个采矿坑口出矿能力为 1500t/d 锡铜原矿，共生产原矿锡铜金属 4000t/a（其中金属锡 1800t/a、金属铜 2200t/a）；选矿车间共有 3 条选矿生产线，即日处理 300t 共生矿、日处理 200t 氧化矿、日处理 160t 铜矿石。

矿山井下开拓工艺主要以平窿＋斜井开拓法为主。矿体 1 开拓以开采脉锡氧化矿、共生硫化矿和单铜硫化矿为主；矿体 2 以开拓共生硫化矿和单铜硫化矿为主。

（1）生产工艺

1）氧化锡矿生产工艺流程

采用重选工艺，其原则流程为：原矿经洗矿脱泥后，采用三段磨矿、三段选别，产出锡精矿，尾矿输送到尾矿库堆存。

2）锡铜共生硫化矿生产工艺流程

采用浮选-重选联选工艺，其原则流程为：原矿经碎矿磨矿后，采用一粗一扫浮出硫化物，硫化物再磨后经一粗一扫三精产出铜精矿、硫精矿，浮选尾矿经一粗一扫一精产硫精矿，其尾矿进入重选作业，采用三段磨矿、三段选别，次精矿集中复洗，溢流集中选别，尾矿再选产出锡粗精矿，尾矿输送到尾矿库堆存。

硫化矿选矿工艺原则流程见图 3-8。

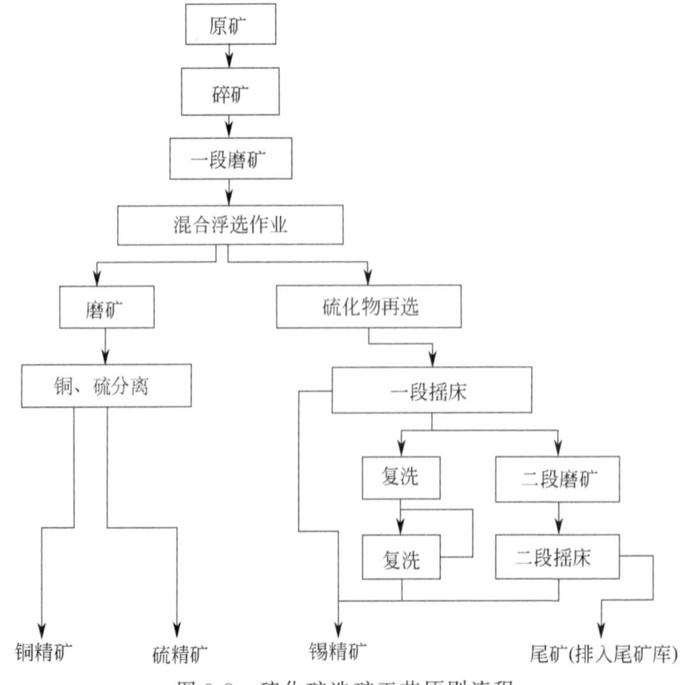

图 3-8　硫化矿选矿工艺原则流程

（2）污染防治情况

1）废气污染防治

① 坑内掘进与回采作业均采取湿式凿岩；爆破堆喷雾洒水、定期进行巷壁清洗；井下破碎矿尘、矿石和废石溜井口采用喷雾除尘等抑尘措施。

② 选矿车间碎矿先进行洗矿，破碎及选矿均采用湿式作业，抑制粉尘产生。卸料口、受料点及筛分等各个工段产尘点安装喷水喷头。碎矿作业开动就开始喷水进行湿式除尘作业，停机后打扫冲洗现场，清理少量积尘，降低粉尘的产生量。

2）废水污染防治

① 坑下涌水。坑下涌水主要来源于雨季地表水裂隙渗透，其井下废水治理工程分为坑水坑用工程和坑水外供工程。坑下涌水一部分用于井下采矿生产用水；其余坑水外供送至选矿车间作为生产用水。

② 选矿废水。选矿废水即尾矿水，来自选矿工艺，选矿车间设有尾矿库回水系统对选矿废水进行回用。选矿车间产生的尾矿经二级提升进入尾矿库，尾矿经沉淀分离，去除大量悬浮物后，库内清水通过长350m、直径630mm的PE（聚乙烯）管被输送到选矿车间进行循环使用，尾矿库回水系统日处理回水能力为10000m^3。经尾矿库沉淀分离去除大量的悬浮物后产生的澄清尾矿废水，全部通过尾矿库内自然沉淀后送选矿车间闭路循环使用。

3）固废处理处置情况

① 废石堆场及废石综合利用措施。坑下掘进废石主要堆存于坑口废石场。

② 尾矿库。公司目前使用尾矿库作为尾矿的贮存堆场。尾矿库为山谷型尾矿库。

3.1.1.6 锡采选企业F

公司处理的原矿矿种有氧化锡矿、单铜硫化矿和锡铜共生硫化矿。公司选矿车间对氧化锡矿及硫化锡矿分别采用重选、浮选方法进行处理。

（1）生产工艺

1）氧化锡矿生产工艺流程

采用重选工艺，其原则流程为：原矿经碎矿磨矿后，采用三段磨矿、三段选别，产出粗锡精矿。

2）单铜硫化矿、锡铜共生硫化矿生产工艺流程

采用浮选-重选联选工艺，其原则流程为：原矿经磨矿后，采用一粗一扫浮选出硫化物，硫化物再磨后经一粗三精产出铜精矿、硫精矿，浮选尾矿经一粗浮选出硫精矿，其尾矿进入重选作业，采用三段磨矿、三段选别，次精矿集中复洗，溢流集中选别，尾矿再扫选产出锡精矿。

（2）污染防治情况

1）选矿车间抑尘措施

氧化矿车间原矿直接用电机车运至卸料仓内，原矿中含泥大、湿度重，同时在破碎机、振筛前设置洒水装置，装置与破碎机联动开关，保证破碎设备在开动时确保卸料、受料产尘点粉尘得到抑制，其生产过程均采用湿式作业，用水把矿石与杂物分开，抑制粉尘

产生。

2）尾矿库回水系统

氧化矿车间产生的尾矿通过泵站直接输送到尾矿库，产生的尾矿废水通过尾矿库自然沉淀后，由回水泵站闭路循环输送到车间使用。

硫化矿车间产生的尾矿主要通过一～三级砂泵站输送到尾矿库，产生的尾矿废水通过厂前浓密机浓缩和尾矿库内自然沉淀后，由回水泵站闭路循环输送到选矿车间。

3.1.1.7 锡采选企业 G

（1）生产工艺

1）全面法

该法沿矿体走向布置，每隔 12m 划分为矿块（矿房、采场），采场长为矿体斜长 30～50m，宽 12m，高度为矿体的垂直厚度。采场逆矿体倾向自下而上施工，形成人行通风系统。采场采用 YT-29 型浅孔凿岩机打眼，爆破采用人工连续装药。采场爆破下来的矿石，采用 2DPJ-30 型电耙绞车配 0.25 耙斗进行出矿。

2）房柱采矿法

以切割上山为中心，逆矿体倾向由中央和两边自下而上回采，采用凿岩爆破浅孔落矿，使用 YT-28、YT-29 型凿岩机钻眼，崩下的矿石用 2DPJ-15 或 2DPJ-30 型电耙绞车直接装入矿车。

3）有底柱分段（空场）崩落法

采用 YG-40 型凿岩机打向上垂直扇形中深孔。其最小抵抗线为 1.3～1.5m，孔底距 1.8～2.0m，待采场中深孔和扩漏工程完毕后，组织采场大爆破落矿。

4）浅孔留矿采矿法

留矿法回采包括凿岩、爆破、通风、局部放矿、撬顶、平场和大量出矿。回采工作从拉底层自下而上开始，采用 YT-29 型气腿式凿岩机打向上浅眼落矿，放炮后通风和下落矿石量的 30％进行局部放矿，其余矿石留在矿房中作为继续上采的工作台，局部放矿时要按漏斗编号顺序、等量、均匀放矿，然后清理采场及平场。保证采场作业空间高度 1.8～2m，确保采场与人行通风联道畅通，准备下一个循环作业。待整个采场回采完矿石放出，再回采矿柱及处理采空区。出矿采用 2DPJ 型电耙将矿石直接耙入矿车。

上述各采矿方法的各生产中段均采用 7t 架线式电机车牵引 1.6m^3 侧卸式矿车进行矿石或废石转运。废石经中段运输至地面选厂和废石场。

采矿工业场地设于 1720m 中段和 1360m 中段。人员、材料、设备均直接由 1720m 中段和 1360m 中段主巷入坑，经辅助斜井运到各中段工作面。

采矿工艺流程见图 3-9。

（2）污染防治情况

坑下涌水主要汇聚于井下的 1720m 中段、1540m 中段和 1360m 中段。1720m 中段涌水通过已建立的排水系统回收利用作为井下生产用水。1540m 中段涌水汇聚于 1540m 中段水仓，经水泵管道排至坑外进行处理，井下涌水经混合、絮凝、沉淀、过滤、消毒处理

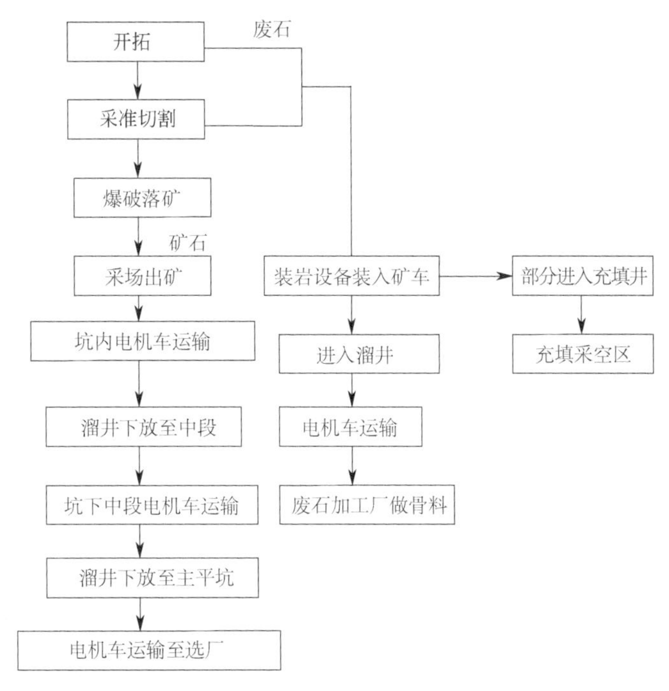

图 3-9 采矿工艺流程

后回用。1360m 中段汇水经排水沟排至选矿厂，经沉淀后作为生产用水使用。

废石主要是井下掘进产生。每年产出约 30 万吨废石，废石除一部分用于井下采空区的充填外，其余部分运出坑外，堆放于 1720m 中段废石场。

3.1.2 锡冶炼行业主要生产工艺及产排污节点分析

3.1.2.1 锡冶炼企业 A

公司采用火法炼锡工艺技术，包括粗炼和精炼两大系统，以锡精矿（Sn＞50%）为主要原料，采用回转窑焙烧、电炉还原熔炼、火法精炼的生产工艺，年产精锡 5000t，焊锡 160t。

（1）生产工艺

锡精矿与二次锡原料等经物料制备系统制备，入回转窑焙烧，去除砷、硫杂质，产出的焙砂再进入电炉进行还原熔炼，产出甲锡、乙锡和电炉渣。

产出的甲锡经溜槽流入前床，然后铸锭送精炼车间；产出的乙锡也由溜槽流入前床，铸锭后经熔析炉熔析处理，除去大部分铁、砷后，送到精炼车间。熔析炉产出的熔析渣送回转窑，焙烧氧化进一步去除砷、硫后送入电炉熔炼，产出的含砷烟尘则集中收集后送有资质的单位处理。

甲锡送入锡精炼锅进行精炼，利用凝析法原理加木屑脱除粗锡中的砷、铁，产出的碳渣直接返回电炉熔炼；加硫黄除铜，产出的铜渣进行回收利用；得到氧炼锡，再进入结晶机利用结晶的物理原理进一步脱除铅铋，生成粗焊锡和精炼锡。

焊锡可直接作为产品外销，或投入真空炉中进一步进行锡、铅的分离。真空蒸馏属于较为纯粹的物理过程，即在真空状态下，通过降低金属铅、铋的蒸发温度和加速气化过程，使铅、铋从焊锡中挥发脱除，得到真空粗铅和真空粗锡两种产物，其中真空粗锡返回精炼锅，真空粗铅外售。

精炼锡最后经合锡锅加铝除锑后铸锭，得到最终产品精锡锭。产出的铝渣先临时堆存于厂内专属渣库，堆至一定量后再投入电炉熔炼，产出的高锑粗锡再进行回收处理。

具体生产工艺流程及产污节点如图 3-10 所示。

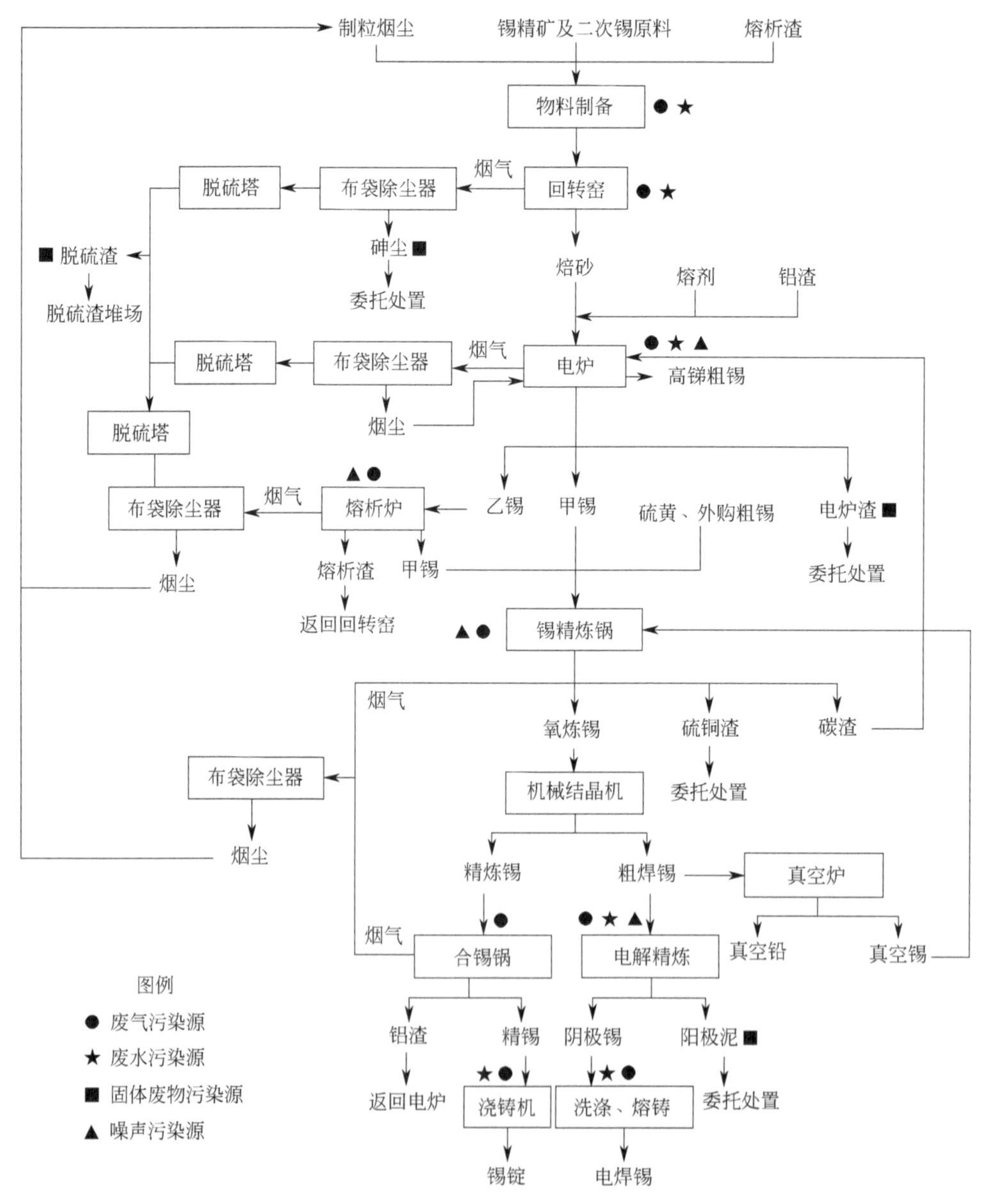

图 3-10 生产工艺流程及产污节点

（2）污染防治情况

1）废气的来源与治理措施

生产过程中产生的废气主要有回转窑烟气、电炉烟气、熔析炉烟气、精炼烟气、熔铸废气以及车间无组织废气。

① 回转窑烟气。废气的产生：回转窑焙烧物料过程中会产生废气，废气产生量为 $11000m^3/h$，主要污染物为烟尘、SO_2。

治理措施：经沉降室、脉冲布袋除尘器收尘后，采用脱硫净化塔进一步处理，之后与其他废气一并经1根60m高烟囱排放。

② 电炉烟气。废气的产生：电炉还原熔炼过程中会产生废气，废气产生量为 $30000m^3/h$，主要污染物为烟尘、SO_2。

治理措施：经沉降室、脉冲布袋除尘器除尘后，采用动力波脱硫装置（2台1000kV·A电炉与2000kV·A电炉各1套）进一步处理，之后与其他废气一并经1根60m高烟囱排放。

③ 熔析炉烟气。废气的产生：熔析炉熔析过程中会产生废气，废气产生量为 $3000m^3/h$，主要污染物为烟尘、SO_2。

治理措施：经沉降室、脉冲布袋除尘器除尘后，采用动力波脱硫装置（与2台1000kV·A电炉共用）进一步处理，之后与其他废气一并经1根60m高烟囱排放。

④ 精炼烟气。废气的产生：精炼脱杂过程中会产生废气，废气产生量为 $5000m^3/h$，主要污染物为烟尘。

治理措施：经沉降室、脉冲布袋除尘器除尘后与其他废气一并经1根60m高烟囱排放。

⑤ 熔铸废气。废气的产生：熔铸车间浇铸过程产生的废气，主要污染物为烟尘。

治理措施：经脉冲布袋除尘器除尘后与其他废气一并经1根60m高烟囱排放。

⑥ 车间无组织废气。废气的产生：烟尘制粒、配料、投料、放锡等过程中存在无组织废气逸散，主要污染物为烟尘。

治理措施：通过各自配套的集气罩收集，采用布袋除尘器处理后与其他废气一并经1根60m高烟囱排放。

2）废水的来源与治理措施

① 冷却水。冷却水主要包括炼前处理冷却窑的冷却水、电炉炉套冷却水、精炼锅冷却水、精炼浇铸冷却水、真空炉炉套冷却水等，主要为热污染，分别设置冷却水循环系统，闭路循环使用，不外排。

② 车间洗手水、地面冲洗水。车间洗手水和地面冲洗水来自各生产车间洗手和地面冲洗过程，产生量约为17t/d，主要污染物为SS、重金属，经生产废水处理站处理后作为各冷却循环系统的补充水，不外排。

③ 初期雨水。初期雨水为降雨形成地面径流后30min内收集的地面雨水，进入厂区 $1500m^3$ 初期雨水收集池，之后送生产废水处理站进行处理，处理后作为各冷却循环系统的补充水，不外排。初期雨水主要污染物为SS、重金属。

生产废水处理站采用石灰铁盐法对车间洗手水、地面冲洗水和初期雨水进行处理，处理能力100t/d。处理工艺流程见图3-11。

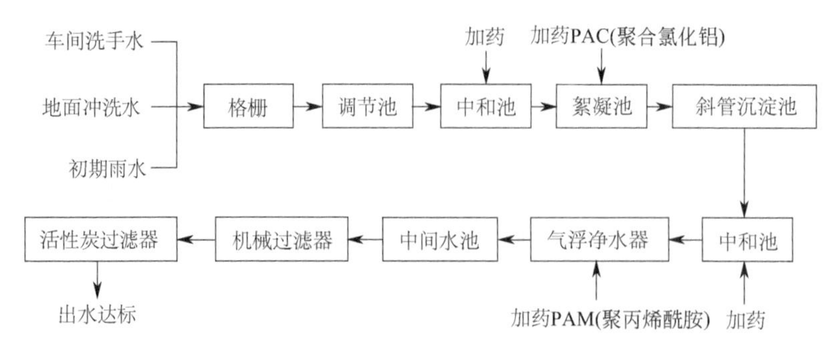

图 3-11　生产废水处理站废水处理工艺流程

3）固废的来源与治理措施

① 电炉渣。电炉渣来自粗炼工序，产生量约 3000t/a。电炉渣含锡 5%～7%，具有回收价值，堆存于临时渣场，存至一定量后回收利用。

② 煤渣。煤渣主要产生于煤气发生炉，产生量约 320t/a。收集后装入料斗仓，及时外售。

③ 脱硫石膏渣。脱硫石膏渣来自电炉、回转窑、熔析炉废气脱硫过程，产生量约 500t/a。公司将其按危险废物管理要求进行严格管理，填埋至专用“三防”脱硫渣场。

④ 铜渣。铜渣来自精炼工序，产生量约 150t/a。铜渣为干态物，含锡高达 70%，具有回收价值，临时堆存于铜渣库房，存至一定量后回收利用。

⑤ 含砷烟尘。含砷烟尘来自回转窑工序，产生量约 65t/a，为干态物。含砷烟尘可作为回收白砷的原料，装袋后临时堆存于含砷烟尘库房，委托有资质的单位进行处置。

3.1.2.2　锡冶炼企业 B

公司经过不断的技术改造和产业提升，建成了以流态化炉焙烧工艺为主的锡精矿炼前处理系统、以富氧顶吹熔炼工艺为主的锡粗炼系统、以烟化炉硫化挥发工艺为主的炼渣系统和以电热连续机械结晶机、真空炉、锡电解为主的锡精炼系统，形成了完善的锡冶炼生产流程，具备年产锡产品 7 万吨的生产能力。冶炼工艺流程见图 3-12。

（1）生产工艺

高硫锡精矿采用流态化焙烧工艺脱硫、砷并回收；高砷物料——精炼产出的离心锡渣、炭渣及烟化炉尘则采用回转窑焙烧脱砷并回收；焙烧后的含锡物料和低硫锡精矿、外购锡渣、硫渣、燃料及辅料经配料后由顶吹炉进行还原熔炼，熔炼产出粗锡采用凝析法及离心机除砷铁、加铝除砷锑、加硫除铜工艺进行脱杂，采用电热连续结晶机除铅铋及真空蒸馏工艺进行锡精炼。精炼产出精锡经铸锭得到精锡锭和粗焊锡产品，粗焊锡经电解产出精焊锡。粗锡脱杂过程中产出的硫渣送顶吹炉；铝渣送电炉，经电炉熔炼产出的电炉粗锡送去脱杂；顶吹熔炼产出的熔融炉渣、电炉熔炼产出的熔融炉渣、锡中矿、次精矿、外购炉渣由烟化炉进行硫化挥发回收锡。烟化炉产出的炉渣采用水淬、粒化、脱水工艺进行无害化处理。流态化焙烧炉冶炼烟气、回转窑冶炼烟气、顶吹炉冶炼烟气、烟化炉冶炼烟气分别经其配套的烟气处理装置处理后，由各系统送烟管道送至烟气制酸系统混并，统一进行净化—脱硫—制硫酸，尾气统一排放。

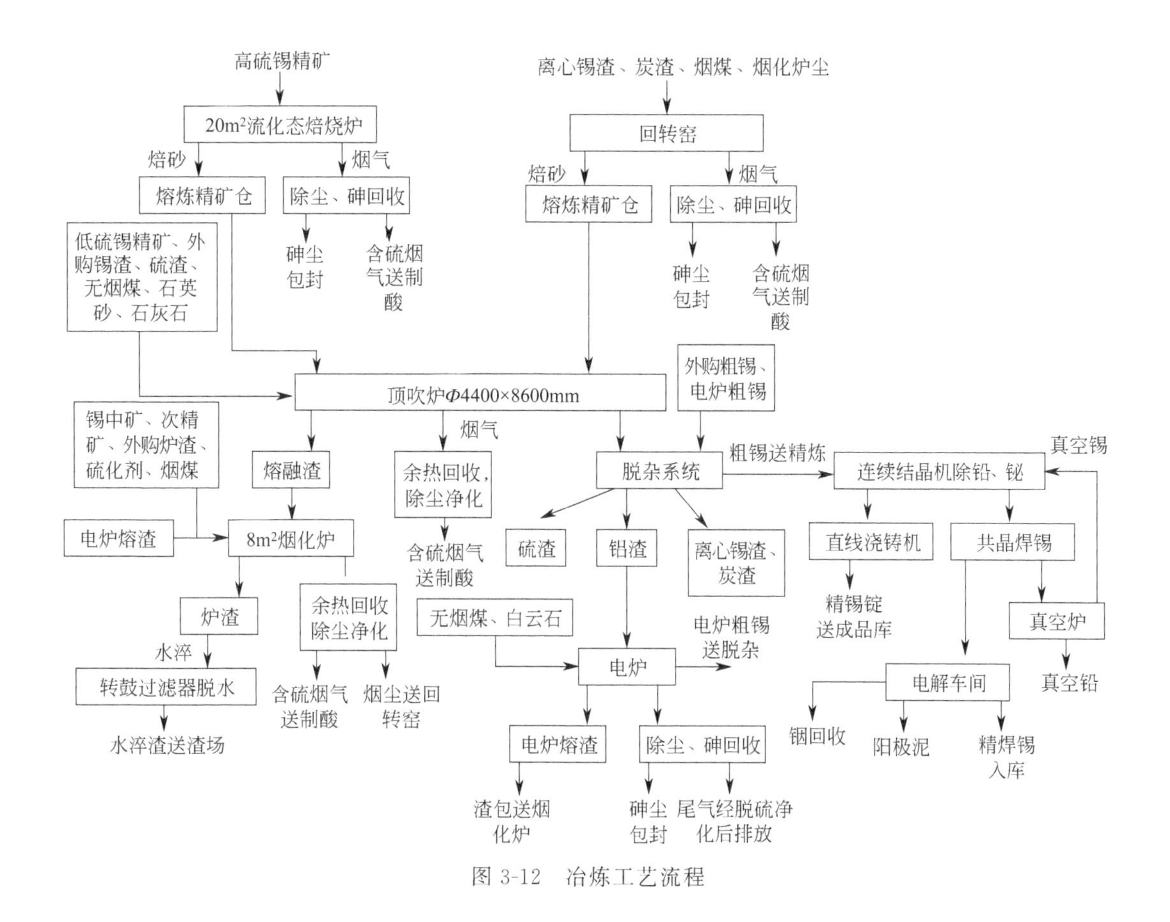

图 3-12　冶炼工艺流程

（2）污染防治情况

1）废气污染防治情况

有组织排放废气源包括系统废气（原料系统废气；冶炼系统上料、出料系统废气；脱杂系统废气；精炼系统锅面废气；电解车间熔锡锅锅面废气）；电炉烟气；煤粉制备热风炉废气；煤粉制备煤磨废气；硫酸系统尾气；污水处理站 H_2S 废气等，共计 22 个。

① 系统废气。系统废气也称为环境废气，主要产生于原料系统、冶炼系统的物料中转过程，经收集后以有组织排放源排放，共计 17 个排放源，产生的污染物主要为（烟）粉尘、SO_2 及其中的金属元素锡、铅、砷、锑等，系统均配置了通风除尘系统、设计采用密闭、集气罩负压收集、布袋除尘的方式进行处置。

② 电炉烟气。电炉烟气产生于铝渣处理车间电炉熔炼过程，烟气经热管蒸发器回收余热并收下部分烟尘后进入除尘系统。除尘系统首先采用旋风除尘器进行预除尘，之后烟气进入电除尘器（四电场）进一步收集烟尘，从电除尘器出来的烟气经骤冷（骤冷塔——水间冷）方式把烟气温度从 330℃ 骤降至约 130℃ 后进入带覆膜防腐脉冲布袋除尘器，尾气进入脱硫系统进行脱硫净化。脱硫系统采用 5%～6% 的氢氧化钠洗涤吸收，脱硫后烟气在吸收塔塔体内进行气液两相分离后，经过吸收塔上部布置的内置式除雾器，除去气流中夹带的雾滴后从塔顶 15m 高烟囱排放。

③ 煤粉制备热风炉废气、煤粉制备煤磨废气。磨煤过程在磨煤机内同时进行煤的干

燥，干燥所用介质为燃气热风炉产出的热空气。燃气热风炉采用煤气站提供的净化煤气为燃料，间接加热空气，以热空气作为干燥介质。尾气经车间屋顶 20m 高烟囱排放，排放的污染物为烟尘、SO_2 和 NO_x。

煤磨产出的煤粉经煤粉分离器分离出合格的煤粉，由引风机吸入布袋除尘器，布袋除尘装置选用煤粉防爆专用布袋除尘器，煤粉经收集后落入煤粉仓中。系统为负压操作，布袋除尘后的尾气经屋顶 20m 高烟囱排放，排放的污染物为粉尘。

④ 硫酸系统尾气。冶炼系统流态化焙烧炉、回转窑、顶吹炉、烟化炉产生的烟气经各系统配置的冶炼烟气处理系统处置，经布袋除尘后统一对烟气进行脱硫——制硫酸。烟气经烟气净化系统净化、“康世富”脱硫系统脱硫、制酸系统制酸后，尾气经 70m 高烟囱排放，排放的污染物为 SO_2、硫酸雾和 NO_x。

⑤ 污水处理站 H_2S 废气。废气产生于污酸的硫化法处理过程，污酸处理过程硫化反应产生的 H_2S 气体通过硫化反应槽盖、硫化浓密机机盖上的集气管道通过引风机集中抽入除害吸收塔，由下往上与自上而下喷淋吸收液（30% NaOH）溶液反应，尾气通过 15m 高的烟囱排放。

⑥ 无组织废气控制。无组织废气污染物主要产生于生产系统的“环境废气”，即产生于原料系统、冶炼系统的物料中转过程。

卸料站、原料仓库、车间等均为厂房式构筑物，场内地坪为水泥混凝土硬化地面。在卸料站受料仓上部设 1 套水喷雾装置抑制粉尘的产生，并在卸料站、原料系统、冶炼系统中均配置了通风除尘系统。设计采用密闭、集气罩负压收集、布袋除尘的方式进行处置。

2）废水污染防治情况

废水的类型有：

① 一般生产排水（循环水系统排水）；

② 化学水站排水（浓水）；

③ 生产废水（包括电炉烟气脱硫废水、铟回收车间再生有机相洗涤废液、地坪冲洗废水、洗车废水、中心化验室废液及制酸系统产出的污酸）；

④ 生活污水。

厂区设循环冷却水排水系统、生产废水排水系统、生活排水系统和雨水排水系统。针对不同的排水属性，全厂共设置了 3 套水处理装置（站）分别对排水进行处理、回用。

一般生产排水为循环水系统排水，不含有害物质，由厂区循环冷却水排水系统排至排水深度处理站处理，出水用于余热电站循环水和硫酸系统循环水的补充水。产出的浓水用于水淬循环水（浊循环水）的补充水，用于烟化炉冲渣消耗。

生产废水排至污酸污水处理站，处理后的出水回用于水淬循环水（浊循环水）的补充水，用于烟化炉冲渣消耗。

生活废水采用化粪池＋地埋式生活污水处理设施，处理后水质达《城市污水再生利用 城市杂用水水质》（GB/T 18920—2020）绿化用水标准，出水部分用于洗车循环水补充水，部分用于厂区绿化、降尘。

厂区事故、消防废水及初期雨水分别经事故、消防废水收集池及初期雨水收集池收集、沉淀处理后，送至污酸污水处理站处理，出水回用。

3）固体废物处理处置情况

① 流态化焙炉、回转窑、电炉收砷系统回收的砷尘，每年产生2530t，委托有资质的单位处置。

② 烟化炉渣，每年产生16万吨，在渣场堆存。

③ 制酸系统烟气净化工序产生的酸泥，每年产生240t，石灰中和、脱水后送危废渣场堆存。

④“康世富”脱硫系统胺液过滤装置产生的废再生盐，每年产生6.5t，送危废渣场堆存。

⑤ 污酸处理硫化砷渣，每年产生630t，经脱水后送渣场堆存。

⑥ 污酸、污水处理站污泥，每年产生1150t，脱水后送危废渣场堆存。

3.1.2.3　锡冶炼企业C

公司经多年的发展，现已占地300余亩（1亩≈667m^2），注册资金1亿元，拥有固定资产1.1亿元，员工近1500人，工程技术人员200余人，具备年产25000t精锡、300t白银、30t铟锭的生产规模。

（1）生产工艺

粗锡制造部生产主要分为顶吹沉没炉、烟化炉富集熔炼和电炉粗锡熔炼两部分。

1）顶吹沉没炉、烟化炉富集熔炼

顶吹沉没炉和烟化炉主要用于处理中矿、电炉炉渣、硬头、废炉底洗选渣等，混合料锡含量可在2%～20%范围内，根据原料成分情况可适当搭配，必要时加入适量石英石、石灰石，使弃渣的硅酸度不致太大。物料用混料机混合后采用手推车运至炉顶，人工耙装入炉。物料加入炉内，待物料熔化后，加入焦粒和硫铁矿进行硫化挥发，在1250℃高温条件下，铟、锡、铅硫化后逸出，与熔体分离进入炉气，在炉体上部空间与鼓入的空气和料口等吸入的空气进行氧化反应，生成对应的氧化物，尚未反应的部分随炉气进入复燃沉降室，在1150℃的高温下继续与空气发生氧化反应，几乎所有的金属硫化物都被氧化成金属氧化物和二氧化硫。出复燃沉降室的烟气再经多筒水套冷却器移热降温至500℃后，再进表面冷却器进一步降温至150℃，由引风机送入布袋器收尘，收下的烟尘与复燃沉降室、多筒水套冷却器、表面冷却器收下的降尘集中作为中间产品。

工艺流程见图3-13。

2）电炉粗锡熔炼

① 原材料准备。入厂合格原材料锡精矿、渣料（真空炉渣、烟化炉回收料、产品氧化渣、焙烧料、电炉收尘渣、熔析炉渣等）和还原剂（无烟煤、石英石、石灰石）经配料后输送至电炉车间，加入炉内进行熔炼，得到粗锡（约含Sn90%）、硬头、炉渣（约含Sn5%）和烟气，粗锡铸锭。

锡精矿在电炉熔炼过程中产生的烟气经沉降室、布袋除尘器回收烟尘后，经脱硫塔除去二氧化硫后经1[#]烟囱排空。

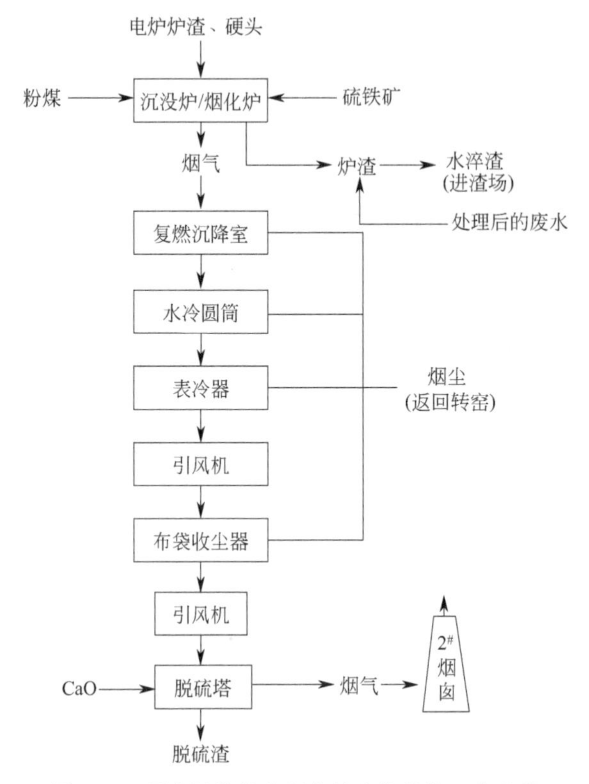

图 3-13　顶吹沉没炉和烟化炉富集熔炼工艺流程

进厂合格烟煤、无烟煤（还原剂）、石灰石（熔剂）、石英石等均储存在各自仓库中待用。

② 配料及加料。配料、输料和加料均由人工完成。配料技术人员主要在料仓控制。

电炉熔炼时，经配比的炉料采用手推车运至电炉车间，再用起重机吊运至电炉炉顶加料口，人工耙装入炉。

③ 电炉熔炼。熔炼锡精矿的电炉属于矿热电炉中的电弧电阻炉。电流通过直接插入熔渣（有时是固体炉料）的电极供入熔池，依靠电极与熔渣接触处产生电弧及电流通过炉料和熔渣发热进行还原熔炼。电炉熔炼产物为粗锡、炉渣和烟气。

电炉炼锡工艺流程见图 3-14。

3）精锡生产

精锡生产分为电解精炼工艺和火法精炼工艺两个环节。

电炉粗锡熔炼得到的粗锡锭内含铋、砷、锑、铁较高，经铸锭后用汽车运输至电解车间，经熔铸成阳极板进行电解精炼，以除去铋、砷、锑、铁等杂质而获得锡、铅含量为 99.95％的精焊锡。

① 电解原理：电解槽内放置配比合格的电解液（氟硅酸、牛胶、萘酚等），将电解槽接通直流电，锡、铅自阳极溶解进入电解液，并在阴极放电析出。如此循环反复，阳极板上的锡不断溶解，阴极片上离子不断放电析出，增厚，最终形成阴极板。一个电解周期约为 96h。

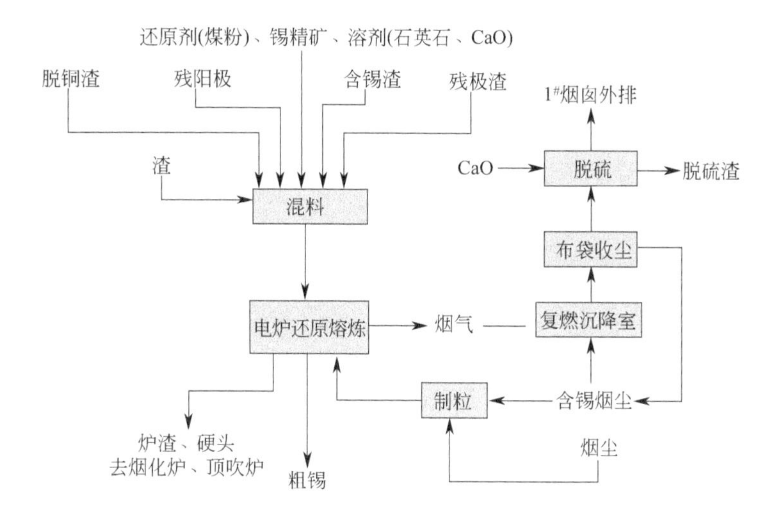

图 3-14 电炉炼锡的工艺流程

② 电解精炼工艺流程：粗锡锭转运至电解车间，经熔锡锅加锯末除杂质后浇铸成阳极片，熔锡锅用煤气作为热源，3# 电解车间和 4# 电解车间分别配置煤气发生炉一台。在车间加工得到的阴极锡投入熔锡锅熔化后浇铸成阴极片。阳极片和阴极片放入电解槽，电解后的阴极锡经熔化，一部分浇铸成阴极片；另一部分指标合格的经浇铸后成为精焊锡锭，精焊锡锭经包装后入库待售；其余进入结晶机和真空炉进行火法精炼。残阳极经洗刷后返回阳极浇铸工序。阳极泥以及电解液滤渣送综合回收部进行综合回收。

③ 火法精炼工艺流程：电解锡及真空炉车间供给的真空锡经熔锡锅除杂质后进入结晶机精炼，得结晶锡和结晶焊锡。结晶锡经铸锭得精锡产品，进入仓库待售；结晶焊锡进入真空炉车间的真空炉，经真空炉产出真空铅和真空锡，真空锡返回结晶机精炼，真空铅铸锭出售。

精锡生产工艺流程见图 3-15。

(2) 污染防治情况

1) 废气污染防治情况

公司本部对电炉、合锡锅、顶吹炉、烟化炉等均设置了相应的废气收集处理设施，处理后的废气由烟囱集中排放，各有组织排放源设置情况见表 3-1。

表 3-1 有组织排放源设置及脱硫除尘情况

序号	所在位置	废气来源	废气排放前处理措施
1	公司本部	电炉车间 1#、3#、4# 电炉废气	布袋除尘器除尘、脱硫塔脱硫
		3# 电解车间配套阳极浇铸车间 3 台合锡锅废气	布袋除尘器除尘
		4# 电解车间配套阳极浇铸车间 4 台合锡锅废气	布袋除尘器除尘
		焊锡浇铸车间 1 台合锡锅废气	布袋除尘器除尘、脱硫塔脱硫
		电炉车间集气罩废气	布袋除尘器除尘、脱硫塔脱硫

续表

序号	所在位置	废气来源	废气排放前处理措施
2	公司本部	顶吹炉车间顶吹炉废气	布袋除尘器除尘、脱硫塔脱硫
		结晶机车间 2 台熔锡锅废气	布袋除尘器除尘
		结晶机车间 2 台精锡锅废气	布袋除尘器除尘
		结晶机车间 2 台结晶机废气	布袋除尘器除尘
3	公司本部	烟化炉车间烟化炉废气	布袋除尘器除尘、脱硫塔脱硫
4	公司本部	7# 电炉废气	布袋除尘器除尘、脱硫塔脱硫
5	公司本部	3 台回转窑烟气	布袋除尘器除尘、脱硫塔脱硫

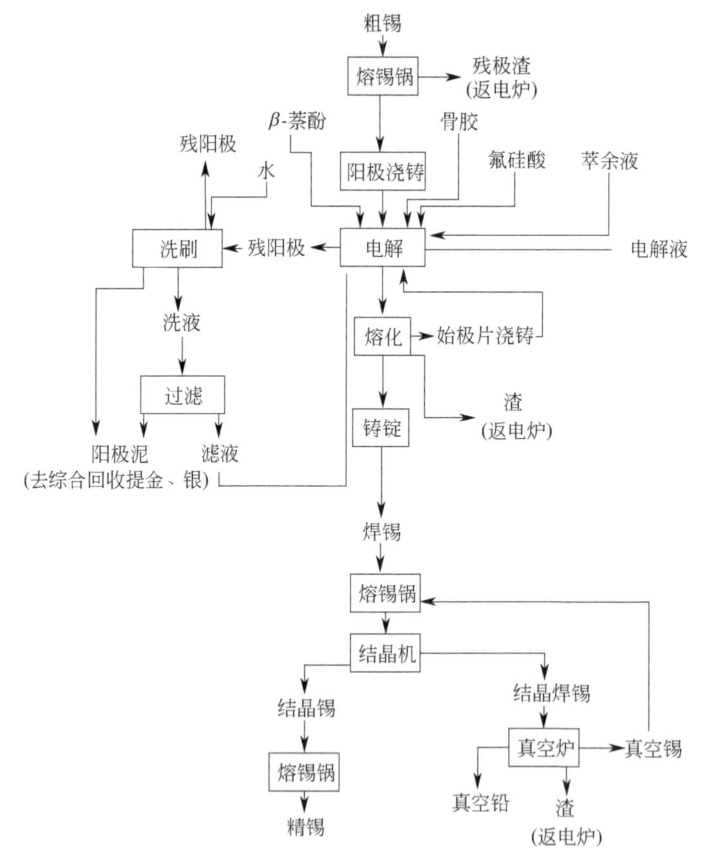

图 3-15 精锡生产工艺流程

2）废水污染防治情况

① 冷却废水。公司本部电炉、烟化炉、顶吹沉没炉、复燃沉降室、烟气水冷圆筒、结晶机和阳极浇铸设施都产生冷却废水，其中电炉、烟化炉、顶吹沉没炉、复燃沉降室、烟气水冷圆筒共产生冷却废水 4906m^3/d。

结晶机和阳极浇铸设施，共产生冷却废水 100m^3/d，冷却废水全部进入厂内 1# 沉淀收集池和 2# 沉淀收集池，最后进入高位水池回用，不外排。

② 脱硫废水。公司本部共有脱硫塔 4 座，共产生脱硫废水 5640m^3/d，废水经中和沉淀循环池循环利用，不外排。

③ 冲渣废水。公司本部烟化炉和顶吹沉没炉炉渣冲渣过程中会产生冲渣废水 72m^3/

d，废水进入单独的收集池收集后回用，冲渣不外排。

3）固废处理处置情况

固体废物产生与处理处置见表 3-2。

表 3-2　固体废物产生与处理处置一览表

工段	固体废物名称	产生环节	产生量/(t/a)	处理与处置方式
粗锡制造部	炉渣、硬头	电炉炼锡工序	33066.69	作为烟化炉、顶吹沉没炉原料使用
	烟尘	烟化炉、顶吹沉没炉富集工序	1933.00	返回电炉作为炼锡的原料使用
	脱硫渣	烟气脱硫工序	356.00	委托有资质单位处置
	水淬渣	烟化炉、顶吹沉没炉富集工序	51054.69	渣场暂存
精锡制造部	残极渣	粗锡熔炼工序	72.00	返回电炉作为炼锡的原料使用
	残阳极	粗锡电解工序	3600	返回电炉炼锡
	阳极泥	粗锡电解工序	18750.00	作为提银、铜工序的原料使用
	熔化炉废渣	锡熔化过程	60.00	返回电炉作为炼锡的原料使用
	真空炉废渣	真空炉炼铅工序	40.00	返回电炉作为炼锡的原料使用
	中和渣	反萃液中和工序	108.00	
	含锡渣	反萃液置换工序	19.20	返回电炉作为炼锡的原料使用
综合回收部	阳极泥	海绵铟电解工序	15.04	作为提银、铜工序的原料使用
	烟尘	焙烧烟气净化工序	855.36	
	脱铜渣	二次酸性浸出工序	17496.36	返回电炉作为炼锡的原料使用
	脱硫渣	烟气脱硫工序	178.00	委托有资质单位处置

3.1.2.4　锡冶炼企业 D

公司是一个大型的综合性冶炼厂，建有锡、锌、铟三大冶炼系统。自建成投产后，生产能力逐年提高，锡系统年生产能力已达 17000t，锌、铟系统年生产能力也分别达到了 55000t 和 80t。

公司锡冶炼系统采用流化态焙烧—奥斯麦特炉还原熔炼—烟化吹渣—火法精炼工艺流程。

（1）生产工艺

锡冶炼系统生产工艺流程及产污环节见图 3-16。

工艺流程简述如下。

1）焙烧

锡精矿进入沸腾炉焙烧，采用流态化沸腾焙烧炉焙烧，使锡精矿中的氧化锡转化为焙砂，产生的烟气经电收尘后得到的烟尘去奥斯麦特炉熔炼。焙烧及废气处理过程中产生焙烧烟气、备料废气、机械噪声、双碱渣。

2）熔炼

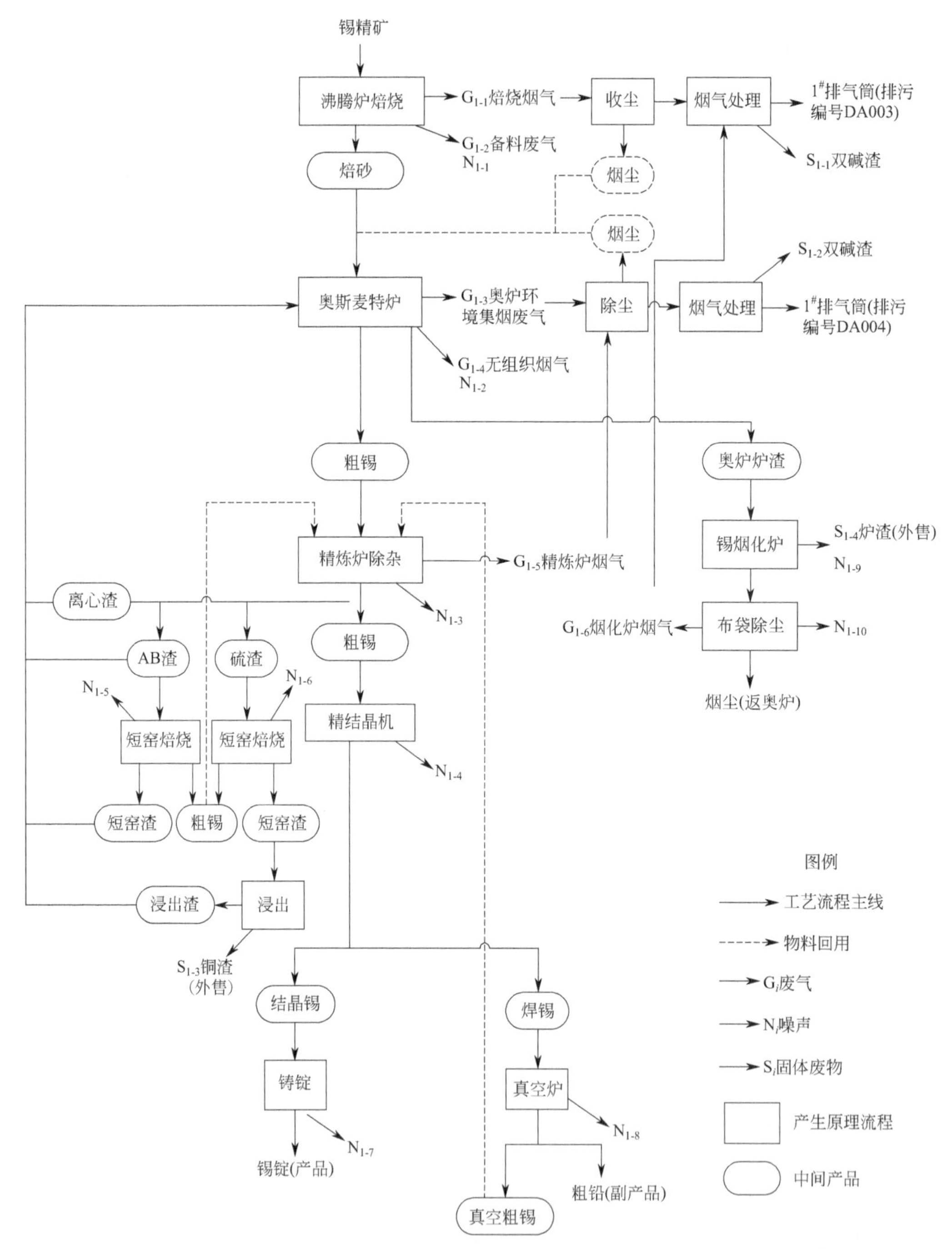

图 3-16　锡冶炼系统生产工艺流程及产污环节

产生的焙砂进入奥斯麦特炉熔炼得到粗锡，粗锡进入精炼锅除杂，炉渣去烟化炉回收有价金属。熔炼以及废气处理过程中产生奥炉环境集烟烟气、无组织烟气、机械噪声、双碱渣。

3）精炼

奥炉粗锡经过精炼炉进行除杂得到粗锡，副产物离心渣、AB 渣、硫渣。离心渣回奥斯麦特炉熔炼，AB 渣、硫渣经短窑焙烧、浸出后回奥斯麦特炉熔炼。精炼及副产物处理过程中产生精炼炉废气、铜渣、机械噪声。

4）再结晶

粗锡再经结晶机结晶得到结晶锡。再结晶过程中产生机械噪声。

5）铸锭

结晶锡再进行铸锭，得到成品锡锭，副产物为粗铜。再结晶过程中产生机械噪声。

6）炉渣处理

奥斯麦特炉炉渣送锡系统回收锡。烟化炉回收锡过程中产生烟化炉废气、炉渣、机械噪声。

（2）污染防治情况

1）废气污染防治情况

公司现有 7 个主要排放口，其中，1#、2# 排气筒为锡系统的排气装置。所有的烟气均经过布袋除尘+湿法脱硫后排放。

2）废水污染防治情况

主要水污染源有滤布清洁废水、喷淋塔废水、稀酸废水、公用部分产生的设备清洗废水、车间地面清洗废水、办公生活污水。公司的废水处理系统分为 3 个层次，分别为废水循环冷却系统、车间一级污水处理站和厂二级污水处理站。锡系统废水以及厂区生活污水汇入厂二级污水处理站，经处理达标后排放。

3）固体废物处理处置情况

① 双碱渣：每年产生量为 3225t，在厂内堆存。

② 铜渣：每年产生量为 120t，委托处置。

③ 炉渣：每年产生量为 6081t，委托处置。

3.2 锑行业主要生产工艺及产排污节点分析

3.2.1 锑采选行业主要生产工艺及产排污节点分析

3.2.1.1 锑采选企业 A

公司已经发展成采矿、选矿、冶炼三大产业。采矿部分包括南、北两个选厂（即南矿选矿生产线和采选厂选矿生产线），采、选能力基本平衡。冶炼部分有锑冶炼厂、精细冶金厂。

（1）生产工艺

1）采矿

采选厂（北矿）各采矿方法比重如下：普通房柱法 43%；胶结充填法 32%；杆柱砂浆充填法和杆柱房柱法 25%。

矿山提升系统采用矿石提升竖井（2 号）、行人竖井（1 号）及斜井提升系统，矿石及废石通过 2 号竖井提升运输到 682m 后，直接将矿石放矿到选厂。井下中段运输采用平铺 600mm、15kg/m 的轨道，中段运输采用架线式电机车牵引 1.2m^3 矿车。材料主要通过斜井运输。废石主要用于充填。

南矿各采矿方法比重如下：胶结充填法 72%，杆柱砂浆充填法 20%，杆柱房柱法和普通房柱法 8%。

矿山提升系统采用矿石提升竖井（2 号）、行人竖井（1 号）及斜井提升系统，矿石及废石通过 2 号竖井提升运输到 682m 后，直接将矿石放矿到选厂。井下中段运输采用平铺 600mm、15kg/m 的轨道，中段运输采用架线式电机车牵引 1.2m^3 矿车。材料主要通过斜井运输。废石主要用于充填。

采矿工艺流程及产污节点见图 3-17。

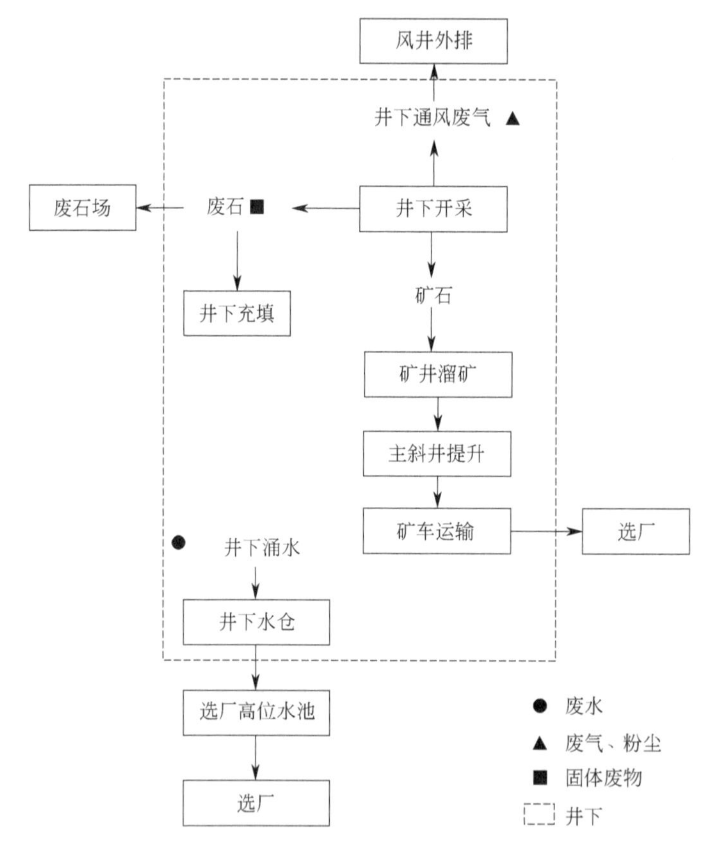

图 3-17 采矿工艺流程及产污节点

2）选矿

① 采选厂（北矿）选矿。采选厂（北矿）选矿方法采用浮选-重选联合工艺，采选厂处理矿石为硫氧混合锑矿，采用抛尾，先重选再浮选工艺。

Ⅰ. 破碎、手选。原矿经二段一闭路的破碎流程，得到高品位青砂和低品位花砂，青砂直接出厂，花砂再进破碎系统；－28～＋18mm 粒级进行细碎构成闭路碎矿，其产品连同原矿中－18mm 级别一并进入重浮选作业。

Ⅱ. 重选。重选开始用三级跳汰，即－18～＋8mm、－8～＋2mm 和－2～＋0mm 回收混合精矿，－18～＋8mm 及－8～＋2mm 级别跳汰尾矿经单螺旋脱水后再进行一次跳汰，选收混合精矿；所有跳汰尾矿都进入双螺旋分级机脱水，返砂进行磨矿浮选回收其中的硫化锑矿。

Ⅲ. 浮选。磨矿采用一段闭路流程，浮选原矿品位约为 3%（包括洗矿矿泥），浮选流程为一次粗选、二次扫选、二次精选。主要回收硫化锑矿，得到品位为 30% 的精矿，浮选尾矿中残留的大量氧化锑用摇床回收。

采选厂（北矿）选矿工艺流程见图 3-18。

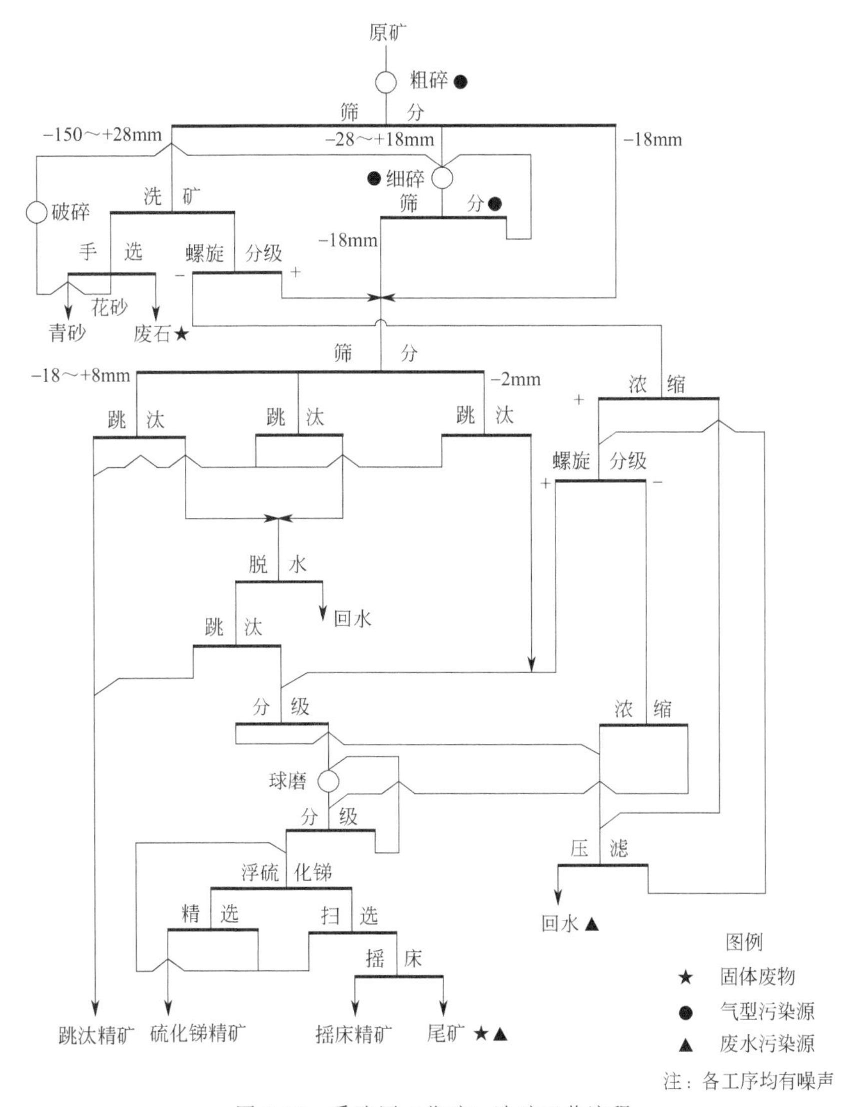

图 3-18 采选厂（北矿）选矿工艺流程

② 南选厂选矿。选矿方法采用浮选-重选联合工艺。南选厂处理的原矿石以硫化锑矿为主，抛尾后，先浮选再重选。

Ⅰ. 破碎、手选。原矿首先经过粗碎工序，粗碎工序产生的粉尘用除尘器收集，粗碎后的矿石进行筛分，筛上物中的青砂直接进入冶炼厂处理，花砂进入细碎工序，废石输送至废石堆场存放；筛下物进入磨浮系统，洗矿矿浆直接进入浮选前的搅拌桶。

Ⅱ. 浮选。花砂和筛下产品经细碎磨矿分级后进入浮选系统，浮选流程为一次粗选、三次扫选、三次精选，浮选药剂包括黄药、乙硫氮、松油、煤焦油、硝酸铅，浮选得到硫化锑精矿，浮选尾矿采用摇床重选获得氧化锑精矿。选矿尾矿经分级后粗粒用于井下充填，细粒尾砂及选矿废水输送至尾矿库。

南矿选矿工艺及产污节点见图 3-19。

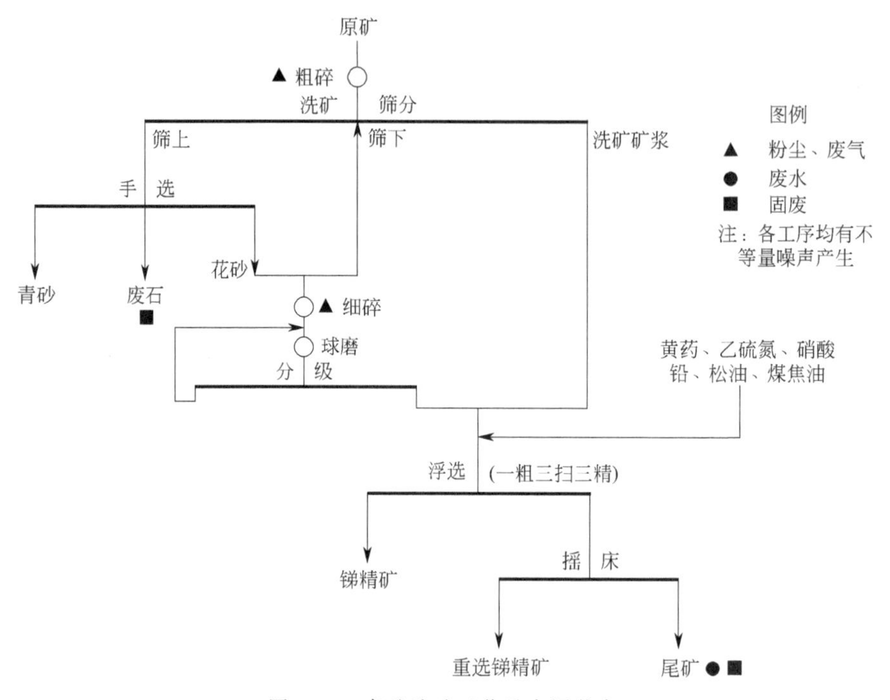

图 3-19 南矿选矿工艺及产污节点

（2）污染防治情况

1）采矿井下水污染防治情况

① 采选厂（北矿）。目前，矿山已开采到了比较大的深度，井下涌水已基本稳定，采选厂开采至＋440m 标高（5 中段），正常涌水量为 3000m^3/d，丰水期最大涌水量为 6000m^3/d。矿井水经沉淀后大部分用作井下用水、选矿用水及冶炼厂用水，剩余部分处理后外排。

② 南选厂。目前，南矿区已开采至－70m 标高（23 中段），井下涌水已基本稳定。南矿正常涌水量为 5000m^3/d，丰水期最大涌水量为 7000m^3/d；在 15 中段及 9 中段设有主水仓，中段水仓容积在 1000～2000m^3，矿井水从各中段水仓抽排至主水仓后，大部分抽排至 378m 标高水池作为选矿、矿井井下工业用水，少部分处理后外排。

2）选矿废水污染防治情况

目前，公司选矿过程产生的废水都经收集、沉淀处理后回用，基本无废水外排。尾矿库溢流水大部分也回用于生产过程，只有少部分经处理达标后外排。

3）废石和尾砂处理处置情况

① 采选厂（北矿）。采选厂废石场位于选厂南面，占地面积约 10000m^2，采选厂采矿废石全部井下充填，选矿每年产生 8×10^4t 废石，其中 3×10^4t 充填，5×10^4t 去废石场。

采选厂尾矿产量约为 9×10^4t/a，其中：粗粒级尾砂约 5×10^4t/a，用于井下充填；细

粒级尾砂 4×10^4 t/a 输送至尾矿库堆存。

② 南选厂。南矿废石场位于选厂东面，容积约 $1.35\times10^6 m^3$，设计服务年限为 12 年，其废石主要是井下废石和选矿废石。井下废石经南矿 2 号竖井提升至地面，再经废石皮带运输至排土场，年废石量 5×10^4 t；选矿厂废石量每年 1.0×10^5 t，经皮带运输至排土场。合计全年新增废石量 1.5×10^5 t。废石场下沿建有挡石墙，少量废石汽车外运用作修路及建筑材料。

南选厂尾矿产量约为 1.6×10^5 t/a。其中粗粒级尾砂约 1.0×10^5 t/a，用于井下充填；细粒级尾砂 6×10^4 t/a，输送至尾矿库堆存。

3.2.1.2　锑采选企业 B

公司日采选能力发展为 300t，年冶炼能力为 3000t，工艺流程达到了机械化的生产水平，采用国际先进的自热氧化间接法三氧化二锑生产工艺，成功完成了年产 7200t 优质高纯三氧化二锑生产线改扩建工程，并得以顺利竣工投产。

（1）生产工艺

1）采矿

采矿方法采用上向进路充填采矿法。

① 采准工作。采准工作包括掘分层巷道、分层联络道、回风井及放矿溜井等工作，根据矿山实际情况，除回风井布置在上盘外，其余工程均布置在矿体下盘。首先自中段运输巷掘斜坡道与上中段相连，以便装运机通行、人行、通风及材料的运行。在中段运输巷以上每隔 12m 设一个分段运输巷与斜坡道相连。回采进路与分段运输巷间采用联络道与之相连，每个分段服务于 3 个分层，分层联络道根据本矿山装运设备情况，坡度控制在 8%以内。一个矿房布置一个回风充填井，回风充填井布置在矿房中央，与上中段充填穿脉相连，回风充填井下段随分层回采逐渐消失，在未充填时，回风充填井内布置软梯，以便人员的撤离，充填时，再将软梯取走。放矿溜井布置在矿体下盘，溜井倾角需大于 50°。

② 回采工作。由于矿山生产规模不大，凿岩时，采用矿山已有 YTP-26 型凿岩机，进路规格一般为（4×4）m^2，当回采边界进路时，其宽度可根据矿体变化情况和围岩稳固程度及时做相应的调整。回采第一步骤时，可先采用（2.5×2.5）m^2 的规格回采，之后再扩帮挑顶至设计尺寸。

回采第二步骤时，由于进路旁为胶结充填体，帮眼应距充填体约 0.6m，并应减少装药量，以免震松及震塌充填体。

装药采用人工装药，爆破时为保证进路整齐，采用光面爆破及使用弱性炸药等措施。

出矿采用 CG-12 型装运机运输至下盘矿石溜井，矿石溜井放矿采用振动放矿机。出矿完成后必要时在工作面安装锚杆，锚杆长 2.5m，间距 1.5m，或安装钢筋条网护顶，如此循环，一直到该进路全部采完为止。

③ 充填方法。采用上向充填法开采，可有效利用早期开采过程中产生的废石，采用干式充填法，充填料为原有废石以及配套选厂的尾矿渣。

将原有废石堆场作为充填料场使用，由于废石均为小块状，不需通过破碎处理，可直接作为充填料使用，通过挖机以及运输车辆可将原有废石场内废石清运至巷道口。

2）选矿

选矿分破碎、筛分、球磨、浮选工段。破碎分一级破碎和二级破碎，破碎粒径小于25mm；球磨系统由两台球磨机、分级机、砂泵、高频细筛、旋流器组成，首先由格子球磨机粗磨，然后由分级机分级，分级后产品进入二道球磨，二道球磨产品进浮选机，浮选系统由三台浮选机分三级浮选。浮选后分成锑精矿和尾砂，锑精矿经浓密机和压滤机后得锑精矿产品，尾砂和压滤废水一起进入回水利用系统进行过滤处理，过滤澄清的尾水返回选矿工艺使用，过滤后的尾矿砂90%直接汽车运走到采矿区作为充填料，为防止尾砂流失、外溢造成环境污染，不设置临时堆场，做到日产日清，剩余10%尾矿通过尾矿输送管进入尾矿库储存。

选矿工艺流程及产污节点见图3-20。

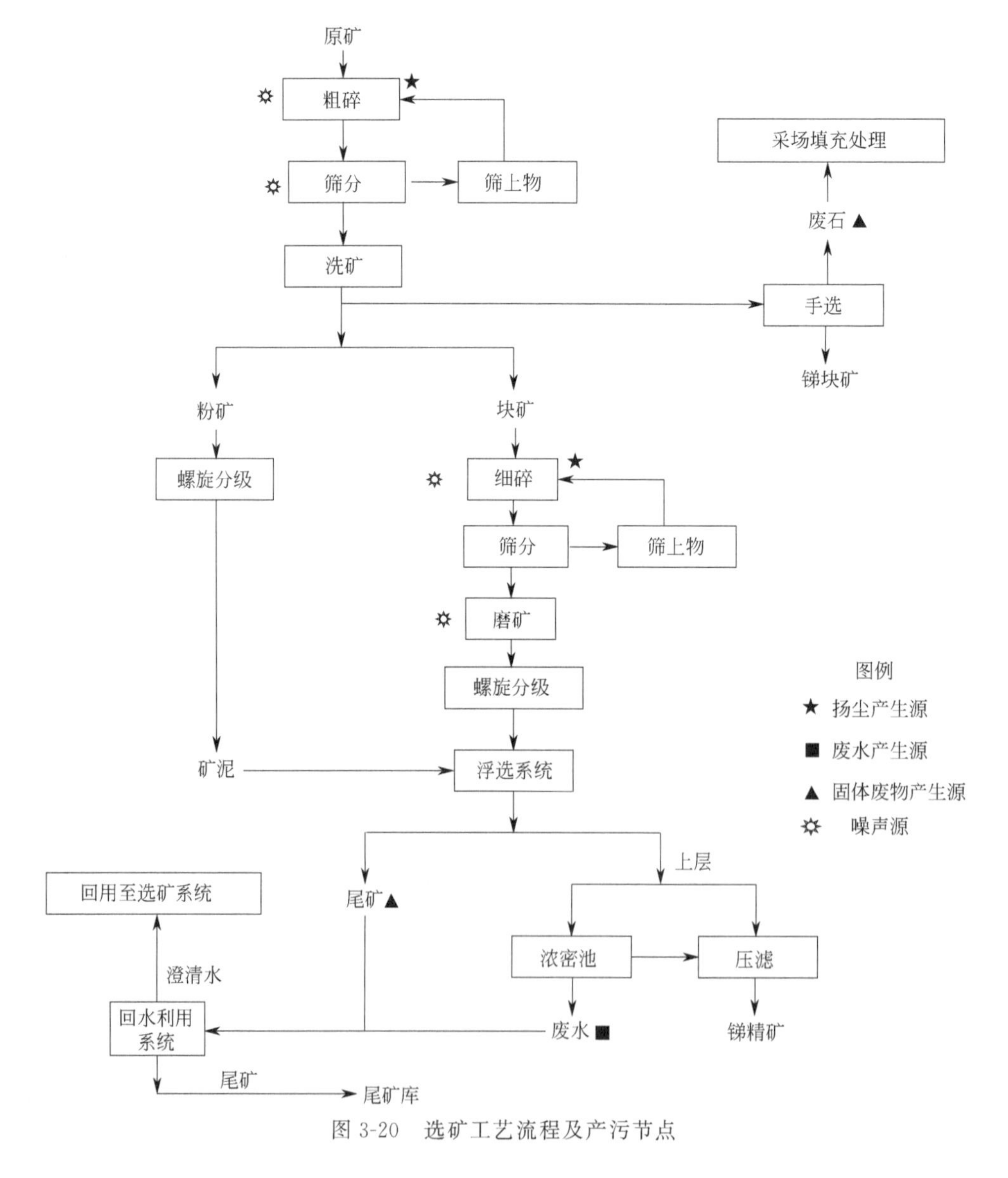

图3-20 选矿工艺流程及产污节点

（2）污染防治情况

1）废水治理措施

① 矿井涌水。随着矿山采空区的逐步扩大，矿山开采期间最大雨季涌水量为 $2980m^3/d$，旱季涌水量为 $815m^3/d$。作为矿山配套选厂生产用水使用，不外排废水。

② 选矿废水。选矿废水主要包括精矿浓密水、尾矿浓密水。

锑精矿最终水分要求为不超过12%，设计采用浓缩过滤二段脱水工艺。锑精矿最终水分约为10%，精矿浓缩水回用量为 $209.1m^3/d$，精矿浓密水中主要含悬浮物、重金属（锑、锌、铅等）及硫化物，浓密水目前统一进入尾矿库后回用于选矿。

2）固体废物治理措施

① 废石。不再对外清运废石，原有废石堆场内废石也将逐步清理，废石将作为采区充填原料。

② 尾矿。选厂生产产生的尾矿集中堆放在尾矿库。尾矿库总库容97万立方米，设计服务年限为19年。采用充填法采矿后，将约90%的尾矿运至采矿区作为填充料使用，剩余10%的尾矿排入尾矿库。

3.2.1.3 锑采选企业C

公司目前已发展成集金、锑等有色金属矿的探、采、选、加工及销售为一体的国有矿业企业。本部选矿处理能力800t/d。公司本部设有三个工区、选厂以及机修车间五个直属生产单位。

（1）生产工艺

1）采矿

采矿工艺流程及产排污节点见图3-21。

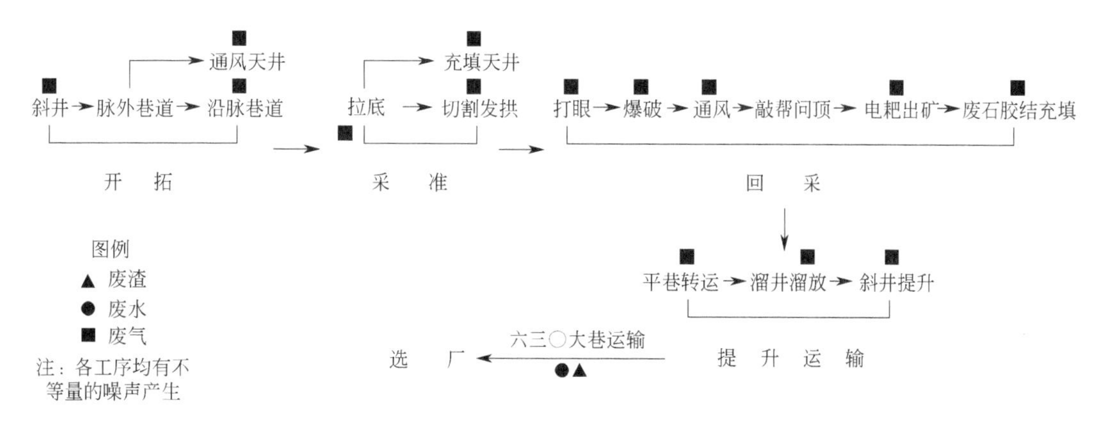

图3-21 企业采矿工艺流程及产排污节点

① 开拓系统。矿山采用平硐-盲斜井联合开拓，中段高度一般为40m，主要有630m、735m、800m、880m、907m、930m等平硐，630～270m、470～270m、800～630m、710～800m、735～625m、800～880m、800～907m等斜井。630m、735m、800m、880m、907m、930m等中段平硐与地表相通，其余为盲中段。630m中段为主要运输中段，设平行双平硐（平硐间距10m），630m以上中段的矿石及充填多余的废石均通过溜井下放至630m中段，下部270～630m中段的矿石、充填多余的废石也通过盲斜井提运至630m中段，矿石、废石到630m后通过630m平硐用架线式电机车运至选厂矿仓或废石场。

790m 工区和砂子坑工区 800～630m 中段通过盲斜井与 630m 工区 630m 中段相贯通。630m 工区 1# 主斜井和 1# 副斜井都开拓到 270m 中段，1# 主斜井和 1# 副斜井在 470m 中段和 270m 中段有贯通。1# 主斜井主要用于提升矿石和废石，1# 副斜井主要用于下放材料和行人。在 470m 中段有 2# 副井通往 270m 中段，主要用于提升矿石、废石和工人。中段运输巷布置采用脉外布置。

② 开采方法。矿山主要采用干式充填法（部分采用浅孔留矿法）。充填法采场沿脉布置，长度 50～60m，人工假底，假巷采用块石砌筑，留顶柱 3m、间柱 3m。充填井布置在采场中部（脉外），上部中段的掘进废石通过充填井下放到采场进行充填。采场两端用木材顺路架设人行井和溜矿井，采场的矿石搬运用 15kW 电耙耙运。

凿岩作业：采场使用 YSP-45 型钻机上向打孔，巷道掘进采用 YT-28 型钻机；爆破作业采用 2# 岩石炸药，电子雷管起爆。

2）选矿

选矿工艺流程及产排污节点如图 3-22 所示。按功能划分，整个选矿流程可以划分为破碎、磨矿、浮选和脱水四个单元。其中破碎和磨矿工序有两个系统，分老系统和新系统；

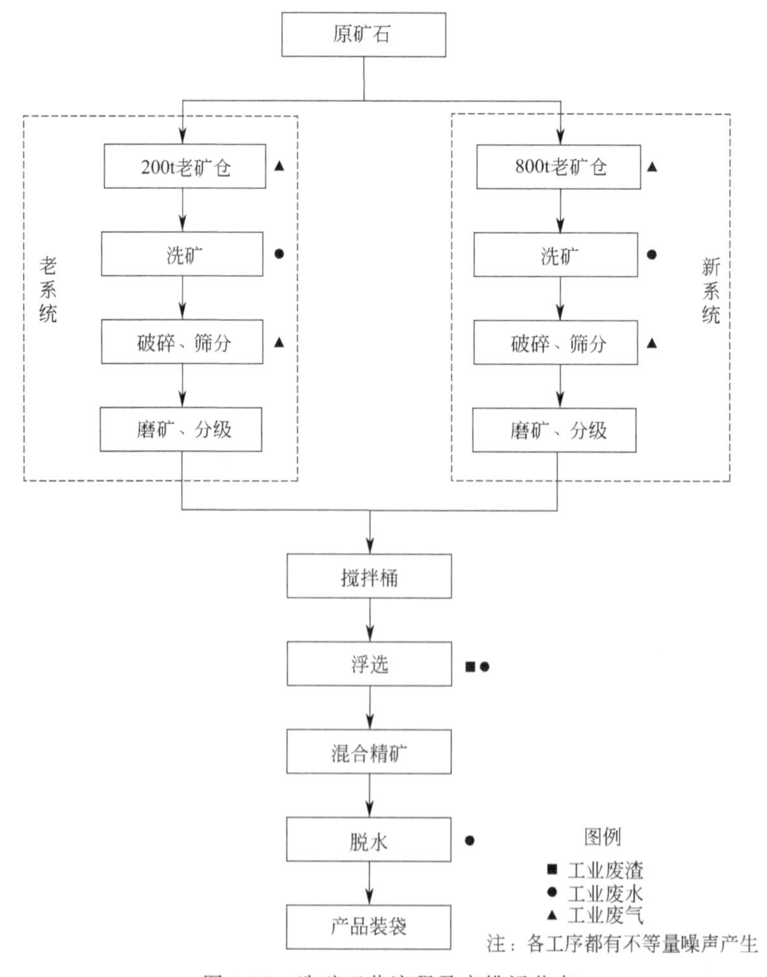

图 3-22 选矿工艺流程及产排污节点

两系统工艺流程完全一致，只是设备型号不一样。矿石进行破碎之前先洗矿，洗矿水进入9m 浓密池处理。两个系统破碎、磨矿得到的矿浆进入搅拌桶调浆，然后进入浮选车间浮选，得到的混合精矿经陶瓷过滤机脱水后，由自动装袋机包装。破碎采用二段一闭路和洗矿流程，破碎最终粒度为－16mm，磨矿细度为－200 目占 70%，浮选采用部分优先混合浮选流程，一次粗选，两次精选，三次扫选，获得金锑混合精矿，精矿经浓缩过滤二段脱水，最终精矿含水 13%左右。在破碎、筛分工序有无组织粉尘产生，在浮选过程产生的选矿废水和尾矿砂通过管路输送至尾矿库。

（2） 污染防治情况

1） 废水污染防治情况

主采区井下水收集、集中排放到选厂高位水池，供选矿生产使用，最终进入尾矿库澄清，经尾矿水处理站处理后排放。

2） 固体废物处理处置

固体废物包括采矿废石、尾矿。废石部分作为井下充填材料，废石充填利用率为25%，其余输送至废石堆堆放。尾矿通过 2500m 涵洞输送至尾矿库。

3.2.1.4 锑采选企业 D

公司是国内重点黄金矿山。公司拥有地质勘探、采矿、选矿、冶炼、精炼、深加工、运输、机械修造、矿山开发设计、环保治理等矿山开发配套体系和深度延伸的产业链，拥有黄金提纯 30t/a、精锑冶炼 27500t/a、多品种氧化锑 20000t/a、仲钨酸铵 3000t/a 的生产能力。

（1） 生产工艺

1） 采矿

矿山地下开采，采矿方法为：坑口 1 的“削壁充填采矿法”“倾斜分条块石胶结充填采矿法”“普通浅孔房柱法”；坑口 2 的“倾斜分条块石胶结充填采矿法”。回采留下的矿柱等残矿通过进路式开采进行回收利用。

① 坑口 1。矿区开采方式为地下开采，采用竖井＋斜井＋平硐联合开拓。0 平（平硐）标高为＋240m，1 平、2 平、3 平中段高度均为 30m，7 平中段高度为 35m，其他中段高度均为 25m。目前矿山采用盲斜井（V3、V7 盲斜井）开拓，两条地井均已服务到42 平（－760m），其年提升能力分别为 40～45kt/a。

各中段矿岩经电机车运至各中段卸矿（岩）口，通过溜井系统分别下放至 1 号主斜井9 平、18 平，2 号主斜井 27 平、30 平、34 平的主斜井装矿站，再从各装矿点装车，由主斜井箕斗提升至地表的矿石仓和废石仓。矿石通过皮带运输至选厂，1 号副井（竖井）专门用于人员上下，2 号副井用于运送材料和设备，3 号副井用于运送材料、设备及人员，3号暗井目前运送材料及设备。

② 坑口 2。坑口采用底盘斜井开拓，目前已开拓形成＋175～－200m 共 17 个中段，工区阶段高度为 20～25m，其中＋175～＋50m 中段已回采结束，但仍有＋110m、＋90m

中段进行残采，+25～-75m 五个中段为目前生产中段。工区东西两翼均开拓有回风井兼行人安全出口。

坑口采用多级斜井提升和电机车运输。主斜井采用单钩三串车组提升，用于提升矿石，下放充填料，并铺设风水管道和电缆，主斜井卷扬机型号为 GKT2×1.5-20，电机功率 150kW，年提升能力 100kt。卷扬机房设置于地表，矿石提升出井后在 272m 水平卸入容积 600t 的边坡矿仓，在 248m 水平采用汽车装载运至选矿厂，废石倒入溜井下至各中段供充填采空区用，少量废石提升至地表废石场。

采矿工艺流程及产污节点见图 3-23。

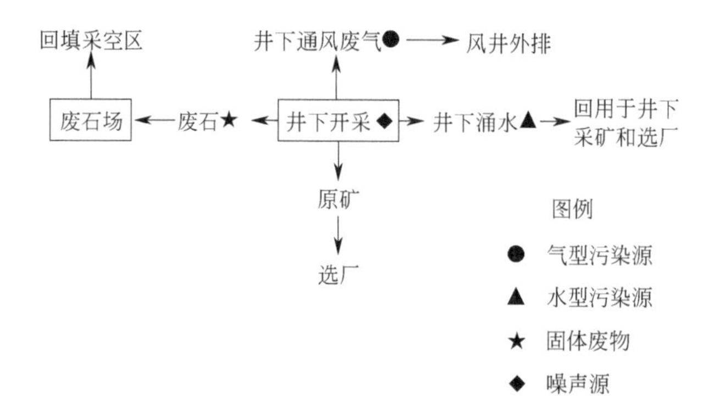

图 3-23 采矿工艺流程及产污节点

2）选矿

① 破碎流程。采用两段一闭路+洗矿手选破碎流程。原矿先经 C80 颚式破碎机粗碎，产品进三层圆振动筛筛分、洗矿，筛上物料经手选抛废后进入 HP200 圆锥破碎机破碎后返回振动筛成闭路，最终破碎产品粒度为-16mm。

② 第一段磨矿、重选流程。采用 Φ1530 棒磨机与螺旋分级机组成闭路，分级机溢流粒度控制为-0.45mm 占 80%。重选采用 6S 摇床。重选的主要目的是回收已单体解离了的自然金和钨矿物。棒磨分级机溢流经粗选摇床选别得到金精矿、中矿、尾矿，金精矿经提金间摇床精选得高品位金砂，经湿法除杂后得合质金，送精炼厂提纯精炼。粗选摇床中矿再用一台摇床复选，得金精矿和复选尾矿，金精矿进提金间精选。复选尾矿和提金间精选摇床尾矿合并进行浮选作业，浮选得粗粒金锑混合精矿。该作业添加的浮选药剂有硫酸、氟硅酸钠、MA-3、煤油。浮选尾矿进入槽浮摇床作业，通过摇床脱硅后得高品位黑白钨混合精矿。

③ 第二段磨矿、浮选流程。重选段尾矿合并进入第二段磨矿、分级作业，采用 Φ2736 球磨机与 FG1500 单螺旋分级机闭路，控制分级机溢流粒度为-0.074mm 占 76%～78%，分级机溢流进选锑作业，经一粗二精三扫得锑金精矿，选锑扫选尾矿再进行白钨浮选。锑金浮选得锑金混合精矿，白钨浮选得白钨粗精矿。

选矿厂工艺流程见图 3-24。

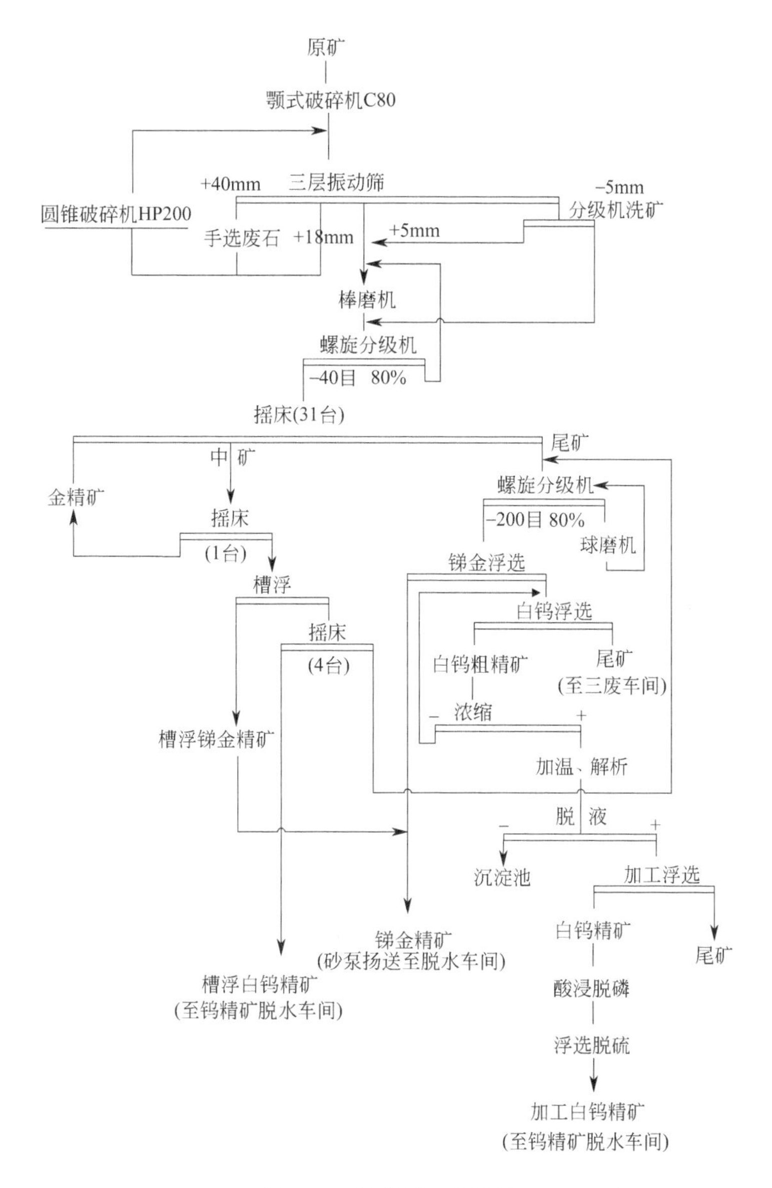

图 3-24　选矿厂工艺流程

（2）污染防治情况

1）废气污染防治情况

公司的主要气型污染源为井下采矿废气、选厂破碎和筛分产生的粉尘等。

① 井下采矿废气。矿山废气主要来自井下通风产生的废气，专用回风竖井排出量约 $74m^3/s$，废气中主要污染物为粉尘。井下采用湿式凿岩、洒水喷雾除尘、水封爆破等措施，以抑制粉尘浓度。

② 破碎、筛分粉尘。在选矿过程中矿石破碎、筛分将产生粉尘，其粉尘产生量取决于矿石的湿润程度，矿石越湿润，产尘的粉尘量越小，反之则较大。公司矿石破碎筛分时洒水抑尘，球磨采用湿式球磨机，可有效降低粉尘无组织排放量。矿石破碎、筛分粉尘采

用水膜除尘器处理后排空。

2）废水污染防治情况

企业主要水型污染物包括井下涌水、选矿废水等。

① 井下涌水。井下涌水一部分用于井下采矿，一部分输送至选厂使用，剩余涌水经沉淀池沉淀＋石灰絮凝处理后达标外排。

② 选矿废水。选厂产生的选矿废水主要有洗矿原生溢流水、浓密水、溢流水和地面冲洗水。废水经统一收集后全部汇入尾矿库。

3）固体废弃物处理处置

废石用于井下充填。尾矿进入尾矿库贮存。

3.2.1.5 锑采选企业 E

公司是集锑矿勘探、采选、冶炼为一体的联合企业。矿山为地下开采，选矿为手选＋浮选，冶炼厂以自产锑精矿为原料经鼓风炉、反射炉生产锑锭。采选规模为 2.1×10^5 t/a（采矿规模 700t/d，手选能力 200t/d，选厂浮选处理能力 500t/d），冶炼规模为年产锑锭 6000t。

（1）生产工艺

1）采矿

① 开拓方式：采用明斜井＋盲斜井联合开拓。

② 采矿方法：选用浅孔留矿采矿法。

矿井开拓运输系统方案为主斜井开拓，提升系统为明斜井，井口标高＋380m，提升上来的矿石直接卸矿进选厂原矿仓，设两个装矿点，位置分别在－150m 标高、－285m 标高，－150m 装矿点服务－150m 以上中段，－285m 装矿点服务－150m 以下至－250m 各中段。以 325 平硐为副井，副井井口标高＋325m，井下为三段盲斜井联合提升，主要下放人员、材料、设备，另担负废石提升作用，提升少量矿石。矿石运输采用“U”形翻斗矿车、轻便铁轨、机车运输，运输路线为：采场出矿—中段运输平巷—溜井—斜井提升—地表矿仓。

矿井通风系统为单翼对角抽出式，Ⅰ组通风系统服务至－250m 中段。Ⅱ组－25m 中段以上采取自然通风；在－115m 中段通风巷道内建一座风机房；在－115m 中段 7 线位置布置一条长通风平巷，联通Ⅰ、Ⅱ两个组。通过通风天井和通风平巷把Ⅱ组－25m 以下各中段工作面产生的污风和粉尘排到该通风平巷内，再由Ⅰ组 65m 中段辅扇、325m 中段主扇接力排出地表，最大限度地降低各工作区域的粉尘浓度。在独头掘进、通风不良的采场或其他作业点采用局扇通风。

采矿工艺流程及产排污节点见图 3-25。

2）选矿

选矿工艺生产过程包括：破碎筛分（含手选）、磨矿分级、配（给）药与浮选、精矿脱水和尾矿处理五部分。

① 破碎筛分流程。碎矿采用二段闭路破碎流程。原矿仓用 350×350 条格筛控制大块

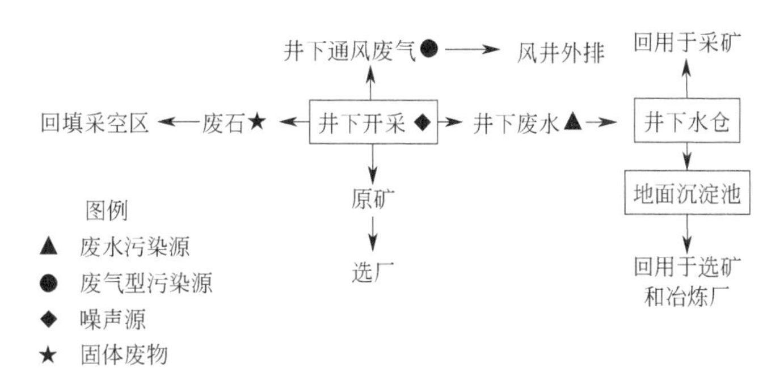

图 3-25 采矿工艺流程及产排污节点

粒度，原矿仓底部出矿用 GZ8 给料机放入 1# 皮带进入第一段破碎，破碎产品通过 2# 皮带合并进行筛分，筛上 +15～-50mm 产品通过 4# 皮带和筛上 +50mm 产品通过 3# 手选皮带拣出块矿与废石后共同进入缓冲矿仓，缓冲矿仓下采用 GZ5 电磁振动机和给料机出矿进第二段破碎，第二段破碎产品通过 2# 皮带返回筛分循环，筛下产品通过 5# 皮带直接进入细矿仓。

② 磨矿分级流程。选用 1 台 QSZΦ2700×3600 球磨机与 1 台 FLG-24 螺旋分级机形成闭路磨矿。控制磨矿浓度 75%，分级机溢流浓度 35%，最终磨矿粒度为 0.074mm 占 75%，分级机溢流直接进入浮选的 Φ2500 调浆搅拌桶。

③ 配（给）药与浮选流程。配药用搅拌桶，直接在给药点用管道阀门控制给药；浮选流程采用一粗二扫一精、中矿顺序返回流程，浮选药剂采用丁黄药、MA-1、硝酸铅和 2# 油。

④ 精矿脱水流程。锑精矿用砂泵送到冶炼厂旁边的浓密机+陶瓷过滤机脱水，控制精矿水分<12%进行冶炼，余水返回综合循环水池回用。

⑤ 尾矿净化流程。尾矿用砂泵输送到尾矿库堆存，尾矿水经过自然沉降后，先进入污水处理站调节池，再返回综合循环水池回用。

选矿工艺流程及产污节点见图 3-26。

（2）污染防治情况

1）气型污染源。主要气型污染源为井下采矿废气、选厂破碎和筛分产生的粉尘，以及尾矿库扬尘。

① 采矿。采矿废气主要为井下通风废气，即采矿通风井污风，主要成分为在坑内采掘作业面、凿岩爆破、矿岩装卸、放矿运输等作业过程中产生的矿岩粉尘等污染物。井下采用湿式凿岩、喷雾、洒水等抑尘措施，坑内采矿采用湿式作业方式，并在产尘点及通道加强洒水、喷雾，可有效降低坑内粉尘浓度。

② 选矿。选厂矿石破碎、筛分将产生粉尘，其排放量取决于矿石的湿润程度。矿石破碎筛分时采用洒水抑尘措施并安装了湿式除尘器。

③ 其他废气。尾矿库扬尘：选矿尾矿在尾矿库内堆存过程中会产生干滩，干滩在有风天气会产生扬尘，其扬尘程度受干滩面积、尾砂细度、尾砂干湿度的影响。尾矿库采用坝前放矿、人工筑坝的形式，目前尾矿库采用合理调节放矿口、在干燥有风天气洒水保持

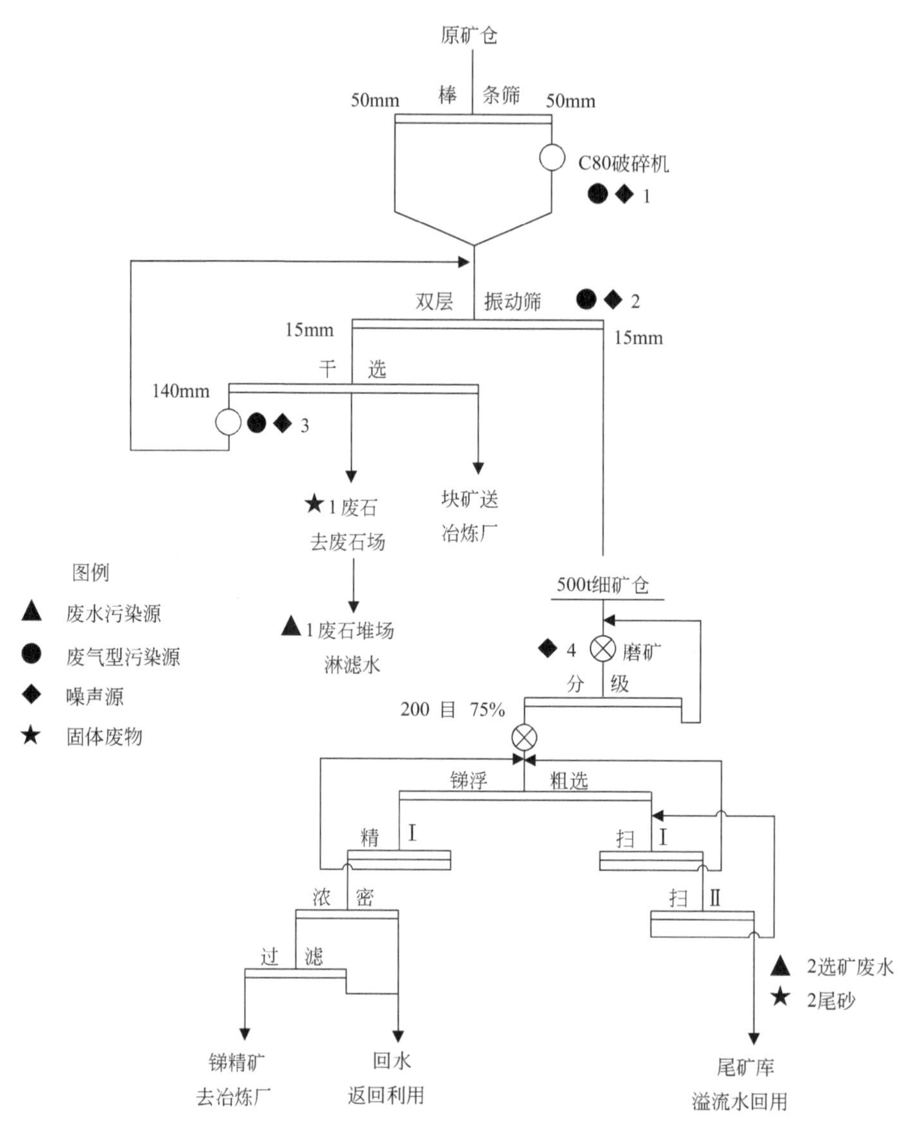

图 3-26 选矿工艺流程及产污节点

表面尾矿湿润等方法，尽可能减少扬尘的产生。

企业气型污染源产排污情况及控制处理措施见表 3-3。

表 3-3 企业气型污染源产排污情况及控制处理措施

序号	污染源	主要污染物	控制处理措施	污染物排放方式
1	井下通风废气	矿岩粉尘、CO、NO_x	湿式凿岩、喷雾、洒水等抑尘措施，同时设置通风除尘设施	经井下通风机排放
2	选厂破碎粉尘	粉尘	洒水、湿式除尘器	矿石破碎筛分时采用洒水抑尘措施，球磨为湿磨，并加装湿式除尘设施后排放
3	尾矿库扬尘	粉尘	洒水	堆存于尾矿库

2）水型污染源

主要水型污染源包括井下采矿废水、选矿废水。

① 采矿。井下采矿废水主要为坑道涌水，坑道涌水一部分用于井下采矿消耗，剩余排入地面沉淀池，供选矿和冶炼厂烟气间接冷却使用。正常生产情况下井下废水全部回用，不外排。

② 选矿

Ⅰ. 选矿废水。选矿废水经汇总后随尾矿由管道输送至尾矿库。废水在尾矿库自然沉清后的溢流水进入污水处理站的调节池，正常情况下可全部回用于生产，不外排。不能全部回用时，经污水处理站处理后达标排放。

Ⅱ. 地面冲洗水。选厂地面冲洗水取自循环水池，产生的废水返回循环水池，回用于选矿，废水不外排。

企业水型污染源产排污情况及控制处理措施见表3-4。

表3-4 企业水型污染源产排污情况及控制处理措施

工区名称	污染源	类别	主要污染物	处理措施	处理后走向及排放
采矿厂	井下涌水	工业废水	重金属	沉淀池	输送至选厂
选矿厂	选矿用水	工业废水	重金属、COD、SS	废水处理系统处理	回用或达标排放
	地面冲洗水	工业废水	重金属、COD	废水处理系统处理	回用或达标排放

3）固体废物

公司产生的固体废物主要有采矿产生的废石、选矿产生的尾砂等。

① 废石。正常生产期，采切工程产生的废石不出窿，主要为选厂手选废石，产生量57000t/a（190t/d）。废石临时堆存于废石场，逐步回填采空区。

② 尾砂。产生量约14.21×10^4t/a，通过管道排入尾矿库内堆存。

企业固体废物产排污情况及处理处置措施见表3-5。

表3-5 企业固体废物产排污情况及处理处置措施

序号	固体废弃物名称	来源	产生量	处置措施	去向	备注
1	废石	选厂手选	57000t/a	堆存于废石场	回填采空区	一般固体废物
2	尾砂	选厂选矿	14.21×10^4t/a	堆存于尾矿库	回填采空区	一般固体废物

3.2.1.6 锑采选企业F

公司是一个集有色金属采矿、选矿、冶炼生产和销售于一体的综合型企业。公司主要产品有精锑、三氧化二锑、无尘氧化锑、阻燃母粒、复合阻燃剂等，是集采、选、冶、深加工和销售于一体的企业，具备年产锑品20000t的生产能力。产品已通过ISO 9001国际质量体系认证，绝大部分销往国外。

（1）生产工艺

1）采矿

地下开采的锑矿山开拓方式以竖井为主，采用斜井、平硐联合开拓。

① 采掘系统。矿床开采顺序遵循自上而下、由边界向中央、位置方向后退式开采的原则。用 YT24 型凿岩机打孔，装岩石炸药，用电雷管起爆。放炮后用局部通风机压入式通风，30～60min 经安全检查后，出碴人员才能进入现场作业。

矿层与围岩分采分运，第一步开采上部围岩：采用抛掷爆破方式，尽量将围岩废石抛至采空区，然后人工将崩下的废石充填至采空区，每隔 1.5～2.0m 选用大块废石砌筑一道挡墙，并使墙面与底板水平间夹角小于 90°，墙内充以小块废石，多余废石用人工装车排出井下。第二步人工开采底部矿层。

为确保安全生产，在回采过程中，必须加强顶板管理。支护顶板围岩的方法是采厂留设 2m 的连续底柱和顶柱，保护运输斜巷和回风斜巷；采准巷道两侧砌筑人工垛柱（宽 1.5m×高 1.8m）接顶，支撑、保护巷道顶板；采空场内用废石充填接顶，维护顶板稳定。此外，在回采过程中，根据顶板围岩的稳固性，留不规则矿柱。如果矿体内矿石品位不均匀，则将夹石和贫矿石留下。

② 运输系统。矿石采用汽车运输，通过中段运输平巷、主斜井运至堆矿厂。

③ 给排水系统。在矿区 2 个工业场地各修建一个储水池，将山泉水引入池中，供矿区生活用。同时各修建一个矿井水处理池，将处理后的井下水引入池中，沉淀中和处理后，供井下消防防尘用。矿井采用斜井开拓，井下水可以通过平巷水沟、主斜井水沟流至工业场地井下水处理站。

④ 通风系统。矿山采用机械通风方式，通风方式为分区式。通风线路为：主（副）斜井新鲜风流→中段运输平巷→采场→中段回风巷→回风斜井→地面。

⑤ 供电系统。矿山主电源引自当地 10kV 电网，另配备一台 300kW 的柴油发电机组作为备用电源，以确保主电源发生故障时矿山的一级负荷用电。全矿用电设备共 31 台（件），运行设备 23 台（件），设备总容量 243.40kW，运行设备容量 168.40kW。选择一台 S9-200-10/0.4 型变压器供地面设备，选择一台 KS9-100-10/0.4 型变压器供井下设备。主斜井工业场地附近建设一个变压站，选择一台容量为 200kV·A、S9-200/10-0.4 型变压器供地面设备，变压器中性点接地；选择一台容量为 100kV·A 的 KS9-100/10-0.4 型变压器供井下设备，变压器中性点不接地。

采矿工艺流程见图 3-27。

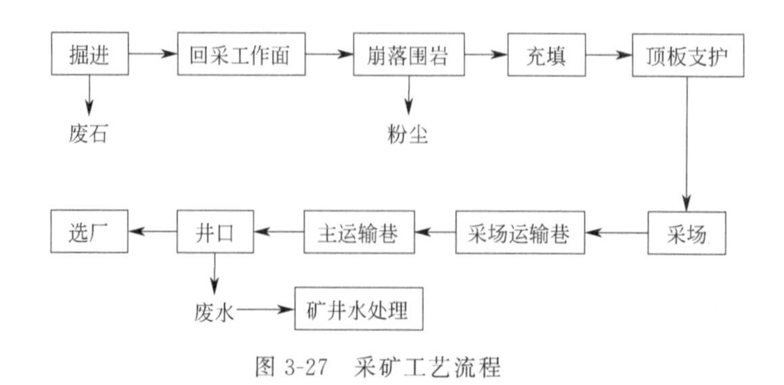

图 3-27 采矿工艺流程

2）选矿

选矿厂主要产品为锑精粉（品位56.05%），主要原料为锑矿石，由矿山供应。主要的生产过程为破碎、磨矿、浮选等。工艺流程见图3-28。工艺流程叙述如下。

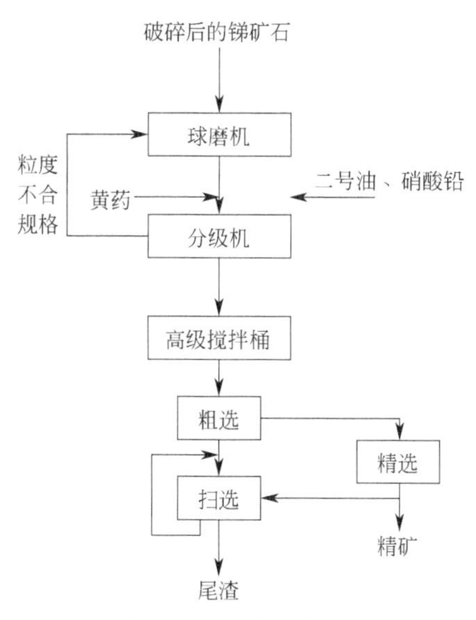

图3-28　选矿工艺流程

① 破碎、初选。从采矿厂来的原矿石进入原矿仓，然后通过板式给矿机进入一级颚式破碎机进行粗碎，将原矿石破碎到粒度100mm以下，经过粗碎的矿石经过1号皮带运输机进入二级颚式破碎机进行中碎，中碎的矿石粒度控制在60mm以下，经过中碎的矿石通过2号皮带运输机进入三级颚式破碎机中进行细碎，此时矿石粒度控制在30mm以下，然后通过3号皮带运输机进入粉矿仓。

② 磨矿、浮选。进入粉矿仓的矿石通过振动给料机及皮带运输机进入球磨机，通过加入钢制圆球，并按不同直径和一定比例装入球磨机的筒体内，筒体转动产生离心力将钢球带到一定高度落下，对矿石产生重击和研磨作用，完成球磨作业。将磨成粉的矿物通过分级机，不符合粒度要求的粉矿返回磨球机再一次进行研磨。符合要求的粉矿进入搅拌桶，加入捕收剂、活化剂和起泡剂以便进行浮选，分选后的粉矿进入浓缩池，经过压滤机去除水分后输送至精矿池储存。产生的尾矿进行反复浮选后送至尾矿库储存，此过程中的洗选水循环使用。

（2）污染防治情况

1）采矿废水

采矿场的废水主要是在采矿过程中地下水涌出流经锑矿石产生的含有重金属的废水（2240m^3/d）。

目前企业采用石灰＋絮凝沉淀对矿井水进行处理，将矿井水使用管道引到污水处理站，投加石灰进行处理后排放。

矿井水采用石灰法处理，工艺流程见图3-29。

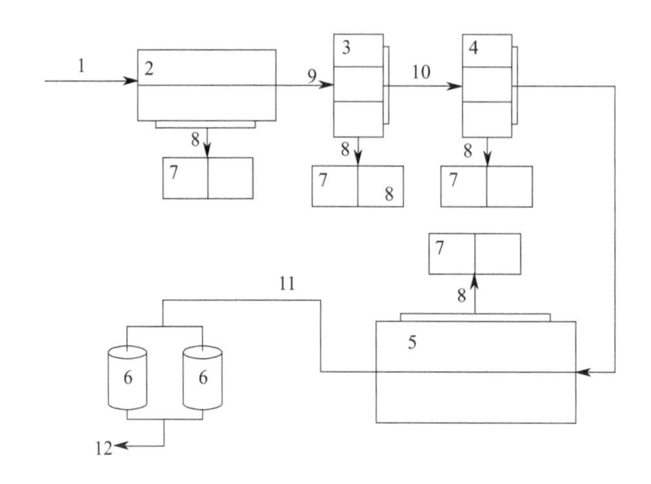

图 3-29 采矿废水处理工艺流程

1—矿山废水；2——级沉淀池；3—炭池；4—碳酸钙池；5—二级沉淀池；6—过滤器；
7—残渣池；8—残渣；9——级沉淀废水；10——级过滤废水；11—二级沉淀废水；12—最终排放水

处理步骤如下。

一级沉淀：将矿山废水加入一级沉淀池进行初沉淀，得到残渣和一级沉淀废水。

一级过滤：将一级沉淀废水依次加入滤池一 3、滤池二 4 进行过滤，得到残渣和一级过滤废水。

二级沉淀：将一级过滤废水加入二级沉淀池沉淀，得到残渣和二级沉淀废水。

二级过滤：将二级沉淀废水经过过滤器过滤后流出，得到净水。

2）选矿废水

选矿厂的生产用水主要是浮选用水，浮选水一部分进入浓缩工段，一部分为尾矿含水，所产生的废水都排入尾矿库。每年产生废水量约为 1.5×10^5 t，全部循环。

3）废石

采矿厂的废渣主要是在掘进过程中产生的废石。采矿场产生的废石规范堆放。

4）尾矿

选矿厂的固体废弃物主要是浮选后所产生的尾矿，每年产生的尾矿约为 1.0×10^5 t。目前企业的尾矿主要是运输到尾矿库进行堆存。

3.2.2 锑冶炼行业主要生产工艺及产排污节点分析

3.2.2.1 锑冶炼企业 A

公司已经发展成采矿、选矿、冶炼三大产业。采矿部分包括南、北两个选厂（即南矿选矿生产线和采选厂选矿生产线），采、选能力基本平衡。冶炼部分有锑冶炼厂、精细冶金厂。

（1）生产工艺

冶炼工艺包括配料制粒、鼓风炉挥发熔炼、反射炉还原精炼、烟气脱硫、砷碱渣处理等主要工序，其基本工艺流程及主要产污节点见图 3-30。

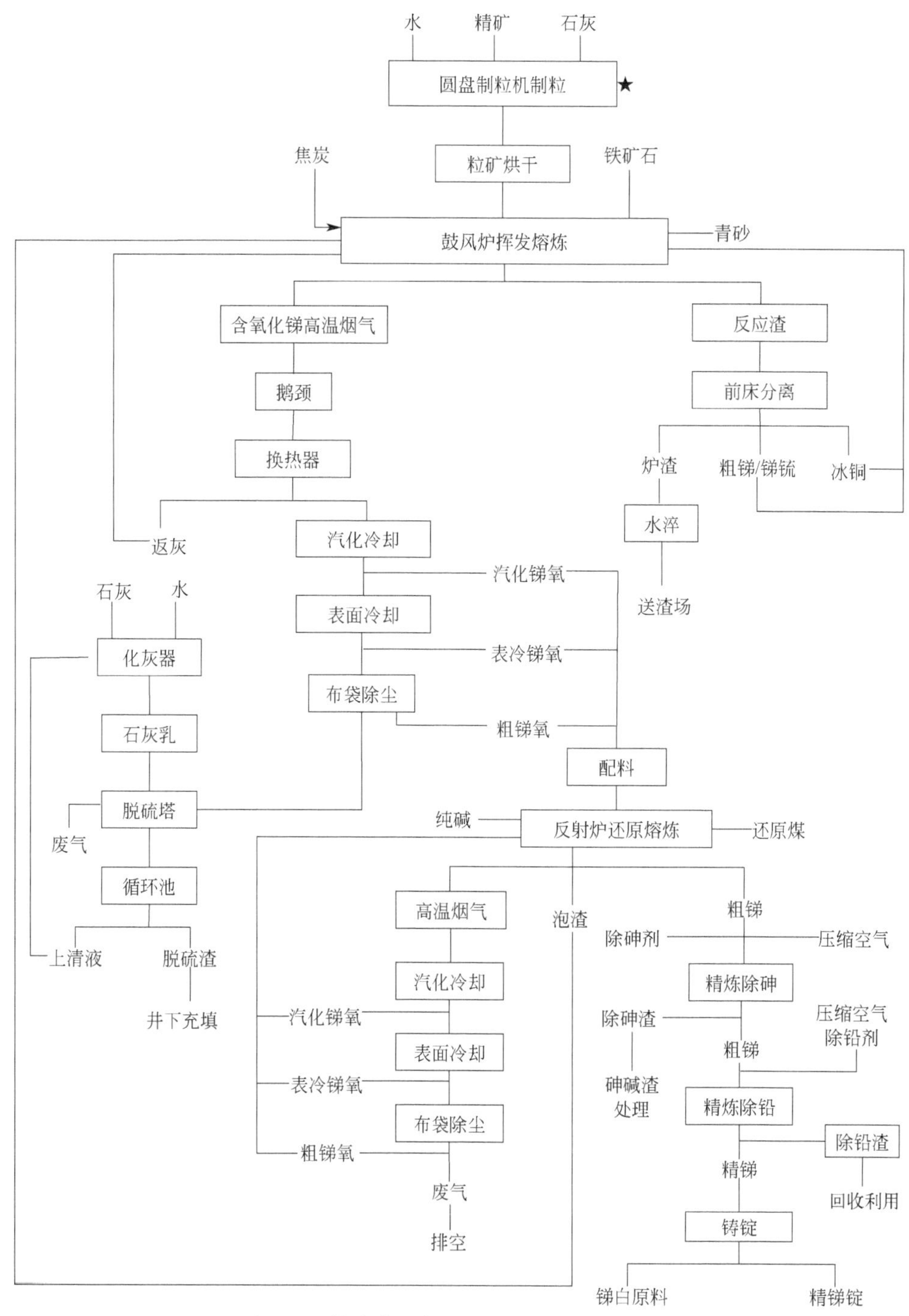

图 3-30　锑冶炼生产工艺流程及主要产污节点

（2）污染防治情况

1）冶炼废水污染防治情况

① 冷却水。冷却水包括设备冷却水、烟气冷却水以及精锑铸锭冷却用水；工程设备冷却水、烟气水冷冷却方式为间接冷却。冷却水用量约为 6000m^3/d，使用后的冷却水经收集、冷却后返回，全部循环使用。冷却水蒸发损耗量为 240m^3/d，循环量 5760m^3/d。

鼓风炉下方设有一个 $30m^3$ 的冷却水池，鼓风炉炉顶设有一个 $500m^3$ 冷却水循环水池，补充水主要采用井下水进行补充。

② 冲渣水。冲渣水主要用于鼓风炉炉渣的水淬，总用水量约为 $1050m^3/d$。冲渣过程中蒸发共消耗 $30m^3/d$，水淬渣带走 $12m^3/d$，冲渣废水产生量为 $1008m^3/d$，主要污染物为 SS。设有一个 $50m^3$ 的水淬渣池，冲渣水经冲渣沉淀池沉淀后循环使用，不外排。

③ 烟气脱硫废水。烟气脱硫总用水量为 $4625m^3/d$，其中循环量约 $4255m^3/d$，烟气脱硫系统补充水 $370m^3/d$，废水中主要污染物为 pH、SS 以及少量的 As、Sb。烟气脱硫系统配备 4 座 $20m^3$ 废水循环水池，脱硫废水经固液分离后全部循环利用，不外排。

④ 地面卫生水。锑冶炼系统地面清洗水的日用水量约 $10m^3/d$，产生冲洗废水 $8m^3/d$，主要污染物为 SS、Sb、As 等。该地面冲洗水经车间废水收集管道收集后排往废水处理站，处理后回用。

2）冶炼烟气污染防治情况。鼓风炉和前床产生的烟气处理措施为：火柜冷却＋风冷＋水冷＋表面冷却＋布袋除尘＋碱液湿法脱硫＋烟囱排放。脱硫塔后设置了在线监测系统，在线监测因子为烟尘、SO_2。反射炉产生烟气处理工艺为：水冷＋表面冷却器冷却＋布袋除尘系统除尘＋碱液湿法脱硫＋排气筒排放。

烟气除尘采用脉冲式布袋收尘方式，企业烟气脱硫系统采用的是双碱法脱硫工艺，即吸收液为 $Ca(OH)_2$，再生液为 $CaCO_3$。

3）冶炼废渣处理处置情况

企业固体废物产生情况及处置措施见表 3-6。

表 3-6　冶炼厂固体废物产生情况及处置措施

固废名称	处置措施
水淬渣	委托处置
反射炉砷碱渣	厂内处理综合利用
反射炉铅渣	回收利用
还原炉泡渣	返鼓风炉
脱硫石膏	委托处置

3.2.2.2 锑冶炼企业 B

公司日采选能力发展为 300t，年冶炼能力为 3000t，工艺流程达到了机械化的生产水平，采用国际先进的自热氧化间接法三氧化二锑生产工艺，成功完成了年产 7200t 优质高纯三氧化二锑生产线改扩建工程，并得以顺利竣工投产。

（1）生产工艺

公司冶炼工艺采用挥发焙烧＋还原熔炼工艺。

1）挥发焙烧工艺流程。粗炼工艺流程及产污节点见图 3-31。

① 备料配料。冶炼用的锑矿进厂分类堆放，块矿破碎至 30mm 粒径以下，根据入炉品位需要将粒料、粉料进行配料混合均化；无烟煤（粉煤）进厂后，堆放在平炉附近的燃煤仓库。

② 平炉反应。将用于点火的燃煤扒平铺于炉桥之上，然后将计量好的无烟块煤均匀地平铺于点火的燃煤之上，开起鼓风，使燃煤燃烧升温，此时将计量配比好的混合锑原矿

平铺于燃煤之上，调整好炉内的引风和鼓风量，进行挥发焙烧，直至锑挥发尽。反应焙烧时，产生的锑氧化物进入鹅颈水冷管，再经表冷冷却沉降后，通过重力及布袋除尘器过滤除尘，除尘物即锑氧粉，作为反射炉原料。粗炼渣从操作门扒出后运至堆场堆存。

③ 脱硫工序。经收尘的烟气进入双碱法脱硫系统脱硫和进一步除尘，达到国家规定的排放标准后经60m烟囱排放；脱硫系统用水循环使用，定期清理水池中的脱硫石膏，脱硫石膏经板式过滤机压滤后运至石膏堆场堆存，压滤产生的水流入循环水池，循环使用。

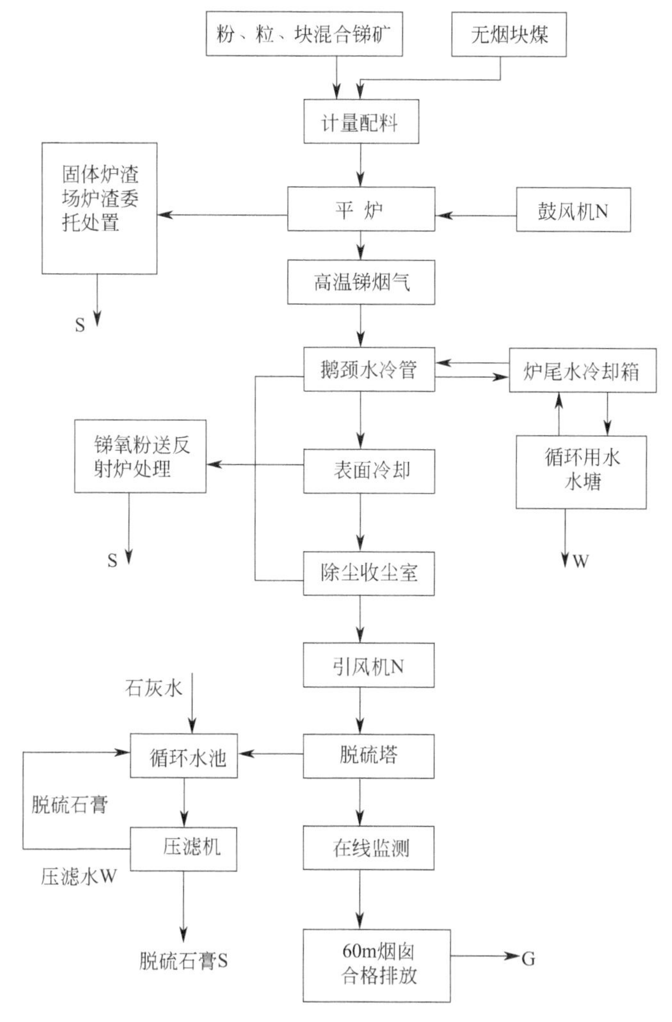

图3-31 粗炼工艺流程及产污节点

图中G、W、S、N分别表示废气、废水、固废及噪声

2）还原熔炼工艺流程

① 配料。锑氧粉、助溶剂（NaOH）、还原煤按比例配料后输送至反射炉炉顶，混合均化后从反射炉顶加料口卸入反射炉熔池。原料主要有粗炼车间产品、精炼渣、精炼尾气收集的块锑氧粉、次锑氧粉以及锑白车间产生的浮渣。

熔化和还原：将烟煤送至反射炉炉膛内，在燃烧室内燃烧，使炉膛温度升至所需要的温度，然后加入原料进行熔化、还原。在进行还原熔炼过程中，还原锑金属后，处理一次泡渣，当还原熔炼至反射炉炉膛金属锑趋近满时可清尽炉膛内泡渣，准备下一步精炼工序。

② 精炼。还原熔炼结束，根据锑液中 As、Pb、Fe 的含量和产品精锑的质量要求，进行除 As、Pb、Fe。精炼剂采用 NaOH，一次或分次加入氢氧化钠，控制炉温，鼓入压缩空气进行吹炼，吹炼渣从操作门扒出，精炼渣运至堆场堆存，部分经破碎后作为反射炉的原料，用不完的部分在堆场堆存。Cu、Sn 因含量较低，一般均不需要单独去除即可达到产品质量要求。

反射炉精炼过程中产生的烟气通过鹅颈水冷管、表冷冷却沉降后，通过布袋收尘器过滤收尘，经除尘脱硫后的烟气经 60m 烟囱外排。鹅颈水冷管冷却收集的块锑氧粉以及表面冷却和布袋除尘器收集的次锑氧粉返回反射炉处理。

③ 锑的铸锭。铸锭的表面质量取决于许多影响因素。要获得好的铸锭质量，在铸锭过程中要调整好下述主要影响因素：铸锭的锑液温度应控制在 (750±50)℃，温度过高，会增加锑液的氧化挥发，同时会使锑锭产生表面缺陷；温度过低，不利于分离炉渣等夹杂物，也会使铸锭产生另一种表面缺陷。铸成的锑锭即为成品精锑。

还原熔炼工艺流程及产污节点见图 3-32。

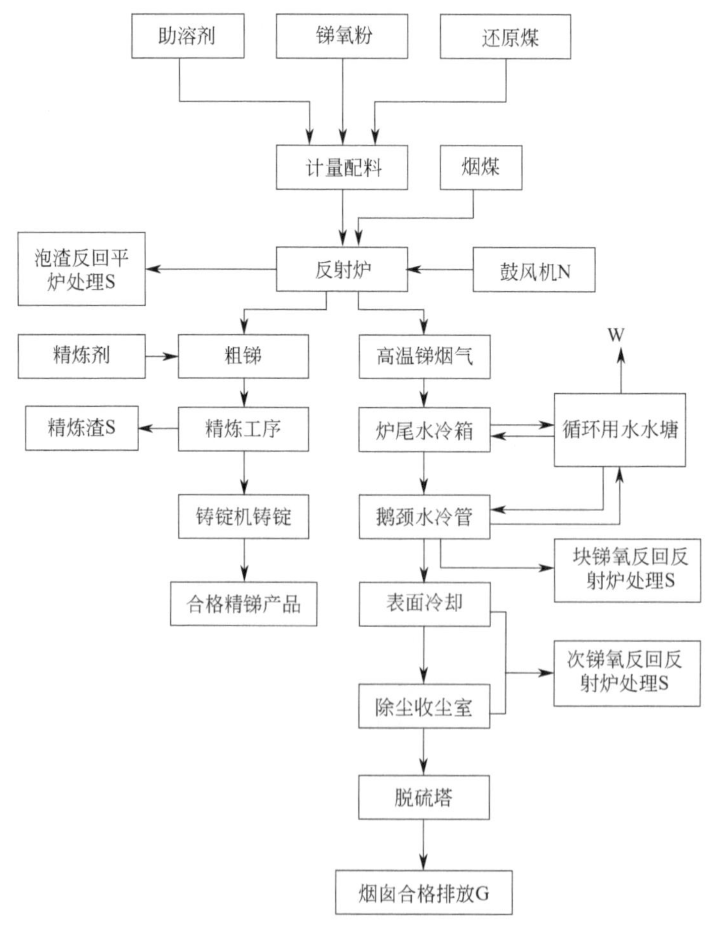

图 3-32 还原熔炼工艺流程及产污节点

图中 G、W、S、N 分别表示废气、废水、固体废物及噪声

3）锑白工艺流程

锑白生产工艺流程及产污节点见图 3-33。将锑白炉升温，升温过程中产生烟气通过安装在炉体上方的移动式集气罩收集，通过布袋除尘器进行除尘，外排。升温后加入自产及外购锑锭，同时通过供气系统向炉体提供空气，锑锭在高温状态下被氧化形成三氧化二锑烟气，锑烟气通过自然冷却及布袋除尘器冷却收集，冷却收集的粉状物经机械计量包装。

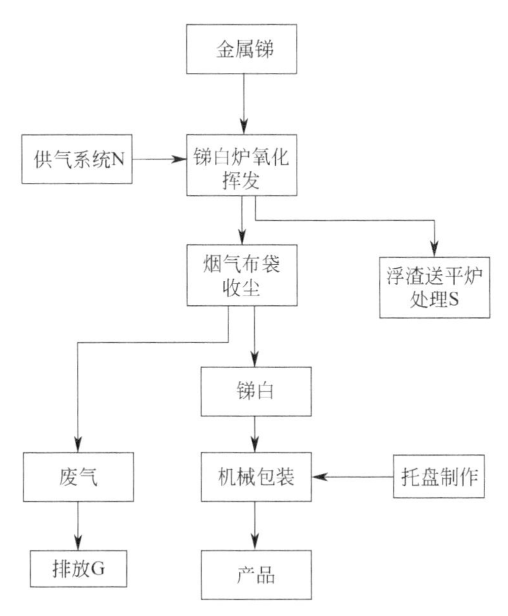

图 3-33　锑白生产工艺流程及产污节点

图中 G、S、N 分别表示废气、固体废物及噪声

收尘系统包括引风机、布袋收尘机。每台锑白炉配置一套收尘系统，用于冷却、收集锑白。

锑白生产有两种产物，主要为锑白，少量为浮渣。浮渣送平炉处理生产精锑，锑白作为合格产品销售。

包装托盘加工：包装过程中使用木质托盘，主要是通过木材切割订制而成。

（2）污染防治情况

1）废气治理措施

① 粗炼过程中产生的锑氧烟气经鹅颈水冷管、表冷冷却沉降后，通过重力及布袋除尘器过滤除尘，经收集后的烟气通过引风机引入脱硫塔中进行处理，经处理后由烟囱外排。

② 精炼过程中产生的烟气经鹅颈水冷管、表冷冷却沉降后，通过布袋除尘器过滤收尘，然后在脱硫塔中处理后由烟囱外排。

③ 锑白生产过程中产生的锑氧烟气通过自然冷却及布袋除尘器冷却收集，尾气通过风机外排。

2）冶炼废水治理。冶炼废水主要是粗炼和精炼系统鹅颈水冷管所用的冷却水以及脱硫系统用水。

粗炼及精炼系统鹅颈水冷管循环用水量 $20m^3/d$。冷却水通过自然冷却方式冷却。

脱硫系统用水循环使用，循环池容积为 $80m^3$，脱硫塔用水量为 $25m^3$，需补水 $5m^3/d$。脱硫废水循环使用，除蒸发损失外，无废水外排。

3）冶炼废渣处置

生产系统产生的固体废物包括粗炼渣、精炼渣、煤渣、脱硫石膏、浮渣等。固废废物产生及处置情况见表 3-7。

表 3-7 固废废物产生及处置情况

序号	污染物名称	排放量/(t/a)	主要成分	治理措施及去向
1	粗炼渣	5000	锑、砷、铅等	堆场暂存，委托处置
2	精炼渣	80	锑、砷、铅等	堆场堆存，破碎后作为反射炉精炼原料
3	泡渣	300	锑、砷、铅等	堆场暂存，作为平炉粗炼原料
4	脱硫石膏	3000	硫酸钙等	堆场暂存，委托处置
5	浮渣	6	锑等	堆场暂存，作为反射炉精炼原料
6	精炼收集尘	10	锑等	收集后作为反射炉精炼原料

3.2.2.3 锑冶炼企业 C

公司是国内重点黄金矿山。公司拥有地质勘探、采矿、选矿、冶炼、精炼、深加工、运输、机械修造、矿山开发设计、环保治理等矿山开发配套体系和深度延伸的产业链，拥有黄金提纯 30t/a、精锑冶炼 27500t/a、多品种氧化锑 20000t/a、仲钨酸铵 3000t/a 的生产能力。

（1）生产工艺

目前，粗锑生产工艺流程有火法和湿法两类。火法工艺流程主要有挥发焙烧—还原熔炼和挥发熔炼—还原熔炼。湿法工艺流程主要是碱性浸出—硫化亚锑酸钠溶液电积。我国锑冶炼绝大部分为火法炼锑生产工艺。该公司采用的炼锑工艺为挥发熔炼—还原熔炼工艺。

冶炼厂主要工艺流程为：鼓风炉挥发熔炼、灰吹炉还原吹炼、纯炉氧化锑还原提纯、炼金炉贵锑除杂金浓缩、湿法氯化浸出等。其中鼓风炉—灰吹炉—纯炉主导炼锑，鼓风炉—炼金炉—湿法氯化浸出主导炼金粉。工艺流程如图 3-34 所示。

（2）污染防治情况

1）冶炼厂工艺废气

冶炼厂鼓风炉在生产烟气中含有大量 SO_2 气体，公司将此废气统一输送至“三废”车间集中除尘脱硫（表 3-8）。

表 3-8 公司气型污染源产排污情况

工区名称	污染源	类别	主要污染物	处理措施	处理后走向及排放
冶炼厂	鼓风炉	烟气	SO_2、NO_x、烟尘	脱硫除尘	经烟囱排放
	纯炉熔炼	烟气	SO_2、NO_x、烟尘	脱硫除尘	经烟囱排放

2）冶炼厂生产废水

冶炼厂生产废水汇入公司重金属废水处理厂处理后达标外排。

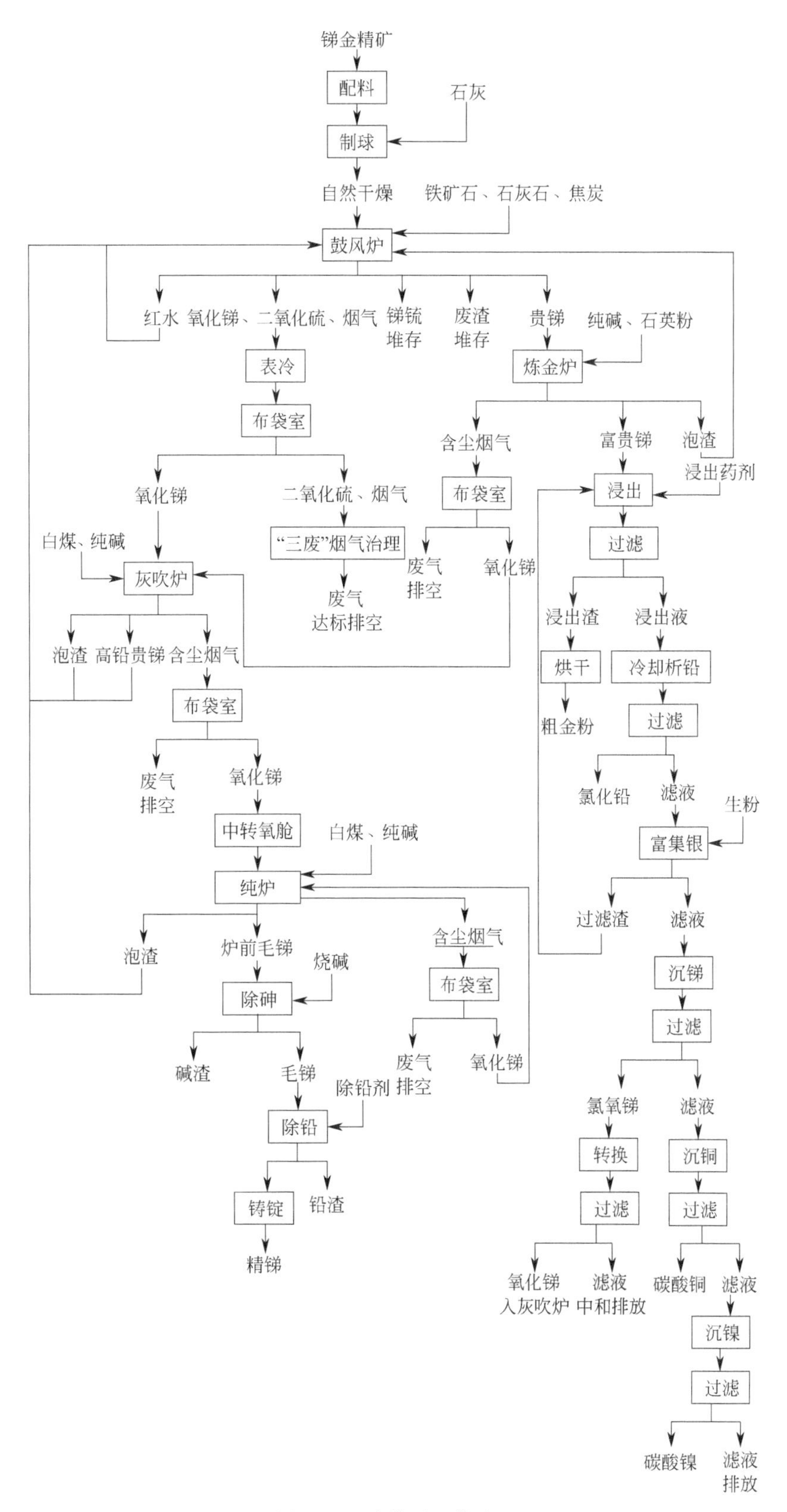

图 3-34　冶炼厂工艺流程

3）“三废”车间脱硫废水

“三废”车间脱硫废水经酸碱中和后回用于脱硫系统。

4）冶炼厂固废。公司产生的危险废物主要为含锑废物和有色金属冶炼废渣，大部分可返回冶炼厂鼓风炉回收有价金属；除铅渣为含铅废物，现全部外售有资质的相关公司进行处置；锑冶炼产生的碱渣为含砷废物，企业已建成二次砷碱渣贮存场，进行贮存（表 3-9）。

表 3-9 公司固体废物产生及处置情况

序号	固体废物名称	产生固体废物设施或工序	年产生量/t	类别	处理处置方式	综合利用方式
1	除铅渣	冶炼厂	636.498	危险废物	厂内危废库暂存	外售有资质的单位处置
2	砷碱渣	冶炼厂纯炉	3911.03	危险废物	砷碱渣库单独贮存	含砷废渣固化解毒设施

3.2.2.4 锑冶炼企业 D

公司是集锑矿勘探、采选、冶炼为一体的联合企业。矿山为地下开采，选矿为手选＋浮选，冶炼厂以自产锑精矿为原料经鼓风炉、反射炉生产锑锭。采选规模为 2.1×10^{5}t/a（采矿规模 700t/a，手选能力 200t/a，选厂浮选处理能力 500t/a），冶炼规模为年产锑锭 6000t。

（1）生产工艺

采用火法冶炼工艺，锑精矿→制团（粒）→自然干燥→鼓风炉熔炼→冷却系统冷却＋布袋室收尘→反射炉精炼→铸锭。

1）配料制粒

公司选厂浮选锑精矿含水量高，通过管道直接输送至冶炼厂旁的过滤车间，通过陶瓷过滤机脱水至 10%～15%，滤液返回至选厂用于选矿，压滤后的精矿按比例加入黏结剂石灰进行混合及初步消化，经自然干燥 4～6d，然后进行压密，制粒后存入配料仓待用。

2）鼓风炉挥发熔炼

鼓风炉熔炼工序具体包括原料的运输、熔剂配比、进料、放渣等。粒矿、焦炭、铁矿石、石灰石、锑块矿等按配料比要求分别经给料机及电子皮带秤计量后，进入配料胶带运输机，输送至鼓风炉顶上料并进行挥发熔炼。电子皮带秤可以瞬时计量和累计，给料量可以根据生产的需要及时调整。配比好的原料在鼓风炉中挥发熔炼，在鼓风炉中实现锑与精矿中脉石成分（主要是 SiO_2、FeO、CaO）的有效分离。渣、锑锍实现澄清分离，产物主要有炉渣、锑锍/粗锑，由于公司锑矿中 Pb 含量低，该工序不产出高铅锑。炉渣经水淬后委托处置；锑锍/粗锑返回鼓风炉配料。在鼓风炉挥发熔炼过程中，绝大部分锑以 Sb_2O_3 的形式挥发进入烟气，经冷却系统冷却后进布袋收尘室除尘，再经脱硫系统脱硫处理后通过爬山烟道及烟囱外排，被收尘系统收集后的烟灰（锑氧）进入反射炉精炼。

3）反射炉精炼

反射炉精炼包括锑氧粉与还原煤配比、进料、扒渣、除砷、除铅、铸锭、产品包装等。鼓风炉挥发熔炼产出的锑氧是含有多种杂质的金属氧化物和非金属氧化物的中间产品，主要的杂质有 As_2O_3、PbO、SiO_2 及少量的 Cu、Fe 和 S 等。该锑氧、反射炉收尘烟灰（锑氧）与还原煤配料混合后加入反射炉进行还原熔炼，加纯碱、除铅剂精炼除去砷、铁、硫、铜等杂质，产出的合格锑液经铸锭后包装出售。

冶炼工艺流程及产污节点见图 3-35。

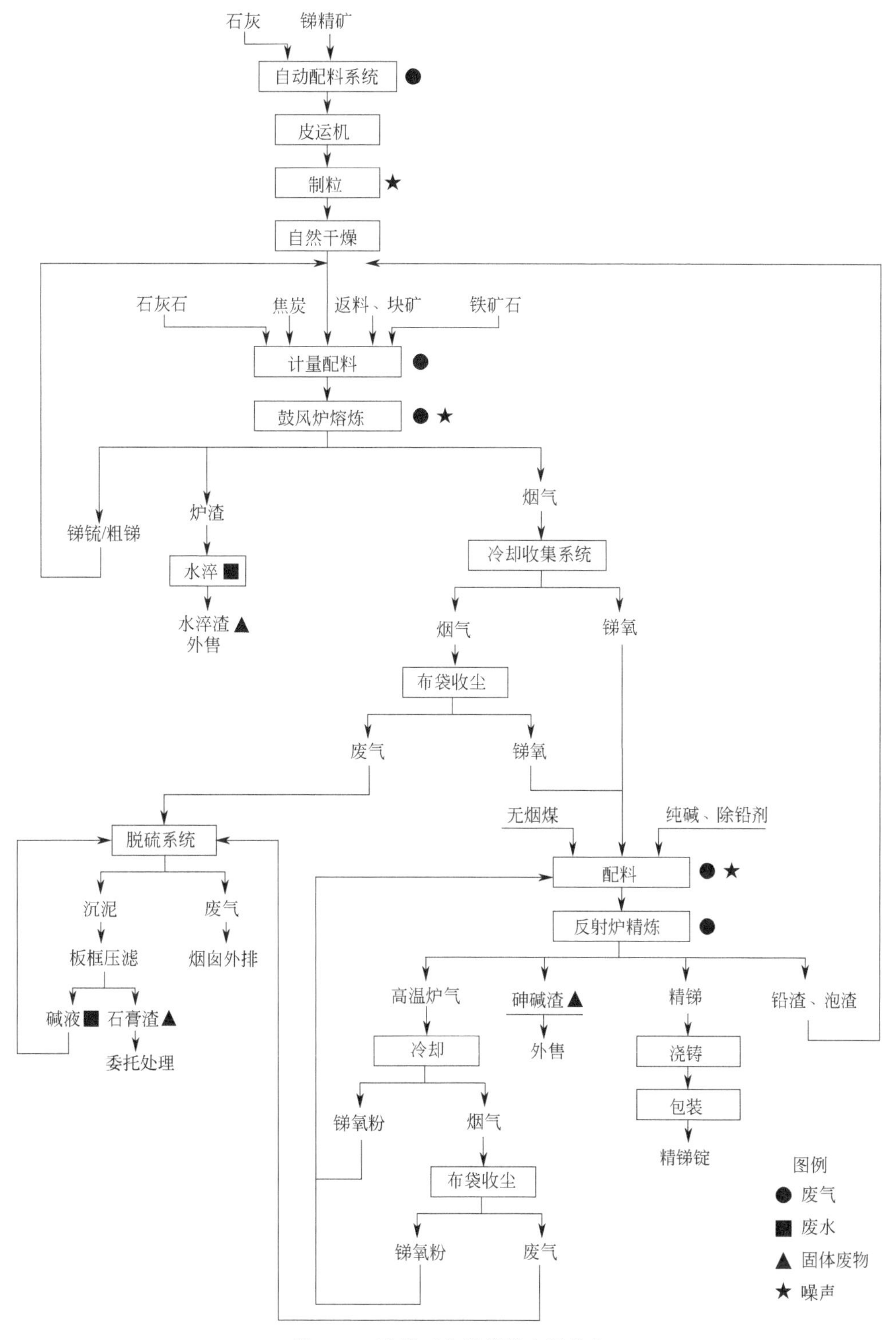

图 3-35　冶炼工艺流程及产污节点

（2）污染防治情况

1）冶炼废气污染防治情况

冶炼厂的废气污染源主要是鼓风炉烟气、反射炉烟气，同时也是全厂的主要废气污染源，其主要污染因子为 SO_2、NO_x 和颗粒物。

鼓风炉烟气除尘（采用风冷＋水冷＋布袋除尘处理）后与除尘后的反射炉烟气（采用表面冷却＋布袋除尘）合并后进行湿式脱硫（石灰法，主要设备 DS 多相反应器），脱硫后烟气通过爬山烟道（160m）由 22m 烟囱排放。

2）冶炼废水处理情况

① 冶炼厂采用火法工艺，无工艺废水产生，废水主要为设备冷却水、水淬冲渣水、车间地面冲洗水、烟气脱硫废水。其中冲渣水、地面冲洗水经沉淀后循环使用，多余部分进入废水处理站处理后外排。设备冷却水和烟气脱硫废水均设置相对独立的循环池，废水循环使用。正常情况下，无生产废水外排。

② 初期雨水。初期雨水进入初期雨水收集池，用作冶炼厂的冷却用水。

3）固体废物处置情况

① 鼓风炉炉渣（水淬渣）。鼓风炉挥发熔炼加脉石造渣，水淬后呈砂粒状。炉渣产生量为 10100t/a，在厂内渣库临时堆存后委托处置。

② 锑锍。鼓风炉熔炼过程中将产生 1000t/a 冰铜渣，主要成分为 Sb、S、Fe、As 等，厂内暂存后返回鼓风炉利用。

③ 泡渣。反射炉产生的泡渣量约为 550t/a，厂内暂存后返回鼓风炉回收利用。

④ 除铅渣。反射炉产生的除铅渣量约为 90t/a，委托有资质的单位处置。

⑤ 砷碱渣。砷碱渣产生量为 1100t/a，主要污染物为砷、锑，委托有资质的单位处置。

⑥ 污水处理站污泥。公司污水处理站污泥年产生量约 200t，主要含锑、镉、铅等重金属，在厂内贮存。

⑦ 石膏渣。脱硫石膏渣产生量约 20500t/a，厂内贮存。

3.2.2.5 锑冶炼企业 E

公司建设年产 20000t 精锑、6000t 锑铅合金、2500t 锑铅铋合金、1500t 三氧化二锑产品的生产项目。

（1）生产工艺

1）精锑生产

公司精锑生产采用火法，火法炼锑主要分为三步：第一步将矿石和石灰、焦粉等辅料在烧结机中制成烧结块；第二步将主成分为硫化锑的精矿等在鼓风炉中焙烧转化成粗氧化锑；第三步将粗氧化锑在反射炉中还原粗炼和精炼产出合格的精锑。

原料通过储料仓下部的给料机及电子皮带秤将原材料按不同比例配料，然后送至一次混料机混料后进入二次圆筒混料机进行二次混匀，由皮带运输机送到烧结机混料仓，完成供料工艺。混好的原料由布料器送到烧结履带上进行点火烧结，边烧结边抽风，烟气进入布袋收尘室收尘后，进入脱汞、脱硫系统处理后通过烟囱排放，待烧结完后继续在履带上抽风一段时间冷却。合格烧结块通过成品矿皮带机输送至配料站，供鼓风炉使用。布袋除尘器收的次锑氧重新返回至储料仓进行重新配料使用。

原料烧结过程中产生的烟气中主要污染物为 SO_2、NO_x、烟尘（主要成分包括少量的 Sb_2O_3、PbO 和 As_2O_3），矿石中大部分成分烧结成烧结块，用于后阶段鼓风炉冶炼。高温炉气经冷凝后，大部分的锑、铅和砷的氧化物收集下来作为反射炉熔炼的原料。

鼓风炉焙烧过程中产生的烟气中主要污染物为 SO_2、NO_x、烟尘（主要成分包括 Sb_2O_3、PbO 和 As_2O_3），矿石中的脉石等成分则与煤中的灰分形成鼓风炉渣。高温炉气经冷凝后，大部分的锑、铅和砷的氧化物收集下来作为反射炉熔炼的原料。

反射炉分为还原熔炼和精炼阶段，还原熔炼阶段的反应原理是在还原气氛下，锑、铅和砷的氧化物与煤中的碳反应产生粗锑（含有铅、砷等）。

反射炉烟气中含有少量来自煤和锑氧中的 SO_2、NO_x 和烟尘。

反射炉精炼则是在锑氧的基础上加入除砷剂（Na_2CO_3），将粗锑中的砷脱除掉，其中的砷碱渣为危险废物。

精炼过程中有一定量的氮氧化物、烟尘等产生。

反射炉精炼过程中出料口熔融物分为三层，上层为砷碱渣，下层为合金，中间层为泡渣。

锑锍焙烧：将锑锍在 $15m^2$ 反射炉中焙烧除去部分的硫制得焙砂，作为精锑生产在鼓风炉中焙烧的原料。

精锑生产工艺流程及产污环节见图 3-36。

2）锑铅合金生产

将锑铅原料通过火法冶炼还原成锑铅合金，在 $18m^2$ 反射炉中进行冶炼。

其主要生产过程为：外购的锑铅原料直接投入反射炉，还原熔炼除杂后生产出产品锑铅合金。

反射炉烟气中含有少量来自煤中的 SO_2、NO_x 和烟尘。

反射炉精炼则是在粗锑的基础上加入除砷剂（Na_2CO_3），将粗锑中的砷脱除掉，其中的砷碱渣为危险废弃物。

反射炉熔炼过程中出料口熔融物分为三层，上层为砷碱渣，下层为合金，中间层为泡渣。

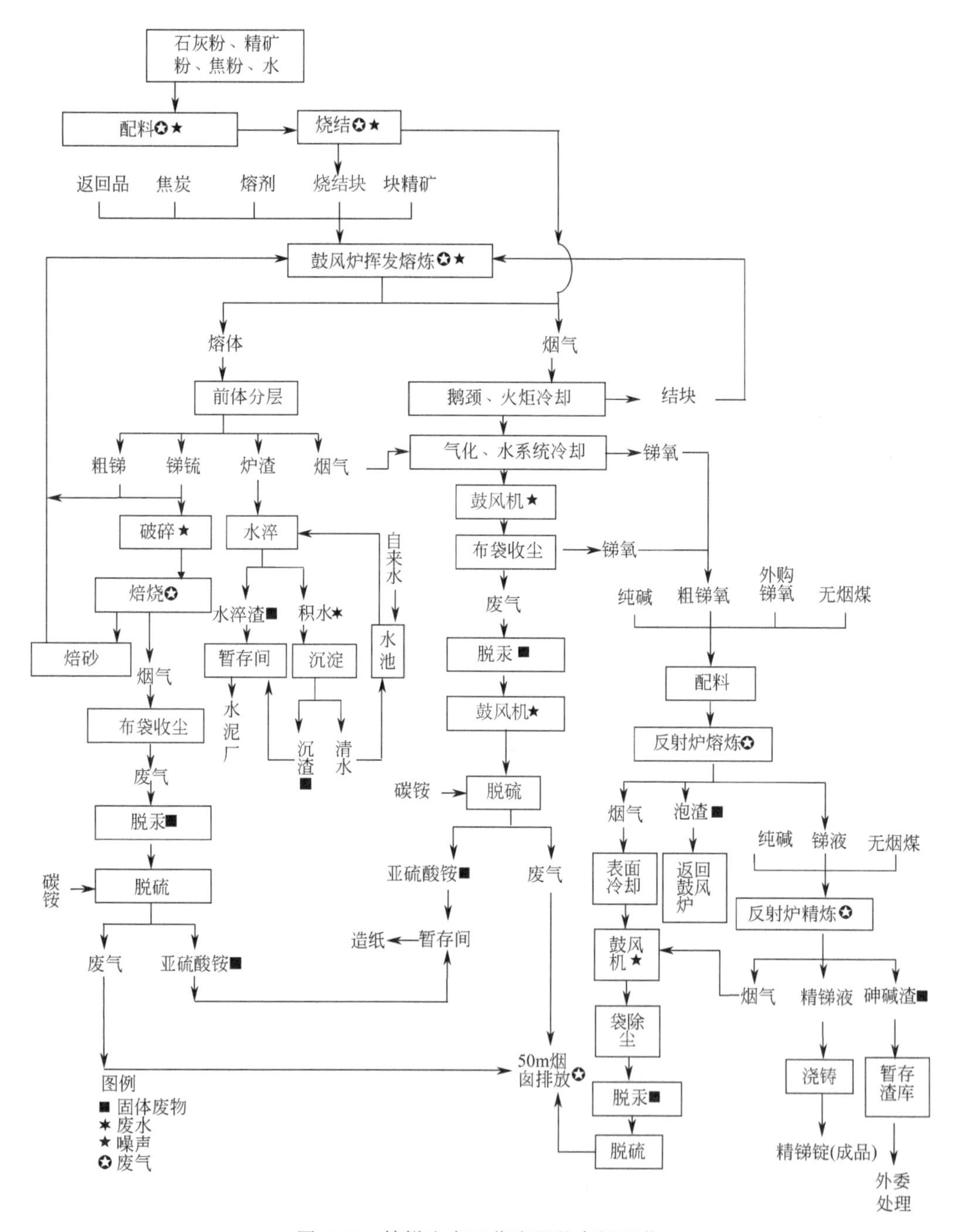

图 3-36 精锑生产工艺流程及产污环节

锑铅合金生产工艺流程及产污环节见图 3-37。

3）三氧化二锑和铅铋锑合金生产

将外购含铅铋的高锑原料，通过在 $18m^2$ 反射炉火法冶炼还原成含铅铋的锑锭，再投入 $18m^2$ 反射炉吹炼进行铅铋与锑的分离，生产出三氧化二锑和铅铋锑合金。

其主要生产过程为：将外购含铅铋的高锑原料投入反射炉，还原熔炼除杂后生产出含铅铋的锑锭，然后再投入另一反射炉吹炼，进行铅铋与锑的分离，生产出三氧化二锑和铅

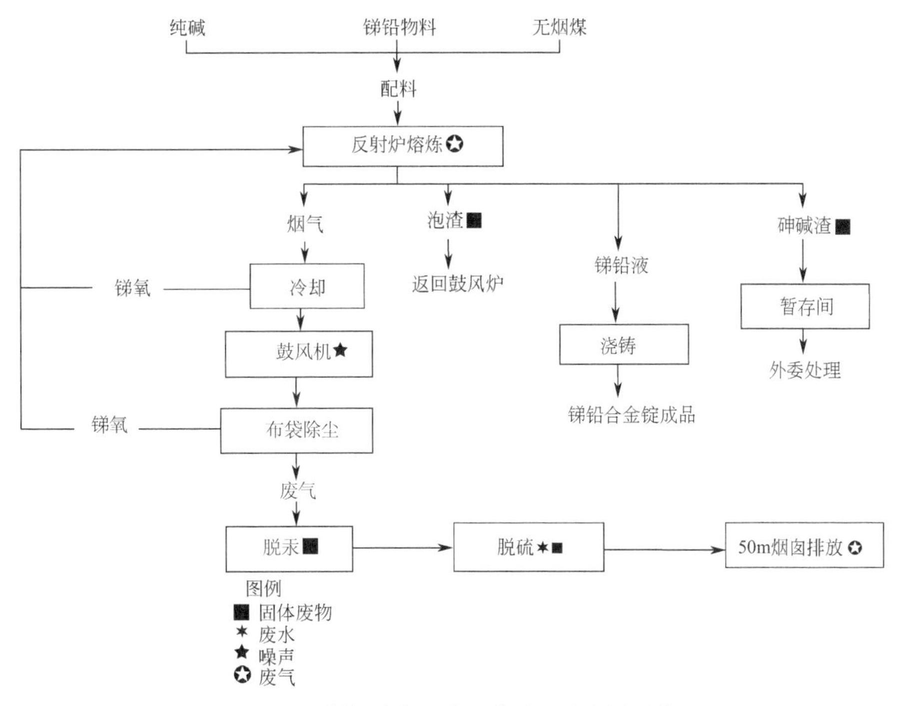

图 3-37 锑铅合金生产工艺流程及产污环节

铋锑合金。

反射炉还原熔炼烟气中含有少量来自煤中的 SO_2、NO_x 和烟尘。反射炉精炼则是在粗锑的基础上加入除砷剂（Na_2CO_3），将粗锑中的砷脱除掉，其中砷碱渣为危险废弃物。

反射炉精炼过程中出料口熔融物分为三层，上层为砷碱渣，下层为合金，中间层为泡渣。

锑氧及铅铋锑合金生产工艺流程及产污环节见图 3-38。

（2）污染防治情况

1）废气污染防治情况

废气污染主要来自原料烧结、鼓风炉焙烧、反射炉锑锍焙烧、反射炉熔炼与精炼产生的有组织废气和无组织排放废气。废气中主要污染物为烟尘、SO_2、NO_x，烟尘主要成分为锑及其氧化物，还有少量为铅、砷、汞及其氧化物。针对原料烧结、鼓风炉焙烧、反射炉锑锍焙烧及反射炉烟气的烟尘成分不同，将各类烟气分别进行收尘处理后再脱汞、脱硫后排放。废气防治流程见图 3-39。

① 烧结机废气防治。烧结机机身设密闭罩，并在燃烧室和机尾设抽风机将废气抽入布袋收尘室，收尘处理后再经脱汞系统、脱硫系统处理，最终经 50m 烟囱排放。

② 鼓风炉废气与锑锍焙烧废气防治。进入鼓风炉内的硫化锑矿和反射炉内锑锍中的硫、锑在焙烧炉中以 SO_2 和锑的氧化物（Sb_2O_3）的形式进入烟气，烟气通过烟道、鼓风机收集，经汽化冷却器、表面冷却器冷却将烟气温度降至 150℃以下，通过收尘器把烟气中的烟尘回收下来。收下来的烟尘主要是 Sb_2O_3，含 Sb 在 80%左右，作为反射炉生产原料，烟气中的铅、砷等化合物也以烟尘的形式被收集下来。

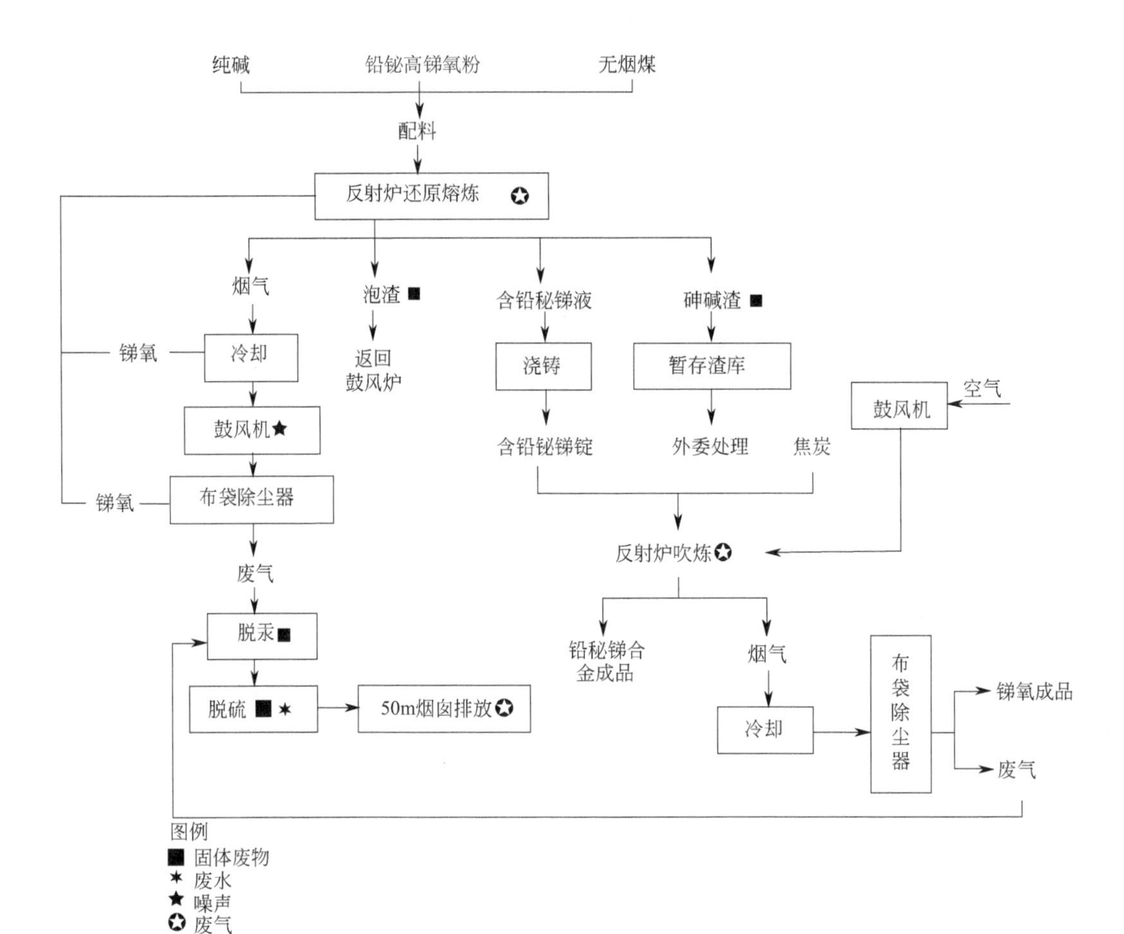

图 3-38 锑氧及铅铋锑合金生产工艺流程及产污环节

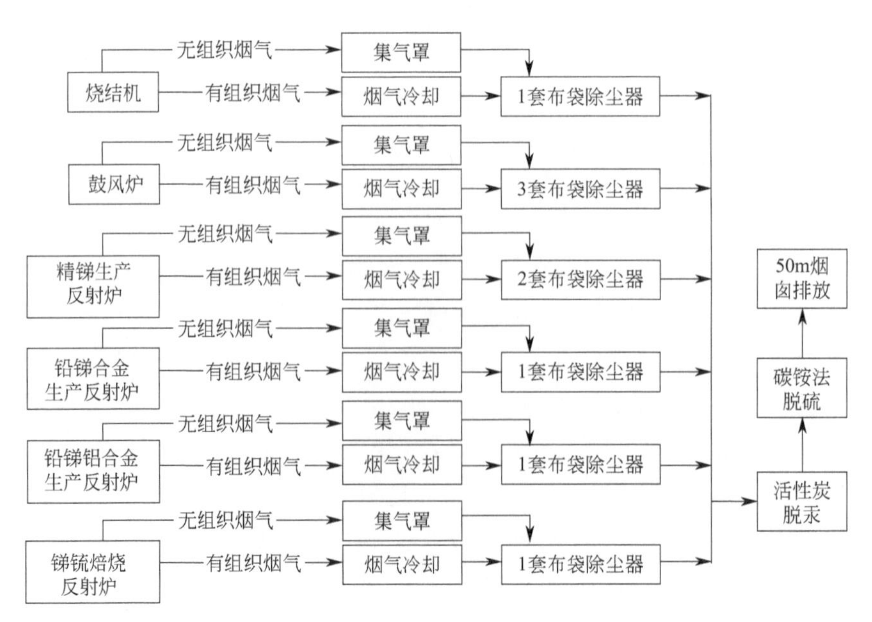

图 3-39 废气防治流程

经除尘后的烟气中主要含 SO_2，鼓风炉烟气中还有少量的汞蒸气，通过活性炭吸附装置将烟气中的汞蒸气去除。

经除尘后的锑锍焙烧烟气和经活性炭吸附后的鼓风炉烟气主要含 SO_2，进入三级碳酸氢铵法脱硫系统，通过湿法脱硫净化二氧化硫及烟尘、重金属等污染物。各类烟气经布袋除尘器分别除尘和集中脱汞脱硫后达标排放。

③ 精锑、锑铅合金、铅锑铋合金与锑氧反射炉熔炼废气防治。由于反射炉处理锑氧、合金物料，均为氧化物，含硫量低，仅是燃煤中的硫随次锑氧一起进入烟气中。针对其烟气成分，将反射炉烟气进行降温，然后烟气通过布袋除尘器除尘，最后进入三级碳酸氢铵法脱硫除尘系统，通过湿法脱硫净化烟气，通过50m高烟囱排空。碳酸氢铵法脱硫工艺流程见图3-40。

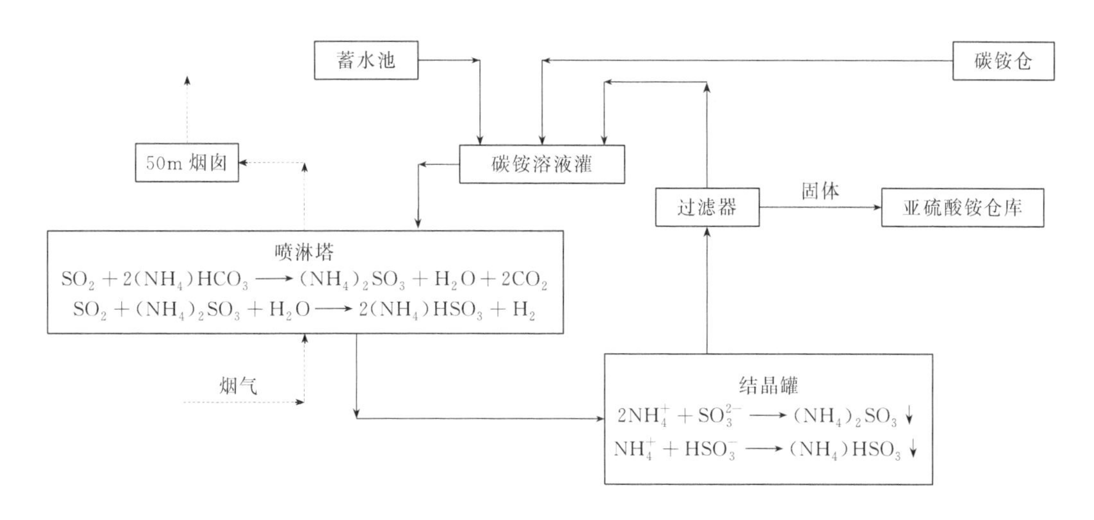

图3-40 碳酸氢铵法脱硫工艺流程

脱硫剂为碳酸氢铵，碳酸氢铵溶液从塔顶以雾状喷出，烟气从塔底向上与脱硫液逆向混合反应后从塔顶抽出。塔底有足够大的容积，可以贮存足够量的料浆，保证脱硫液有足够的停留时间。烟气脱硫塔有三级，三级脱硫效率可达95%以上。

④ 无组织废气防治。为减少无组织废气的排放，公司采取以下措施。

Ⅰ. 鼓风炉及反射炉进料的粉尘无组织排放。对物料适当润湿，调整进料的比例，同时尽量减少开门次数，从而降低抽风负压，如此可有效减少这些工序粉尘的无组织产生和排放。

Ⅱ. 烧结机、鼓风炉进出料工序的无组织排放。在烧结机与鼓风炉入料和出料口处设置集气罩，将部分逸出的烟气收集到烟气冷凝管中。在反射炉入料口和出料口设置集气罩，将部分逸出的烟气收集到布袋除尘系统中。通过这项措施，无组织排放中的有害元素（Sb、Pb、As等）大部分得到收集并回收到反应流程中，从而减少重金属元素对外环境排放。

Ⅲ. 原料贮存、转运和出料无组织排放。原材料全部入贮仓存放，不设露天堆场；转运、提升工序进行封闭处理，降低卸料、落料高度；粉状料和渣的贮仓采取封闭处理，出料和卸料、清灰时防止灰尘飞扬；各厂房采取地坪洒水清扫措施，以防止扬尘。

各车间通过物料湿润、洒水降尘、及时清扫等措施，可将无组织粉尘产生量大幅降低。

2）水污染防治情况。废水污染主要来自设备冷却水、冲渣废水、脱硫废水以及厂区初期雨水。水污染治理措施如下。

① 设备冷却水。设备冷却水为汽化器冷却水、风机冷却水、铸锭机冷却水和反射炉冷却水，产生量为 $223m^3/d$，温度略有升高，除含有少量硬垢外基本无其他污染物。厂区设置 $100m^3$ 的循环冷却水池，废水经冷却后全部回用。

② 冲渣废水。冲渣废水带有余热和一定量的SS，冲渣对水质要求不高，废水通过设置沉淀池收集澄清后循环使用。需要定期对冲渣循环水中锑、锡、铅、砷、镉、汞等水质因子进行监测，并根据冲渣水水质情况适当加絮凝剂和硫化钠进行沉淀处理，以保证冲渣废水循环使用水质要求。

③ 脱硫废水。脱硫装置用水量为 $84m^3/d$，废水来自碳酸氢铵三级脱硫塔，废水产生量为 $79m^3/d$，主要污染物为SS和亚硫酸铵。脱硫装置废水经结晶池、压滤机进行结晶、过滤处理后，滤液全部循环回用作脱硫装置用水，无外排。

④ 厂区初期雨水。厂区修建完善的雨水汇集及排雨水设施，雨水收集管道采用暗渠，沿厂区道路铺设，根据地形地势设计流速为1m/s，管径为250mm。雨水排口修建管道通往设置在南面的初期雨水收集池，每当降雨时进行收集。由于初期雨水中含有重金属，因此设置加药沉淀池，经沉淀处理后泵抽作为脱硫系统补充用水，不外排。沉淀除砷、铅的方法为目前广泛应用的石灰-铁盐法，加入的药剂为石灰乳液和铁盐，反应原理是通过添加石灰乳调节pH值，使铁离子形成氢氧化物胶体，吸附并与废水中的砷、铅反应，生成难溶性盐（砷酸钙等）。设置污泥压滤机，处理沉淀池的污泥，经压滤后的污泥属于危险废物，进入危废暂存库，定期送有资质的单位处置。初期雨水处理工艺流程见图3-41。

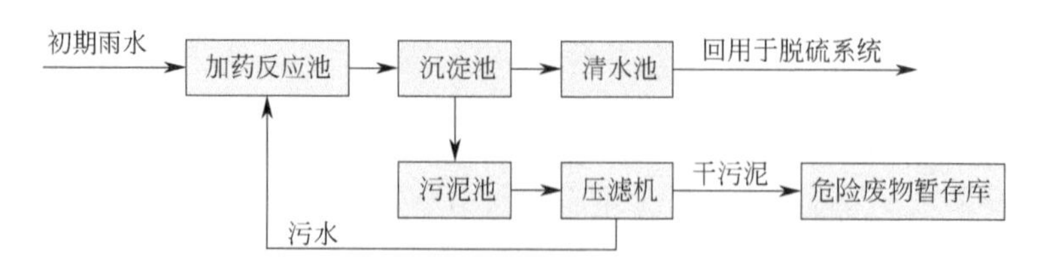

图3-41　初期雨水处理工艺流程

3）固体废物处置情况

企业生产产生的固体废物主要为鼓风炉炉渣、煤渣、亚硫酸铵、泡渣等。

① 生产返料。生产过程中产生的锑锍通过收集回用于反射炉，焙烧后得到焙砂用于鼓风炉作原料。泡渣的锑含量较高，也含一定量的砷，可直接返回鼓风炉作为原料。此类固体废物产生量共计65.26t/a。

② 脱硫副产品。生产中脱硫产生的亚硫酸铵，产生量为460t/a，定期销售给相关企业回收利用。

③ 鼓风炉渣。鼓风炉渣等固体废物可综合利用。企业在厂区北面建有一个占地400m^2、容积1200m^{3}的一般固体废物暂存库，一般固废可暂存于此，定期外运。

④ 砷碱渣。反射炉产生的砷碱渣产量共计82.29t/a，属于危险废物。企业在厂区东面建设一个占地400m^2、容积1200m^{3}的碱渣库，危险废物暂存于厂内碱渣库。

⑤ 含汞活性炭。含汞活性炭也为危险废物，产生量约为49t/a（汞含量约为0.2g/kg活性炭），用密封的备用活性炭吸附箱暂存于砷碱渣库旁的容积为420m^{3}的危险废物暂存库（可贮存2个月产生的含汞活性炭）内，定期出售给有资质的单位处置。

固体废物产排及治理现状见表3-10。

表3-10 企业固体废物产排及治理现状一览表

序号	产生环节	固体废物名称	固体废物属性	防治措施
1	烧结机	次锑氧	返料	收集回用
2	鼓风炉挥发熔炼	结块	返料	收集回用
3		锑锍	焙烧回用	收集回用
4		炉渣	一般固废	出售综合利用
5	精锑还原熔炼与精炼	泡渣	返料	收集回用
6		砷碱渣	危险固废	贮存
7	锑铅合金生产	泡渣	返料	收集回用
8		砷碱渣	危险固废	贮存
9	铅锑铋合金生产	泡渣	返料	收集回用
10		砷碱渣	危险固废	贮存
11	烟气除汞	含汞活性炭	危险固废	交有资质单位处理
12	废气脱硫	亚硫酸铵	副产品	销售给相关企业回收利用

3.2.2.6 锑冶炼企业F

公司是一个集有色金属采矿、选矿、冶炼生产和销售于一体的综合型企业。公司主要产品有精锑、三氧化二锑、无尘氧化锑、阻燃母粒、复合阻燃剂等，是集采、选、冶、深加工和销售于一体的企业，具备年产锑品20000t的生产能力。产品已通过ISO 9001国际质量体系认证，绝大部分销往国外。

（1）生产工艺

金属锑的冶炼方法可分为火法与湿法两大类。目前以火法炼锑为主。火法炼锑主要是挥发熔炼—还原熔炼法，即先生产三氧化锑，再进行还原熔炉生产粗锑。公司采用鼓风炉挥发熔炼—反射炉还原熔炼法生产粗锑。

还原熔炼是在反射炉中进行的。反射炉还原熔炼是火法炼锑的第二道主要工序，其作业范围和工艺流程包括反射炉熔化和还原、粗锑的精炼、泡渣的处理及高温炉气的冷却和收尘。

粗锑的火法精炼除砷，这种方法是将纯碱加在熔融的锑液上，并向锑内鼓入压缩空气，在碱性溶剂存在下，砷为空气氧化，再与碱性熔剂作用生成砷盐，从而与锑分离。

冶炼厂工艺流程见图3-42。

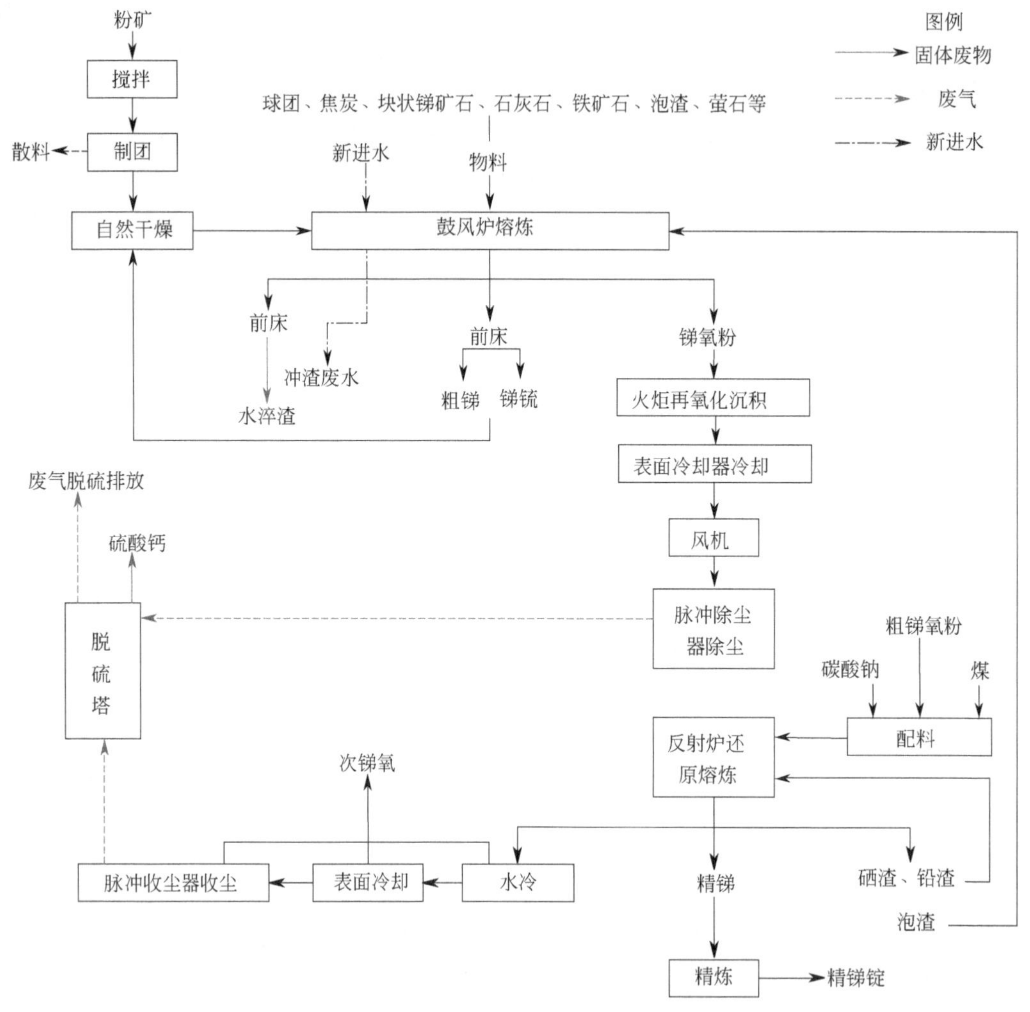

图 3-42　冶炼厂工艺流程

生产工艺流程叙述如下。

1）制团

生石灰与水结合生成熟石灰，然后按照一定比例与粉煤结合，加入一定水分搅拌均匀，送入压球机制成生球，放入堆放场自然干燥，并在水存在的条件下，生球中的氢氧化钙与空气中的二氧化碳反应生成碳酸钙。

碳酸钙与煤球形成坚固的网络结构，使煤球具有一定的机械强度，生球经炭化后变为熟球。

2）鼓风炉工段

将焦炭、团球、铁矿石、锑矿石和石灰石经配料计算后中控室远程操作，经炉顶加入鼓风炉内进行挥发熔炼，硫化锑在空气不足的情况下，受热氧化成挥发的三氧化锑，随炉气进入除尘系统，先于鹅颈处冷却，再进入烟气沉降室沉降出烟尘并返回团矿生产系统制作团矿，沉降烟尘后的烟气再经水冷器、表面冷却器进一步降低炉气温度，最后在脉冲除尘器处收尘达到标准后排放。

熔炼后的渣进入前床分离，产生的粗锑和锑锍返回鼓风炉再次熔炼，产生的烟气进入烟尘沉降室进行处理，产生的渣采用高压水淬，最后可以综合利用。

3）反射炉工段

前几个工段产生的锑氧经石灰石、无烟煤以及烟煤经配料后经管道输送到反射炉进行还原熔炼，熔炼所产生的泡渣返回鼓风炉熔炼，产生的粗锑加入纯碱进一步精炼，产生的硒渣进入鼓风炉，合格的锑液进入铸锭系统铸锭得到合格的产品。产生的烟气进入烟尘沉降室沉降出烟尘并返回团矿生产系统制作团矿，沉降烟尘后的烟气再经水冷器、表面冷却器进一步降低炉气温度，进入布袋除尘器处除尘，最后进入脱硫系统进行脱硫后排放。

4）脱硫塔工段

以石灰石的浆液为脱硫剂，在吸收塔内对含有 SO_2 的烟气进行喷淋洗涤，使 SO_2 与浆液中的碱物质发生化学反应生成亚硫酸钙和硫酸钙，从而将 SO_2 除掉，并在浆液中鼓入空气，强制使亚硫酸钙转化成硫酸钙。

（2）污染防治情况

1）废水污染防治情况

① 离子交换树脂再生废水。软水装置离子交换树脂再生废水产生量 $3.6m^3/d$，经废水收集沉淀池收集后，作为制团工段、鼓风炉湿法出渣和烟气脱硫的补充水使用，不外排。

② 鼓风炉夹套废水。产生量为 $2.4m^3/d$，经废水收集沉淀池收集后，作为制团工段、鼓风炉湿法出渣和烟气脱硫的补充水使用，不外排。

③ 冷却循环水系统直排水。冷却循环水系统直排水产生量为 $6.0m^3/d$，经废水收集沉淀池收集后，作为制团工段、鼓风炉湿法出渣和烟气脱硫的补充水使用，不外排。

④ 地坪冲洗废水。地坪冲洗废水的产生量为 $5.4m^3/d$，含有 SS、锑等污染物，经废水收集沉淀池收集后，作为制团工段、鼓风炉湿法出渣和烟气脱硫的补充水使用，不外排。

⑤ 鼓风炉湿法排渣废水。鼓风炉湿法排渣废水的产生量为 $240m^3/d$，含有 SS、锑、砷、铅等污染物，经冲渣回水池沉淀处理后，全部循环使用，不外排。

⑥ 烟气脱硫废水。烟气脱硫废水的产生量为 $720m^3/d$，经脱硫系统沉淀池沉淀处理后循环使用，不外排。

2）废气污染防治情况

① 鼓风炉废气。鼓风炉属于挥发熔炼工序设备，挥发熔炼烟气中污染物主要有锑、砷、铅、锡、镉、颗粒物、SO_2 和 NO_2 等污染物。采用“鹅颈冷却＋水冷＋两级风冷＋水冷＋表冷＋脉冲式布袋除尘器除尘＋DS-多相反应器脱硫设施脱硫”进行处理，处理后的达标废气经 60m 的烟囱排放。

② 反射炉烟气。反射炉用于还原熔炼、精炼除杂。反射炉熔炼过程中会有少量的锑、砷、铅、锡、镉等挥发进入反射炉烟气。采用“表冷＋脉冲式布袋除尘器除尘＋脱硫”进行处理，处理后的达标废气经 2 根 30m 的烟囱排放。

③ 锑白炉废气。锑白炉用于生产高纯三氧化二锑。高纯三氧化二锑车间共设置 6 台锑白炉（3 开 3 备），每 2 台共用一套环保设施，处理后的废气再汇总到 1 个 35m 高的烟囱排放。锑白炉废气中污染物主要为锑和 NO_x，采用“空气急冷＋旋风除尘＋脉冲式布袋除尘器除尘”进行处理，处理后达标排放。

④ 无组织排放。反射炉工段锑液冷却挥发产生锑蒸气，通过集气罩可将大部分的锑蒸气抽入反射炉烟气处理系统进行处理。

3）固体废物处理处置情况

① 鼓风炉水淬渣。鼓风炉熔炼后的液态渣先进入前床分离，经冲渣后变成固态，这时鼓风炉冷却渣分为三层：上层为鼓风炉水淬渣；中层为锑锍渣；下层为粗锑渣。鼓风炉水淬渣产生量为13458t/a（2016年），含有铁、钙、硅等物质，在厂区水淬渣及脱硫渣暂存库堆存至一定量后外售进行综合利用。

② 锑锍渣。锑锍渣产生量为1100t/a，作为鼓风炉冶炼的原料进行回收利用。

③ 粗锑渣。粗锑渣产生量为789t/a，作为鼓风炉冶炼的原料进行回收利用。

④ 鼓风炉烟气脱硫渣。鼓风炉烟气脱硫渣产生量为4235.2t/a，在厂区水淬渣及脱硫渣暂存库堆存至一定量后外售进行综合利用。

⑤ 反射炉泡渣。反射炉泡渣产生量为805.43t/a，作为鼓风炉冶炼的原料进行回收利用。

⑥ 反射炉除铅渣。反射炉除铅渣产生量为177.3t/a（包括反射炉砷碱渣），因砷、铅等含量较高，在厂区危险废物暂存间暂存后，交于有资质的单位进行处置。厂区内除铅渣的贮存满足《危险废物贮存污染控制标准》（GB 18597）的要求，除铅渣采用容器密封包装贮存在危险废物暂存间内，在包装容器上贴上标签。

⑦ 反射炉烟气除尘。反射炉烟气除尘产生量为195t/a，作为鼓风炉冶炼的原料进行回收利用。

⑧ 锑白炉残渣。锑白炉残渣产生量为130.84t/a（包括次锑氧），包括锑液表面的浮渣和炉底的锑渣，作为鼓风炉冶炼的原料进行回收利用。

⑨ 次锑氧。锑白炉开炉时会有不合格的三氧化二锑产生，产生量为130.84t/a（包括锑白炉残渣），作为鼓风炉冶炼的原料进行回收利用。

⑩ 废水收集沉淀池沉渣。废水收集沉淀池沉渣产生量为15t/a，作为鼓风炉冶炼的原料进行回收利用。

3.2.2.7 锑冶炼企业G

公司建设年产20000t精锑、6000t锑铅合金、2500t锑铅铋合金、1500t三氧化二锑产品项目。

（1）生产工艺

1）精锑生产

公司精锑生产采用火法，火法炼锑主要分为两步：第一步将主成分为硫化锑的精矿等在鼓风炉中焙烧转化成粗氧化锑；第二步将粗氧化锑在反射炉中还原粗炼和精炼产出合格的精锑。

鼓风炉焙烧过程中产生的烟气中主要污染物为SO_2、NO_x、烟尘（主要成分包括Sb_2O_3、PbO和As_2O_3）。矿石中的脉石等成分，则与煤中的灰分形成鼓风炉渣。高温烟气经冷凝后，大部分的锑、铅和砷的氧化物收集下来作为反射炉熔炼的原料。

反射炉分为还原熔炼和精炼阶段，还原熔炼阶段的反应原理是在还原气氛下，锑、铅和砷的氧化物与煤中的碳反应产生粗锑（含有铅、砷等）。

反射炉烟气中含有少量来自煤和锑氧中的 SO_2、NO_x 和烟尘。

反射炉精炼则是在锑氧的基础上加入除砷剂（Na_2CO_3），将粗锑中的砷脱除掉，其中砷碱渣为危险废物。

精炼过程中有一定量的氮氧化物、烟尘等产生。

精锑生产工艺流程及产污环节见图3-43。

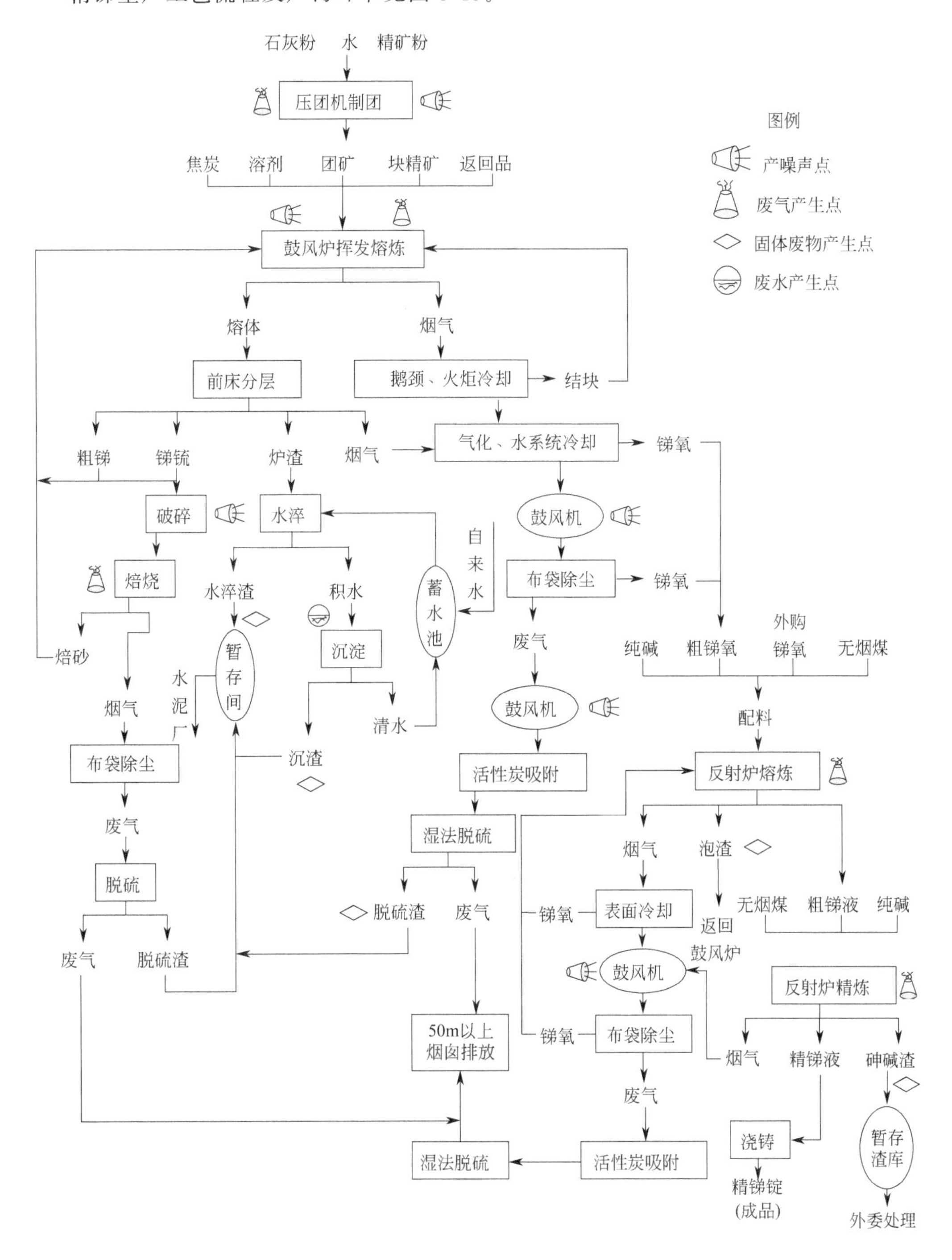

图3-43 精锑生产工艺流程及产污环节

2）锑铅合金生产

将锑铅原料通过火法冶炼还原成锑铅合金，在 $18m^2$ 反射炉中进行。

其主要生产过程为：将外购的锑铅原料直接投入反射炉还原熔炼除杂后生产出产品锑铅合金。

反射炉烟气中含有少量来自煤中的 SO_2、NO_x 和烟尘。

反射炉精炼则是在粗锑的基础上加入除砷剂（Na_2CO_3），将粗锑中的砷脱除掉，其中的砷碱渣为危险废物。

反射炉熔炼过程中出料口熔融物分为三层：上层为砷碱渣；下层为合金；中间层为泡渣。

锑铅合金生产工艺流程及产污环节见图 3-44。

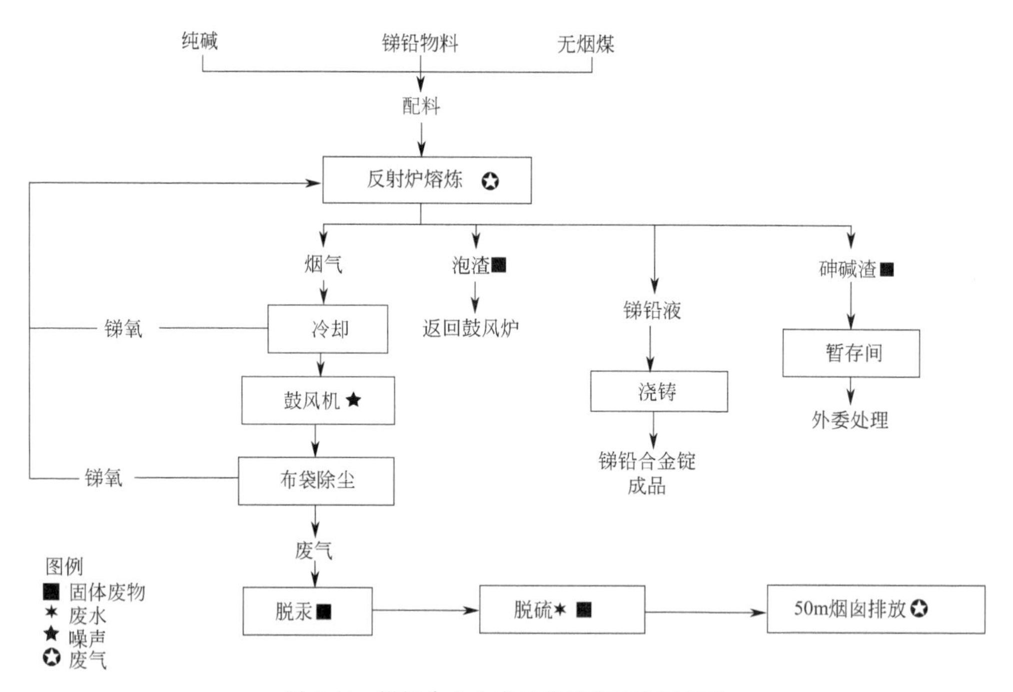

图 3-44 锑铅合金生产工艺流程及产污环节

3）三氧化二锑和铅铋锑合金生产。将外购含铅铋的高锑原料通过在 $18m^2$ 反射炉还原成含铅铋的锑锭，再投入 $18m^2$ 反射炉吹炼进行铅铋与锑的分离，生产出三氧化二锑和铅铋锑合金。

其主要生产过程为：将外购含铅铋的高锑原料投入反射炉还原熔炼除杂后生产出含铅铋的锑锭，然后再投入另一反射炉吹炼进行铅铋与锑的分离，生产出三氧化二锑和铅铋锑合金。

反射炉还原熔炼烟气中含有少量来自煤中的 SO_2、NO_x 和烟尘。

反射炉精炼则是在粗锑的基础上加入除砷剂（Na_2CO_3），将粗锑中的砷脱除掉，其中的砷碱渣为危险废弃物。

反射炉精炼过程中出料口熔融物分为三层：上层为砷碱渣；下层为合金；中间层为泡渣。

锑氧及铅铋锑合金生产工艺流程及产污环节见图 3-45。

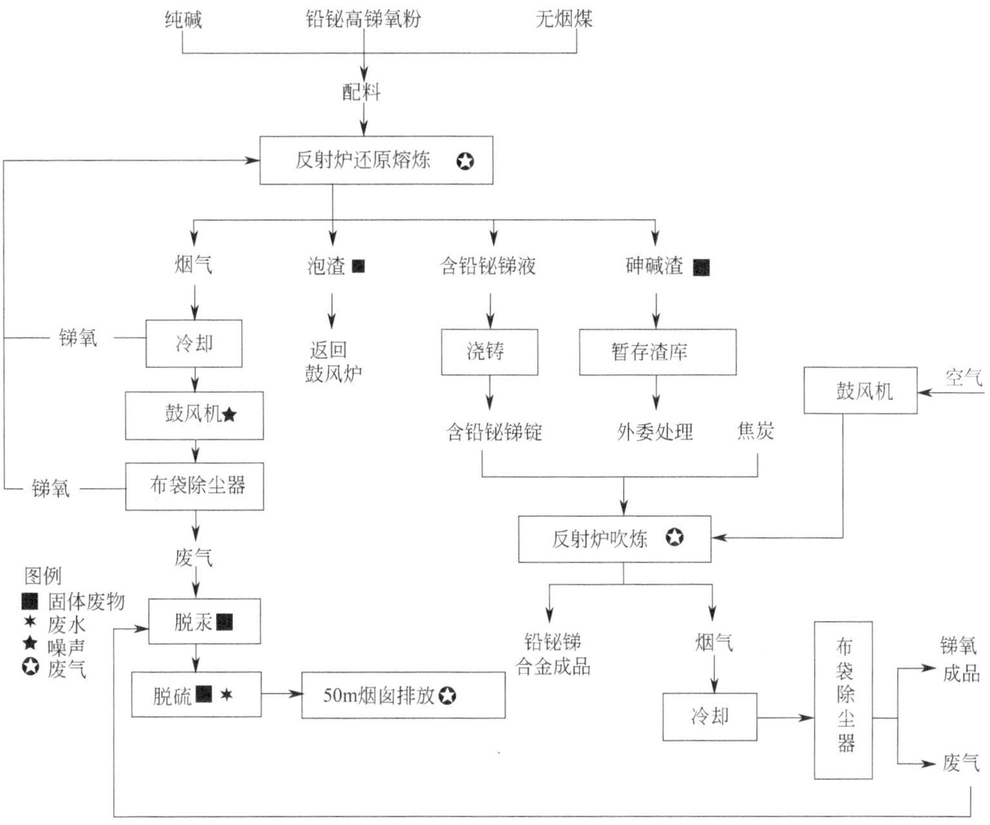

图 3-45　锑氧及铅铋锑合金生产工艺流程及产污环节

(2) 污染防治情况

1) 废气污染防治状况

① 鼓风炉废气与锑锍焙烧废气防治。进入鼓风炉内的硫化锑矿和反射炉内的锑锍中的硫、锑在焙烧炉中以 SO_2 和锑的氧化物（Sb_2O_3）的形式进入烟气，烟气通过烟道、鼓风机收集，经汽化冷却器、表面冷却器冷却，将烟气温度降至 150℃以下，通过除尘器把烟气中的烟尘回收下来。收下来的烟尘主要含 Sb_2O_3，含 Sb 在 80%～82%。作为反射炉生产原料，烟气中的铅、砷等化合物也以烟尘的形式被收集下来。

经除尘后的烟气中主要含 SO_2，鼓风炉烟气中还有少量的汞蒸气，通过活性炭吸附装置将烟气中的汞蒸气去除。

经除尘后的锑锍焙烧烟气和经活性炭吸附后的鼓风炉烟气主要含 SO_2，进入 DS-多相反应器脱硫除尘系统，通过双碱法净化二氧化硫及烟尘、重金属等污染物。脱硫除尘系统工艺流程见图 3-46。

DS-多相反应器由塔顶、塔节和塔底三部分组成。塔顶为 DS-多相反应器的气体、料浆进口部分，连接气体和料浆管道。塔节为 DS-多相反应器的主体部分，料浆和气体在此充分接触、反应。塔节内设有旋转体式内置构件，一组旋转内置构件与壳体组成一个塔节，一台 DS-多相反应器可以是一个塔节，也可以由多个塔节组成。塔底为 DS-多相反应器的气体、料浆出口部分，设有足够的气、液分离空间和贮存料浆的容积，并设有液封，连接出口气体和料浆的管道。

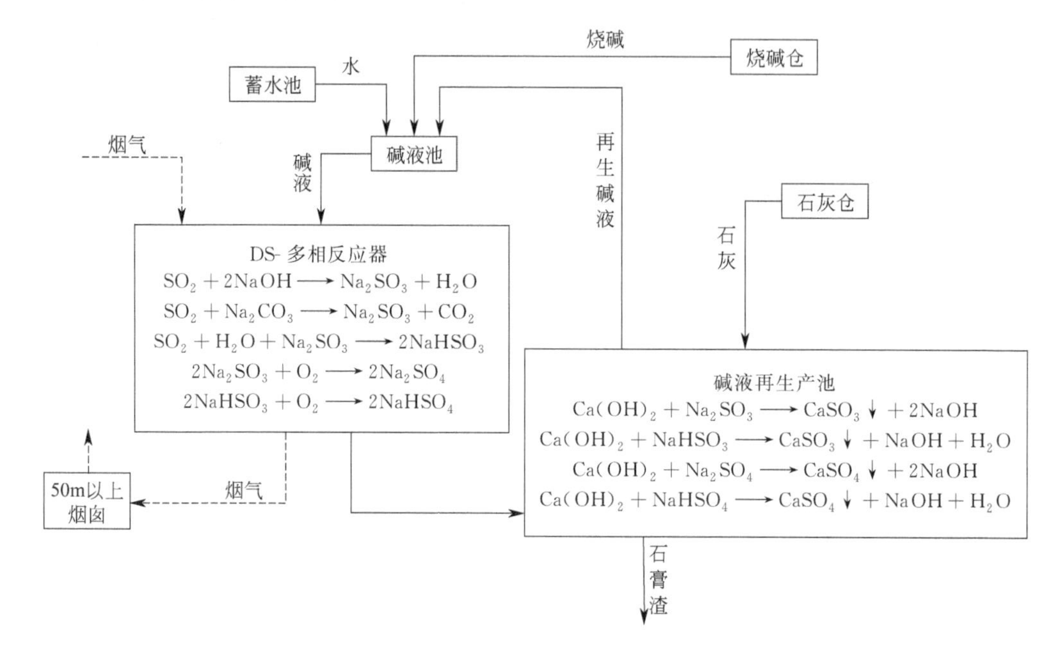

图 3-46 脱硫除尘系统工艺流程

DS-多相反应器结构见图 3-47。

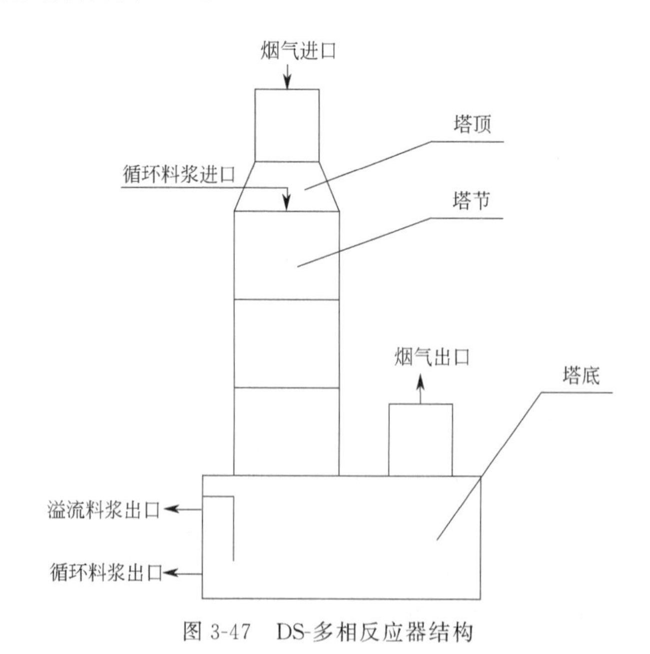

图 3-47 DS-多相反应器结构

如上所述，DS-多相反应器塔节内设有由旋转体和环形旋转体组成的旋转体式内置构件。由于这种旋转体式内置构件的存在，当料浆液和气体同向自上而下流过时，液体在反应器内分液和导流构件的作用下产生均匀的水幕，一个内置构件单元形成 2 道水幕，N 个单元形成 $2N$ 道水幕，当气体通过水幕时碰撞液体使液体分散雾化。气体在多相反应器内多次通过水幕，多次雾化液体形成水雾，雾滴和气体在流动过程中不断改变流速和流动方向，促使气液固相之间发生强烈的相对运动，加速分子或离子的扩散和传质；液体在碰撞、飞溅、雾化过程中，一部分液体碰到器壁形成水膜，增加了气、液接触面积，从而提高吸收反应速度。几种因素一起作用强化气液接触，极大地改善了吸收反应的动力学条件。

DS-多相反应器塔底有足够大的容积，可以贮存足够量的料浆，保证料浆有足够的停留时间，同时塔底设有搅拌装置，液固两相反应也得到强化，同样改善了吸收反应的动力学条件，脱硫效率较高。

② 精锑、锑铅合金、铅锑铋合金与锑氧反射炉熔炼废气防治。由于反射炉处理锑氧、合金物料，均为氧化物，含硫量低，仅是燃煤中的硫随次氧一起进入烟气中。针对其烟气成分，将反射炉烟气进行降温，然后通过布袋除尘器除尘，最后进入 DS-多相反应器脱硫除尘系统，通过双碱湿法净化后，由烟囱（1$^{\#}$高 50m）排空。

③ 无组织废气防治。为减少无组织废气的排放，对于鼓风炉及反射炉进料的粉尘无组织排放问题，对物料适当润湿，调整进料的比例，同时尽量减少开门次数，从而降低抽风负压，如此可有效减少这些工序粉尘的无组织产生和排放；对鼓风炉进出料工序无组织排放的含重金属的粉尘，通过在鼓风炉入料和出料口处设置集气罩，将部分逸出的烟气收集到烟气冷凝管中，进入后续处理系统；对反射炉进出料工序无组织排放的含重金属的粉尘，在反射炉入料口和出料口设置集气罩，将部分逸出的烟气收集到布袋除尘系统中。通过这些措施，无组织排放中的有害元素（Sb、Pb、As）大部分得到收集并回收到工艺流程中，从而减少重金属污染物对外环境的排放。

原材料全部进入贮仓存放，不设露天堆场；转运、提升工序进行封闭处理，并降低卸料、落料高度；粉状料和渣的贮仓也进行封闭处理，出料和卸料、清灰时尽可能防止灰尘飞扬；各厂房采取地坪洒水清扫措施，以防止扬尘。

造球制粒车间通过物料润湿、洒水降尘、及时清扫等措施，将无组织粉尘产生量大幅降低。

④ 汞污染防治。烟气中的汞蒸气通过活性炭（附加 $FeCl_3$ 为加强剂）吸附箱吸附后再进入脱硫系统。活性炭（附加 $FeCl_3$ 为加强剂）综合吸附效率可达 90%，烟气中的汞经过活性炭吸附后可达标排放。

2）水污染防治情况

废水污染主要来自设备间接冷却水、冲渣废水、软水制备废水、脱硫废水以及厂区初期雨水。水污染治理措施如下。

① 设备间接冷却水。设备冷却水为汽化器冷却水、风机冷却水、铸锭机冷却水和反射炉冷却水，产生量为 388m^3/d，温度略有升高，除含有少量硬垢外基本无其他污染物，厂区设置 100m^3 的循环冷却水池，废水经冷却后全部回用。

② 冲渣废水。冲渣废水带有余热和一定量的 SS。冲渣对水质要求不高，废水通过设置沉淀池收集澄清后循环使用。需要定期对冲渣循环水中锑、锡、铅、砷、镉、汞等水质因子进行监测，并根据冲渣水水质情况适当加絮凝剂和硫化钠进行沉淀处理，以保证冲渣废水循环使用水质要求。

③ 软水制备废水。软化水制备的废水主要含有较高浓度的盐分，可循环至脱硫碱液再生池，在再生反应过程中钙、镁离子生成沉淀后一起进入钙渣贮场。

④ 脱硫废水。脱硫装置用水量为 $213m^3/d$，废水来自烧碱 DS-多相反应器，废水产生量为 $204m^3/d$，主要污染物为 SS 和亚硫酸盐。脱硫装置废水经 $60m^3$ 的碱液再生池进行沉淀处理后，澄清液全部循环回用作脱硫装置用水，无外排。

⑤ 厂区初期雨水。厂区修建完善了雨水汇集及排雨水设施，雨水收集管道采用暗渠，沿厂区道路铺设，根据地形地势设计流速为 1m/s，管径为 250mm。雨水排口修建管道通往设置在南面的初期雨水收集池，每当降雨时进行收集。由于初期雨水中含有重金属和砷，因此设置加药沉淀池，经沉淀处理后泵抽作为脱硫系统补充用水和冲渣用水，不外排。沉淀除砷、铅的方法为目前广泛应用的石灰-铁盐法，加入的药剂为石灰乳液和铁盐，反应原理是通过添加石灰乳调节 pH 值，使铁离子形成氢氧化物胶体，吸附并与废水中的砷、铅反应，生成难溶性盐（砷酸钙等）。设置污泥压滤机处理沉淀池的污泥，经压滤后的污泥属于危险废物，进入危废暂存库，与砷碱渣一并处理。

初期雨水处理工艺流程见图 3-48。

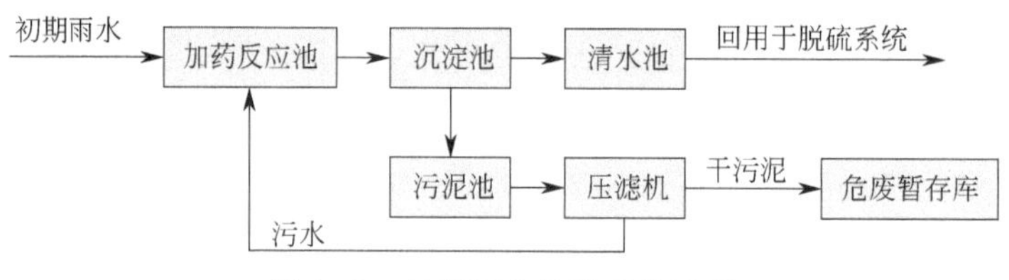

图 3-48 初期雨水处理工艺流程

3）固体废物处理处置情况

企业生产产生的主要固体废物为鼓风炉炉渣、石膏渣、泡渣、砷碱渣、含汞活性炭等。

① 生产返料。生产过程中产生的锑锍通过收集，进入反射炉焙烧后得到焙砂，用于鼓风炉作原料。泡渣的锑含量较高，也含一定量的砷，可直接返回鼓风炉作为原料。此类固废产生量共计 65.26t/a。生产中产生的泡渣完全回用于鼓风炉焙烧工段。

② 鼓风炉炉渣、脱硫石膏渣。鼓风炉炉渣、脱硫石膏渣等固体废物可进行综合利用。在厂区北面建有一个容积为 $2000m^3$ 的一般固废暂存库，一般固体废物可暂存于此，定期外运。

③ 砷碱渣、初期雨水处理池的污泥和含汞活性炭。反射炉产生的砷碱渣产量共计 213t/a，初期雨水处理池的污泥为 6t/a，均属于危险废物。企业在厂区东面建设一个容积为 $2500m^3$ 的碱渣库，危险废物砷碱渣等暂存于厂内碱渣库，定期由有资质单位收运处理。

企业在厂区内设置了危险废物暂存渣库，按防风、防雨、防晒标准建设，同时做好防渗措施，采用高密度聚乙烯（HPDE）膜构筑防渗层。危险废物先在暂存库存放，定期由有资质的单位收运处理。为避免危险废物在暂存期对周围环境造成污染影响，必须对危险废物采取严格的临时防护措施。采取的临时防护措施为：禁止擅自倾倒、堆放危险废渣，危险废渣全部要堆放在符合《危险废物贮存控制标准》（GB 18597）要求的渣房内；危险废渣不能混合，必须分类堆放，堆放地应有防风、防雨、防晒三防标准；根据危险废物产生的实际情况，做好废渣综合利用计划，避免长期积压；尽量减少废渣的堆放量和堆放高度，利于渣房的稳定，避免造成坍塌、泄漏事故。

含汞活性炭也为危险废物，产生量约为92t/a（汞含量约为0.2g/kg活性炭），含汞活性炭出售给有资质的单位作为汞系列产品生产原料。含汞活性炭用密封的备用活性炭吸附箱暂存于容积为1000m^{3}的危险固废暂存间（可储存2个月产生的含汞活性炭）内，定期转运。

3.2.2.8　锑冶炼企业H

公司是一个集锑矿开采、冶炼为一体的集团式民营企业，有两个矿山作为原料基地，拥有精锑生产线三条，三氧化二锑生产线两条，主要产品为精锑、高纯度三氧化二锑（锑白）。生产能力为：精锑，设计生产能力5000t/a；高纯度三氧化二锑（锑白），设计生产能力5000t/a。

（1）生产工艺

公司采用火法冶炼工艺，主要是将锑矿石及配料用鼓风炉（焙烧炉）进行冶炼，通过冷凝沉降、布袋收集，得到粗氧化锑粉，再经过反射炉进行还原熔炼及精炼，得到精锑并铸成锑锭。部分精锑深加工成高纯三氧化二锑（Sb_2O_3≥99.80%，俗称锑白）。公司生产工艺主要包括原料的贮存和配料、冶炼、除尘和脱硫的治理等（图3-49～图3-51）。

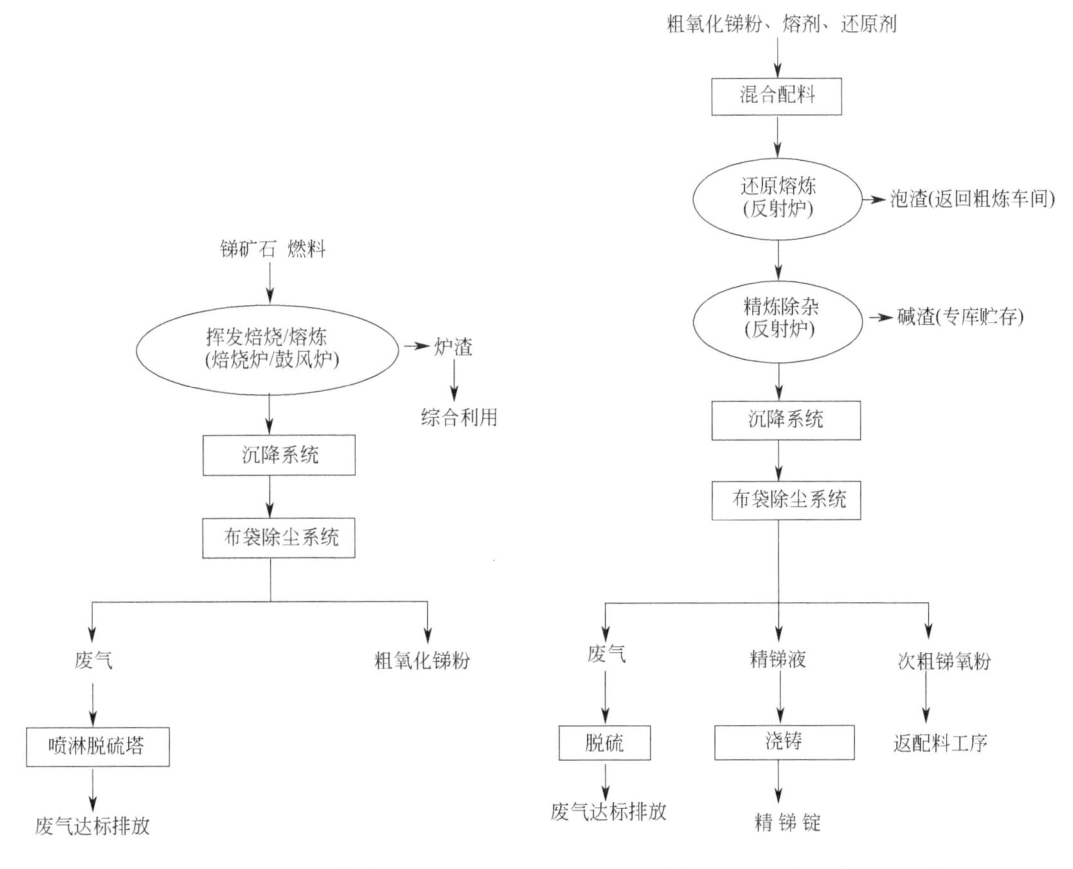

图3-49　粗炼工序工艺流程

图3-50　精炼工序工艺流程

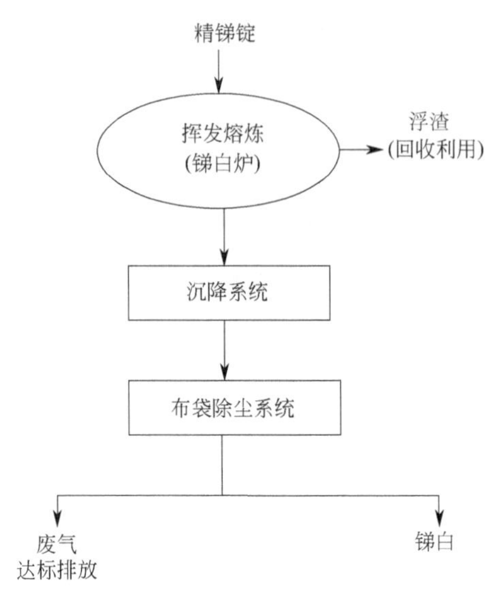

图 3-51　锑白工序工艺流程

1）原料的贮存和配料

公司的原料主要是锑矿石、粗氧化锑，生产原料通过汽车运入厂区内的料场进行堆放和存储。通过人工运送投入鼓风炉（焙烧炉）进行冶炼。

2）焙烧

人工将物料铲送至鼓风炉（焙烧炉）内进行冶炼，挥发烟气经火柜后，由管道输送到表冷器中进行冷却。

3）除尘

烟尘通过表冷器冷却后进入布袋除尘器，通过滤袋被捕集下来，除尘后的烟气经滤袋通过上箱体排出，进入下一个脱硫工段。

4）精炼

粗氧化锑、还原煤、纯碱等原辅材料通过人工运送投入反射炉进行冶炼，烟尘进入沉降收尘和布袋除尘系统收集返回配料，冶炼产生的炉渣定点堆放送综合利用，产生的危废（碱渣）在危险废物库贮存，除尘后的废气进入洗涤脱硫系统处理后达标排放。精锑液浇铸精锑锭时，精锑投入锑白炉进行冶炼，锑白产品挥发进入布袋除尘系统收集，冶炼产生的炉渣定期返回反射炉回收，除尘后的废气达标排放。

5）废气的处理

从布袋系统上箱体排出的烟气先由烟道排入脱硫塔进行处理，经处理后的烟气在风机的作用下进入烟道，导入 60m 高的砖混烟囱，最终排入大气，公司采用纯碱-石膏法对烟气中的 SO_2 进行处理。

（2）污染防治情况

1）废气污染防治情况

① 无组织粉尘。主要有料场扬尘和配料破碎的机械扬尘。对于无组织粉尘，企业通过实施洒水降尘、地面硬化、四周围护等措施降低了排放量。对于配料破碎的机械扬尘，配备了一套布袋收尘器收集处理。

② 有组织烟气。工厂生产时产生的有组织废气主要为鼓风炉（焙烧炉）冶炼烟气和反射炉精炼烟气，主要污染因子是烟尘和二氧化硫。

鼓风炉（焙烧炉）冶炼过程中产生的烟气通过水冷、风冷后，经布袋收尘器收集得到粗锑氧粉，处理后的废气送入脱硫塔进行脱硫，由 60m 烟囱排空。主要污染因子是烟尘和 SO_2。

反射炉精炼烟气经过风冷、水冷和布袋收尘器收集后，废气送入脱硫塔进行脱硫后，由 60m 烟囱排空。主要污染因子是烟尘和 SO_2，布袋收集的烟尘主要为粗锑氧粉。

2）废水污染防治情况

工厂生产工艺属火法冶金，用水点及用水量均少，根据生产工艺，废水主要产生于鼓风炉（焙烧炉）和反射炉的冷却水及喷淋脱硫塔所产生洗涤废水、雨污分流废水。冷却水各自设有循环系统，冷却循环补充水由厂内高位水池新水供给，喷淋脱硫洗涤废水循环使用，不外排。雨污分流废水经收集池收集处理后回用。

3）固体废物处理处置情况。固废主要是生产废渣。生产废渣为炉（煤）渣、碱渣、浮渣、脱硫渣。

砷碱渣属危险废物（HW27 类），年产生量约 100t，定点存放于危险废渣堆存库。主要污染因子为碱渣。

脱硫废渣与粉矿拌和，制成矿砖配料入炉。

3.2.2.9　锑冶炼企业 I

公司建设 3×48m 回转窑生产线 2 条，反射炉 4 台（作为一期原有 4 台反射炉备用），年处理低品位难处理锑矿 85000t、含锑二次物料 5000t、含锌二次物料 60000t。

（1）生产工艺

1）锑冶炼生产工艺

① 鼓风焙烧炉系统

Ⅰ. 备料配料。鼓风焙烧炉用的锑矿石进厂分类堆放，块矿破碎至 30mm 粒径以下，根据入炉品位需要将粒料、粉料进行配料混合均化；无烟煤（粉煤）进厂后，按鼓风焙烧炉用的无烟煤总量的 52%制成煤球（按粉煤量加 4%水玻璃、10%水），粒径 40～60mm；混合均化料与无烟煤（粉煤）按比例进行配料、加入 10%水（按物料总量计），混合搅拌均化后作为鼓风焙烧炉入炉料。配好的鼓风焙烧炉入炉料、煤球送往鼓风焙烧炉。

原料破碎、配料过程中会产生一定量的粉尘，处理措施为在原料料仓、配混料口上方采用移动式收尘器收集粉尘，经除尘处理后，经排气筒排放。

Ⅱ. 鼓风焙烧炉挥发。鼓风焙烧炉开炉后从鼓风焙烧炉操作门打入底煤（煤球），底煤燃烧后一次性打入鼓风焙烧炉入炉料进行焙烧挥发。挥发的锑蒸气和三氧化二锑随炉气进入火柜，在火柜引适量空气使锑蒸气氧化成三氧化二锑（烟气温度 850～930℃），三氧化二锑随烟气经过火柜、水冷、表冷冷却沉降后，通过两级布袋除尘器过滤除尘，除尘物即锑氧粉作为反射炉原料，烟气进入双碱法脱硫系统脱硫和进一步除尘，达到国家规定的排放标准后经 60m 烟囱排放；炉渣从操作门扒出运焙烧渣场暂存后销售综合利用；炉底灰停炉时清除后进入回转窑。鼓风焙烧炉采用间断、分批、负压作业，同时严格控制不同温度下的鼓风量。

鼓风炉生产原理为：在一定温度下，在煤炭的作用下，使矿石中的锑挥发，并氧化为三氧化二锑。三氧化二锑随烟气进入收尘系统，冷凝为白色粉状结晶沉积下来，实现锑与脉石的分离。

焙烧炉产出含尘烟气、炉渣。含尘烟气进入窑后的除尘系统、脱硫装置做除尘净化处理。

Ⅲ. 烟气收集处理。鼓风焙烧炉产生的烟气及粉尘，经过火柜、水冷、表冷、两级布袋除尘的工艺除尘后，烟气进入双碱脱硫系统进行处理，然后通过60m高的烟囱达标排放。

Ⅳ. 炉渣收集处理。产出的炉渣为废弃物，送渣场暂存，定期外售综合利用。

② 回转窑系统

Ⅰ. 备料配料。低品位难处理锑矿石经过破碎满足回转窑挥发熔炼粒度的要求后用装载机运至料仓；熔炼用无烟煤经破碎达到合格粒度后用装载机运至煤仓；产自表面冷却器的锑氧粉属低品位物料，经配料制粒后，用装载机运至球团料仓；一些辅料（炉底灰、泡渣）等直接送至辅料料仓。各种料仓中的物料，按配料比，分别由各自料仓下的圆盘给料机定量给出，由小车或皮带运输机送达混料机做搅拌混料处理。经混料后的物料由皮带机送至待炼贮料仓做中间贮存，再用圆盘给料机实现向回转窑的均匀加料。

原料破碎、混料、制粒过程中会产生一定量的粉尘，处理措施为在原料料仓、配混料口上方采用移动式除尘器收集粉尘，经收集后由布袋除尘器除尘后，经排气筒排放。

Ⅱ. 回转窑挥发熔炼。按一定比例混合均匀后的物料进入回转窑，还需要鼓入富氧空气，以实现富氧熔炼。在1200～1300℃温度下，在煤炭的作用下，使矿石中的锑挥发，并氧化为三氧化二锑。三氧化二锑随烟气进入除尘系统（包括沉降室、表面冷却器、布袋除尘器），冷凝为白色粉状结晶沉积下来，实现锑与脉石的分离。

挥发窑熔炼产出含尘烟气、炉渣。含尘烟气进入窑后的除尘系统、脱硫装置做收尘净化处理。

Ⅲ. 烟气收集处理。出窑烟气的特性，一是高温，二是含有有价金属，同时还含有SO_2一类有害物质。烟气进入除尘系统（包括沉降室、表面冷却器、布袋除尘器）进行除尘处理后，进入现有脱硫系统脱硫后经烟囱外排。

沉降室的主要功能是使窑内化学反应继续，使物料中的锑组分进一步形成工艺需要的Sb_2O_3；烟气中含有的粗颗粒烟尘得以沉降。由于沉降的烟尘含Sb_2O_3量少，不能作为精炼的原料。本项目沉降室收下的锑氧粉以返料形式再次挥发或二次配料后再挥发。

表面冷却器是促使烟气冷却，使其进入后续布袋除尘器完成烟尘捕集工作的重要设施。在烟气温度降低的同时，烟尘也有少量沉降。在熔炼低品位矿石的情况下，沉降的烟尘含锑量小，杂质含量高，不能进入精炼工序，应经过制粒后以返料形式返回回转窑再熔炼。

布袋除尘器是捕集烟气中烟尘的重要设施，既是净化烟气的重要环节，也是精锑生产原料供给的重要保证，还是贫锑矿资源综合回收利用的重要保证。设备中捕下的含Sb_2O_3烟尘送反射炉熔炼精锑。

布袋处理后的烟气中尚含有少量SO_2，进入现有脱硫系统净化治理，实现废气的达标排放。

Ⅳ. 炉渣收集处理。产出的炉渣为废弃物，送渣场暂存，定期外售综合利用。

③ 反射炉系统

Ⅰ. 配料。锑氧粉按含锑、铅、砷量的高低予以合理配料成混合锑氧粉（热锑氧），再与洗精煤、烧碱按比例配料后输送至反射炉双螺旋卸料器，混合均化后从反射炉顶加料口卸入反射炉熔池。

Ⅱ. 熔化和还原。利用烟煤作燃料控制炉温在1150～1180℃，入炉料（锑氧粉和精洗煤）由反射炉顶加料口加入反射炉熔池进行熔炼，熔炼中适当翻动炉料，加速熔化过程，保持高温熔炼6h以上，直至炉料化平。当炉渣黏结或夹带锑珠时，添加纯碱助熔；为了加速熔化与还原，缩短冶炼时间，采用重复数次熔化、还原，一次性除渣作业，泡渣送回转窑挥发熔炼。

主要原理：锑氧粉的还原熔炼是在一定温度下，以固体炭为还原剂，使锑氧还原为金属粗锑。氧化锑的还原熔炼包括氧化锑还原成金属和原料中脉石的造渣两个紧密联系的反应过程。还原剂采用洗精煤（粒径小于5mm）。

氧化锑的整个还原过程如下：固体炭气化产生的还原气体CO扩散到液态金属氧化物中；还原气体CO在反应界面进行还原反应；气体还原物CO_2通过熔体扩散到固体炭表面；气体还原产物CO_2在固体炭表面反应；气体还原产物通过熔体表面扩散到气箱中。氧化锑的还原反应及布多尔反应的速度很快，整个还原过程的反应速度主要受气体扩散速度的控制。造渣是除杂的主要过程，在锑氧粉的还原熔炼过程中，采用纯碱作为熔剂，纯碱熔点低、密度小且碱性强，能与各种酸性氧化物形成熔点低、流动性好的炉渣（泡渣），是由锑氧粉中的脉石成分、还原剂的灰分、添加的熔剂、锑及砷等组成的各种化合物，包括金属锑、锑酸钠、砷酸钠、铅酸钠、硅酸钠、亚锑酸钠、亚砷酸钠等。还原熔炼过程中大部分杂质进入炉渣而去除，少量杂质则挥发进入烟尘中。

Ⅲ. 精炼。还原熔炼结束，根据锑液中As、Se、Pb的含量和产品精锑的质量要求，进行除As、Se和Pb；除铅一次性加入复合磷酸盐除铅剂，控制炉温、鼓入压缩空气吹炼，吹炼完成后吹炼渣（铅渣）从操作门扒出，运铅渣库临时贮存。除As、Se一次或分次加入烧碱控制炉温，鼓入压缩空气进行吹炼，吹炼完成后吹炼渣（砷碱渣）从操作门扒出，运碱渣库临时贮存。Fe一般在还原熔炼过程中从泡渣中除去。Cu、Sn因含量较低一般均不需要单独去除即可达到产品质量要求。

主要原理：精炼是控制合适的工艺条件，使杂质金属形成密度较锑液小的浮渣而分离除去，生产精锑。

Ⅳ. 烟气收集处理。反射炉产生的烟气及粉尘，经过火柜、水冷、表冷、两级布袋除尘的工艺除尘后，再进入双碱脱硫系统进行处理，然后通过60m高的烟囱达标排放。

Ⅴ. 废渣收集处理。产出泡渣送回转窑挥发熔炼，铅渣、碱渣暂存后外售给有资质的处置单位。

Ⅵ. 锑的铸锭。铸锭的表面质量取决于许多影响因素。要想获得好的铸锭质量，在铸锭过程中要调整好下述主要影响因素：铸锭的锑液温度应控制在（750±50）℃。温度过高，会增加锑液的氧化挥发，同时会使锑锭产生表面缺陷；温度过低，不利于分离炉渣等夹杂物，也会使铸锭产生另一种表面缺陷。铸成的锑锭即为成品精锑。

技改完成后锑冶炼生产工艺流程及产污环节见图3-52。

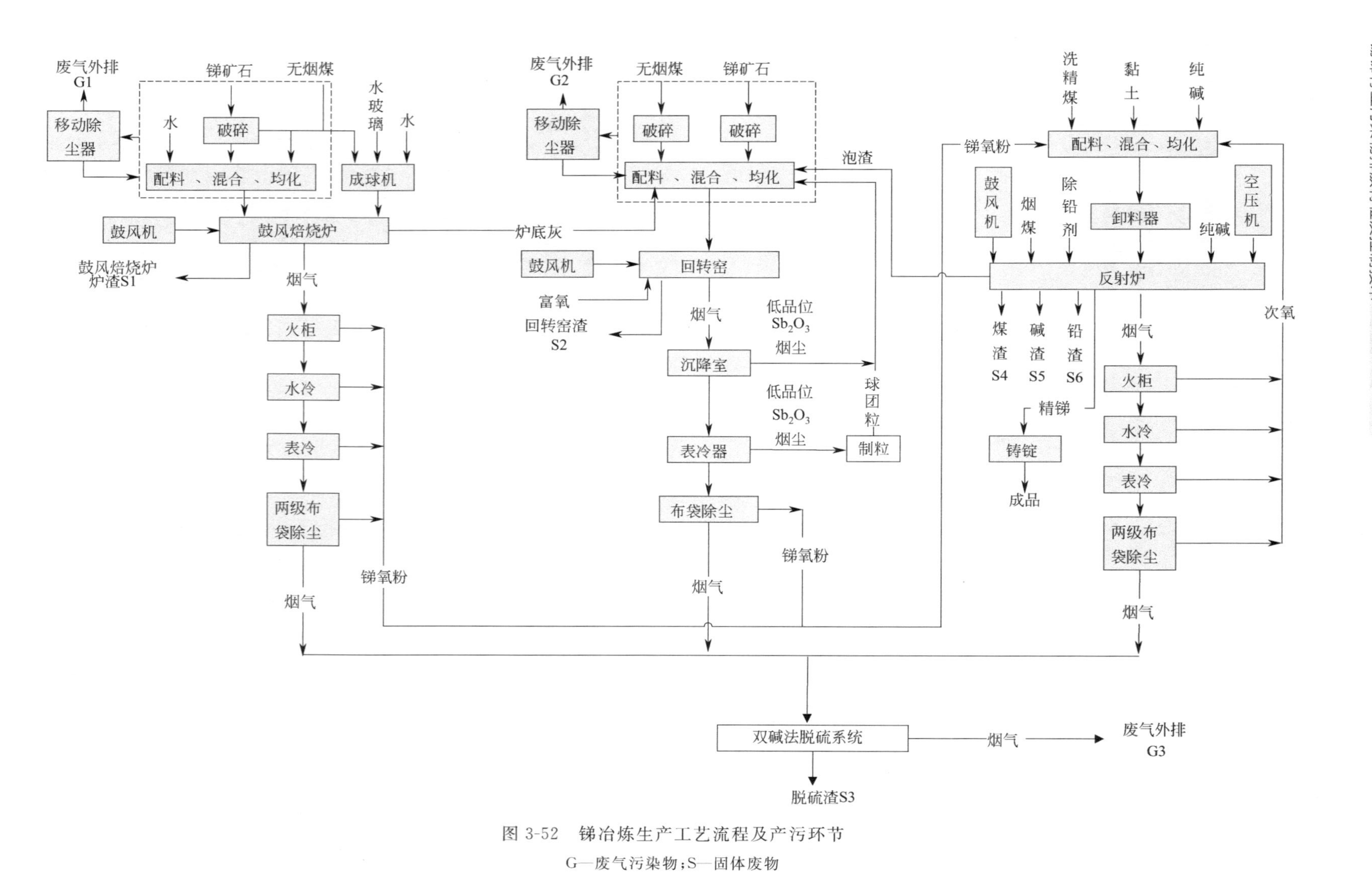

图 3-52 锑冶炼生产工艺流程及产污环节

G—废气污染物；S—固体废物

2）含锌废渣处理生产工艺

① 备料配料。含锌废渣利用装载机运至料仓；熔炼用无烟煤经破碎达到合格粒度后用装载机运至煤仓；产自沉降室、表面冷却器的低品位含氧化锌烟尘，经配料制粒后，用装载机运至球团料仓。各种料仓中的物料，按配料比，分别由各自料仓下的圆盘给料机定量给出，由皮带运输机送入混料机做搅拌混料处理。经混料后的物料由皮带机送至待炼贮料仓作中间贮存，再用圆盘给料机实现向回转窑的均匀加料。

原料破碎、配料过程中会产生一定量的粉尘，处理措施为在原料料仓、配混料口上方采用移动式除尘器收集粉尘，收集率为90%，经收集后由布袋除尘器除尘后，经排气筒排放。

② 回转窑挥发。按一定比例混合均匀后的物料进入回转窑，还需要鼓入空气、氧气，氧气由制氧站配送，以实现富氧熔炼。在1200～1300℃温度下，在煤炭的作用下，使含锌废渣中的锌挥发，并氧化为氧化锌。氧化锌随烟气进入除尘系统（包括沉降室、表面冷却器、布袋除尘器），冷凝后沉积下来。

挥发窑熔炼产出含尘烟气、炉渣。含尘烟气进入窑后的除尘系统、脱硫装置做除尘净化处理。

③ 烟气收集处理。出窑烟气的特性：一是高温；二是含有有价金属，同时还含有SO_2。烟气进入除尘系统（包括沉降室、表面冷却器、布袋除尘器）进行除尘处理后，进入脱硫系统脱硫，然后经烟囱外排。

沉降室的主要功能是窑内化学反应的继续，使物料中的锌组分进一步形成工艺需要的ZnO；烟气中含有的粗颗粒烟尘得以沉降。由于沉降的烟尘含ZnO量少，本项目沉降室收下的ZnO以返料形式再次挥发或二次配料后再挥发。

表面冷却器是促使烟气冷却，使其进入后续布袋除尘器完成烟尘捕集工作的重要设施。在烟气温度降低的同时，烟尘也有少量沉降。在熔炼低品位矿石的情况下，沉降下来的烟尘含锌量小，杂质含量高，经过制粒后以返料形式返回回转窑再熔炼。

布袋除尘器是捕集烟气中尘粒的重要设施，既是净化烟气的重要环节也是含锌废渣综合回收利用的重要保证。设备中捕集下来的含ZnO烟尘作为产品外售。

布袋处理后的烟气中尚含有少量SO_2，进入脱硫系统净化治理，实现废气的达标排放。

④ 炉渣收集处理。产出的炉渣为废弃物，送渣场暂存，定期外售综合利用。

含锌废渣处理生产工艺流程及产污环节见图3-53。

（2）污染防治情况

1）废水污染防治情况

生产废水有回转窑设备冷却水、回转窑冲渣水、鼓风焙烧炉设备冷却水、鼓风焙烧炉冲渣水、反射炉设备冷却水、烟气脱硫废水、辅助生产废水、初期雨水。

回转窑设备冷却水、鼓风焙烧炉设备冷却水、反射炉设备冷却水等排污水循环使用，不外排。污染性生产废水为回转窑冲渣水、鼓风焙烧炉冲渣水、烟气脱硫废水、辅助生产废水，这部分废水均循环使用，不外排。

① 锑冶炼回转窑设备冷却水主要用于窑身冷却，风机、沉降室等设备冷却，冷却水

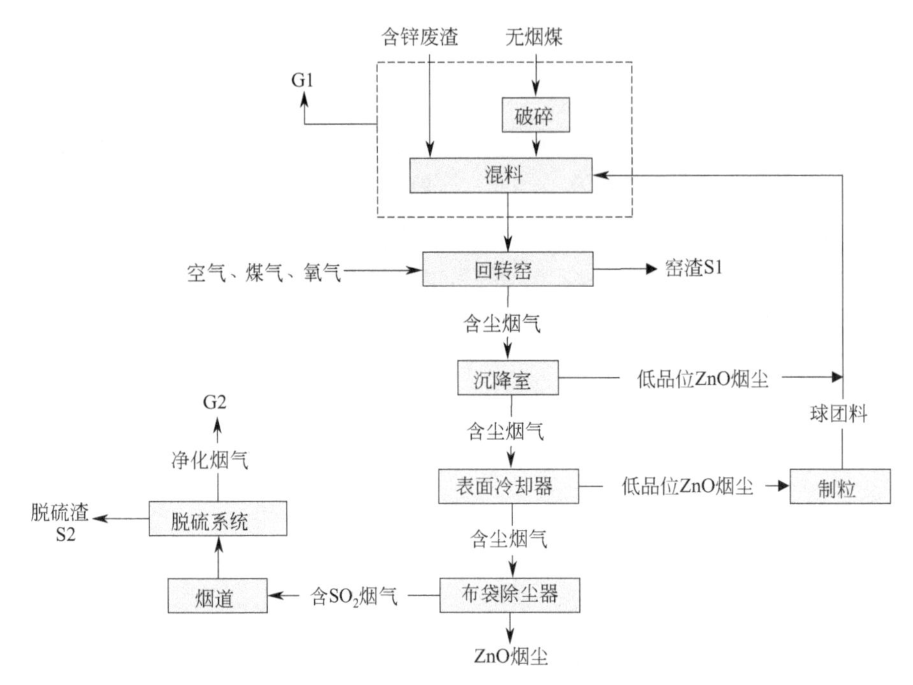

图 3-53　含锌废渣处理生产工艺流程及产污环节

G—废气污染物；S—固体废物

用量 623.2m^3/d，损耗水量 18.2m^3/d，产生冷却废水 605m^3/d，进入 15000m^3 蓄水池后首先回用于冲渣，多余的再回用于回转窑设备冷却。

② 含锌废渣处理回转窑设备冷却水主要用于窑身冷却，风机、沉降室等设备冷却，冷却水用量 623.2m^3/d，损耗水量 18.2m^3/d，产生冷却废水 605m^3/d，进入 15000m^3 蓄水池后首先回用于冲渣，多余的再回用于回转窑设备冷却。

③ 鼓风焙烧炉设备冷却水主要用于水冷却、风机等设备冷却，冷却水用量 178.2m^3/d，损耗水量 5.2m^3/d，产生冷却废水 173m^3/d，进入 18700m^3 蓄水池首先回用于冲渣，多余的再回用于设备冷却。

④ 反射炉设备冷却水主要用于水冷却、风机等设备冷却，冷却水用量 190.6m^3/d，损耗水量 5.6m^3/d，冷却废水产生量 185m^3/d，进入 18700m^3 蓄水池后回用于设备冷却。

⑤ 锑冶炼冲渣水量为 221.8m^3/d，损耗水量 16.6m^3/d，产生冲渣废水 205.2m^3/d，冲渣水利用循环水池循环利用。

⑥ 含锌废渣处理回转窑冲渣水水量为 147.2m^3/d，损耗水量 11m^3/d，产生冲渣废水 136.2m^3/d，冲渣水利用循环水池循环利用。

⑦ 鼓风焙烧炉冲渣水量为 110.4m^3/d，损耗水量 8.3m^3/d，产生冲渣废水 102.1m^3/d，冲渣水利用循环水池循环利用。

⑧ 烟气脱硫用水量为 7604m^3/d，损耗水量 76m^3/d，产生废水 7528m^3/d，经循环水池循环使用，无废水外排。

⑨ 厂区内设置雨污分流系统，初期雨水进入 1300m^3 初期雨水收集池（兼作事故水池），回用于冲渣或设备冷却。

初期雨水收集措施：为防止生产区的污染物在雨季时对环境造成污染，本项目设置初期雨水收集系统，将厂区的初期雨水收集后进入1300m^{3}初期雨水收集池（兼作事故水池），生产区初期雨水收集方式为排水水沟＋切换井＋1300m^{3}蓄水池，通过切换井阀门控制。收集前30min的初期雨水进入1300m^{3}蓄水池，后期雨水通过切换井直接排入雨水系统外排。

2）废气污染防治情况

废气包括反射炉烟气、锑冶炼回转窑烟气、含锌废渣冶炼回转窑烟气。

1$^{\#}$回转窑（锑冶炼）废气、2$^{\#}$回转窑（含锌废渣处理）废气等，两座回转窑烟气分别经各自单独的除尘系统除尘后进入脱硫系统脱硫处理，统一外排。废气污染治理设施建设情况见表3-11。

表3-11 废气污染治理设施建设一览表

序号	污染源	污染物	治理设施及数量	污染物去向
1	锑冶炼回转窑烟气	废气、颗粒物、二氧化硫、氮氧化物、锑、锡、铅、砷、汞、镉	270m^{3}沉降室、2610m^{2}表冷器、布袋除尘器1套	烟气经布袋除尘器处理后，经497m烟道进入脱硫系统脱硫处理
2	含锌废渣冶炼回转窑烟气		270m^{3}沉降室、2610m^{2}表冷器、布袋除尘器1套	

3）固体废物处理处置情况

主要固体废弃物包括鼓风炉收尘灰、鼓风炉炉渣（水冲渣）、鼓风炉高锑渣、反射炉泡渣、反射炉铅渣、反射炉碱渣、回转窑水冲渣、回转窑收尘灰、脱硫塔脱硫渣等。

全厂生产中涉及的危险废物有铅渣、碱渣、泡渣、脱硫石膏渣、蓄水池污泥。危险废物产生环节及处理处置方式见表3-12。

表3-12 危险废物产生环节及处理处置方式

序号	种类	产生环节(车间)	处置方式
1	铅渣	反射炉车间	委托有资质的单位进行处置
2	碱渣	反射炉车间	部分返回反射炉，委托有资质的单位进行处置
3	泡渣	反射炉车间	目前回用于鼓风焙烧炉
4	蓄水池污泥	污水处理系统	返回锑冶炼回转窑做无害化处理

各类固体废物处理处置情况如下：

① 鼓风炉收尘灰为锑冶炼主要原料，用于反射炉炼锑；

② 鼓风炉低锑渣（水淬渣）为一般固体废物，销售，综合利用；

③ 鼓风炉高锑渣因含锑品位较好，返回鼓风炉作为原料继续鼓风挥发；

④ 反射炉泡渣因含锑品位较好，返回鼓风炉作为原料继续鼓风挥发；

⑤ 反射炉碱渣中因含有生产中的部分碱和锑，目前实际生产中部分返回反射炉，部分委托有资质的单位进行处置；

⑥ 反射炉铅渣因含铅，委托有资质的单位进行处置；

⑦ 脱硫塔脱硫渣目前堆存于新建的脱硫渣库，至一定量后送渣库暂存；

⑧ 回转窑收尘灰为锑冶炼主要原料，用于反射炉炼锑；

⑨ 回转窑水淬渣为一般固体废物，综合利用。

为防治固体废物污染，建设3个30m×25m危险废物暂存库，用于堆存反射炉泡渣、反射炉碱渣和反射炉铅渣。危险废物暂存库按危险废物管理相关要求建设。

3.3 锡锑行业污染物排放特征

3.3.1 锡行业污染物排放特征

（1）锡采选行业特征污染物

锡采选废水中主要重金属污染物有Sn、As、Cu、Cd、Pb等。破碎筛分工序产生的粉尘，特征污染物为伴生的重金属，如As、Pb、Cd、Zn、Cu等。产生的废石一般用于井下充填或在废石场堆存，产生的尾砂进入尾矿库堆存。

（2）锡冶炼行业特征污染物

锡冶炼废水、废气特征污染物如表3-13所列。

表3-13 锡冶炼废水、废气特征污染物

生产设施	排放口	排放口类型	污染因子
废气有组织排放			
炼前处理系统	装置排气口	主要排放口	颗粒物、二氧化硫、氮氧化物、氟化物、锡及其化合物、汞及其化合物、镉及其化合物、铅及其化合物、砷及其化合物和锑及其化合物
还原熔炼系统	装置排气口	主要排放口	颗粒物、二氧化硫、氮氧化物、氟化物、锡及其化合物、汞及其化合物、镉及其化合物、铅及其化合物、砷及其化合物和锑及其化合物
挥发熔炼系统	装置排气口	主要排放口	颗粒物、二氧化硫、氮氧化物、氟化物、锡及其化合物、汞及其化合物、镉及其化合物、铅及其化合物、砷及其化合物和锑及其化合物
环境集烟	装置排气口	主要排放口	颗粒物、二氧化硫、氮氧化物、氟化物、锡及其化合物、汞及其化合物、镉及其化合物、铅及其化合物、砷及其化合物和锑及其化合物
配料系统	装置排气口	一般排放口	颗粒物、锡及其化合物、汞及其化合物、镉及其化合物、铅及其化合物、砷及其化合物和锑及其化合物
粉煤制备系统	装置排气口	一般排放口	颗粒物
精炼系统	装置排气口	一般排放口	颗粒物、二氧化硫、氮氧化物、氟化物、锡及其化合物、汞及其化合物、镉及其化合物、铅及其化合物、砷及其化合物和锑及其化合物
锅炉	烟气排放口	一般排放口	颗粒物、二氧化硫、氮氧化物、汞及其化合物、烟气黑度（林格曼黑度，级）

废水排放			
废水类别	排放口	排放口类型	污染因子
废水	车间或生产装置排放口	主要排放口	总汞、总镉、总铅、总砷、六价铬
	企业废水总排放口	主要排放口	pH值、石油类、悬浮物、化学需氧量、硫化物、氨氮、总磷、总氮、氟化物、总铜、总锌、总锡、总锑、总汞、总镉、总铅、总砷、六价铬

锡冶炼厂的废渣主要是指烟化炉渣、高砷污泥渣、低砷污泥渣、脱硫石膏等，含有As、Cd等重金属污染物。

3.3.2 锑行业污染物排放特征

（1）锑采选行业特征污染物

锑采选废水中主要重金属污染物有Sb、As、Cu、Cd、Pb等。破碎筛分工序产生的粉尘，特征污染物为伴生的重金属，如As、Pb、Cd、Zn、Cu等。产生的废石一般用于井下充填或在废石场堆存，产生的尾砂进入尾矿库堆存。

（2）锑冶炼行业特征污染物

锑冶炼废水、废气特征污染物如表3-14所列。

表 3-14　锑冶炼废水、废气特征污染物

生产设施	排放口	排放口类型	污染因子
废气有组织排放			
以锑精矿为原料			
配料系统	装置排气筒	一般排放口	颗粒物、锡及其化合物、汞及其化合物、镉及其化合物、铅及其化合物、砷及其化合物和锑及其化合物
挥发熔炼系统（包括前床）	装置排气筒	主要排放口	颗粒物、二氧化硫、氮氧化物、锡及其化合物、汞及其化合物、镉及其化合物、铅及其化合物、砷及其化合物和锑及其化合物
挥发焙烧系统	装置排气筒	主要排放口	颗粒物、二氧化硫、氮氧化物、锡及其化合物、汞及其化合物、镉及其化合物、铅及其化合物、砷及其化合物和锑及其化合物
还原熔炼系统	装置排气筒	主要排放口	颗粒物、二氧化硫、氮氧化物、锡及其化合物、汞及其化合物、镉及其化合物、铅及其化合物、砷及其化合物和锑及其化合物
环境集烟（进料、出渣、出锑口等）	装置排气筒	一般排放口	颗粒物、二氧化硫、氮氧化物、锡及其化合物、汞及其化合物、镉及其化合物、铅及其化合物、砷及其化合物和锑及其化合物
以铅锑精矿为原料			
沸腾焙烧系统	装置排气筒	主要排放口	颗粒物、二氧化硫、氮氧化物、锡及其化合物、汞及其化合物、镉及其化合物、铅及其化合物、砷及其化合物和锑及其化合物
烧结系统	装置排气筒	主要排放口	颗粒物、二氧化硫、氮氧化物、锡及其化合物、汞及其化合物、镉及其化合物、铅及其化合物、砷及其化合物和锑及其化合物
还原熔炼系统	装置排气筒	主要排放口	颗粒物、二氧化硫、氮氧化物、锡及其化合物、汞及其化合物、镉及其化合物、铅及其化合物、砷及其化合物和锑及其化合物
精炼系统	装置排气筒	主要排放口	颗粒物、二氧化硫、氮氧化物、锡及其化合物、汞及其化合物、镉及其化合物、铅及其化合物、砷及其化合物和锑及其化合物

续表

生产设施	排放口	排放口类型	污染因子
废气有组织排放			
以铅锑精矿为原料			
吹炼系统	装置排气筒	主要排放口	颗粒物、二氧化硫、氮氧化物、锡及其化合物、汞及其化合物、镉及其化合物、铅及其化合物、砷及其化合物和锑及其化合物
环境集烟(配料、进料、出渣、出锑口等)	装置排气筒	主要排放口	颗粒物、二氧化硫、氮氧化物、锡及其化合物、汞及其化合物、镉及其化合物、铅及其化合物、砷及其化合物和锑及其化合物
以锑金精矿为原料			
配料系统	装置排气筒	一般排放口	颗粒物、锡及其化合物、汞及其化合物、镉及其化合物、铅及其化合物、砷及其化合物和锑及其化合物
挥发熔炼系统(包括前床)	装置排气筒	主要排放口	颗粒物、二氧化硫、氮氧化物、锡及其化合物、汞及其化合物、镉及其化合物、铅及其化合物、砷及其化合物和锑及其化合物
还原熔炼系统	装置排气筒	主要排放口	颗粒物、二氧化硫、氮氧化物、锡及其化合物、汞及其化合物、镉及其化合物、铅及其化合物、砷及其化合物和锑及其化合物
吹灰系统	装置排气筒	主要排放口	颗粒物、二氧化硫、氮氧化物、锡及其化合物、汞及其化合物、镉及其化合物、铅及其化合物、砷及其化合物和锑及其化合物
炼金系统	装置排气筒	一般排放口	颗粒物、二氧化硫、氮氧化物、锡及其化合物、汞及其化合物、镉及其化合物、铅及其化合物、砷及其化合物和锑及其化合物
环境集烟(进料、出渣、出锑口等)	装置排气筒	一般排放口	颗粒物、二氧化硫、氮氧化物、锡及其化合物、汞及其化合物、镉及其化合物、铅及其化合物、砷及其化合物和锑及其化合物
以精锑为原料			
锑白炉	装置排气筒	一般排放口	颗粒物、二氧化硫、氮氧化物、锑及其化合物
其他			
锅炉	烟气排放口	一般排放口	颗粒物、二氧化硫、氮氧化物、汞及其化合物、烟气黑度(林格曼黑度,级)
废气无组织排放			
厂界	企业周边		硫酸雾、锡及其化合物、汞及其化合物、镉及其化合物、铅及其化合物、砷及其化合物和锑及其化合物
废水排放			
废水类别	排放口	排放口类型	污染因子
废水	车间或生产装置排放口	主要排放口	总汞、总镉、总铅、总砷、六价铬

续表

废水排放			
废水类别	排放口	排放口类型	污染因子
废水	企业废水总排放口	主要排放口	pH 值、石油类、悬浮物、化学需氧量、硫化物、氨氮、总磷、总氮、氟化物、总铜、总锌、总锡、总锑、总汞、总镉、总铅、总砷、六价铬

锑冶炼厂的废渣主要是指挥发熔炼渣、砷碱渣、泡渣、脱硫石膏等，含有 As、Cd、Pb 等重金属污染物。

3.3.3　主要污染物资源化利用情况

（1）采选行业

胶结充填开采技术是将废石、尾矿和水泥等固体物料与少量水搅拌制备成充填料浆，充填至采空区的充填开采技术。该技术已在国内多家矿上得到了成功应用，取得了良好效果。

（2）锡冶炼行业

云锡集团采用可再生胺吸收解吸工艺对烟气进行脱硫，产出纯净、高浓度的 SO_2 气体用于制酸，在进一步降低 SO_2 排放总量的同时，消除原有湿法脱硫过程中石灰制备粉尘污染、污水和石膏渣带来的环境污染隐患，实现清洁生产和 SO_2 的综合回收利用。

来自可再生胺系统的纯净的 SO_2 气体经干燥塔干燥后，经过转化、吸收工序产生成品硫酸，吸收塔产生的尾气则进入可再生胺系统。

其工艺过程见图 3-54。

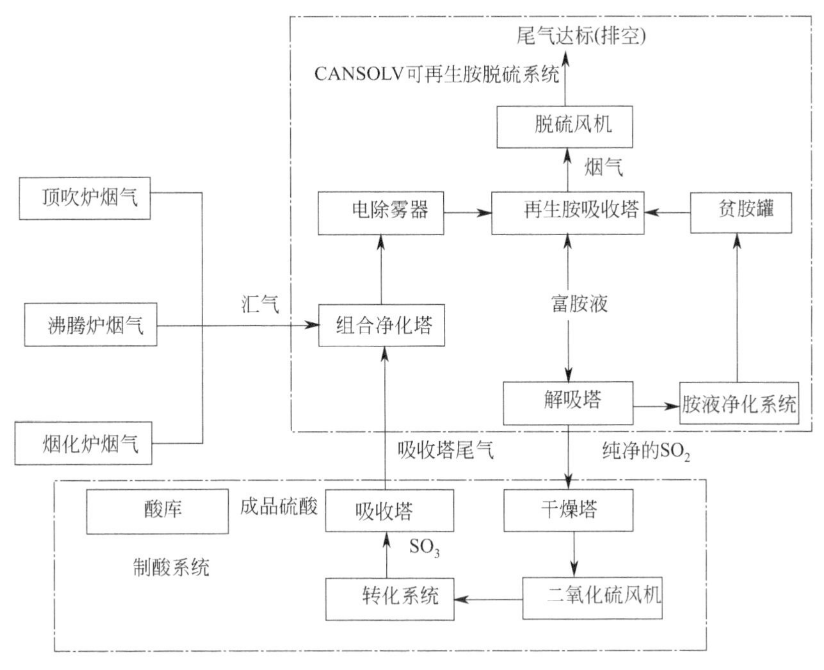

图 3-54　可再生胺吸收解吸系统、制酸系统工艺过程

（3）锑冶炼行业

冷水江锑都环保有限责任公司采用有色冶炼砷碱渣高精度矿化分离及减污降碳资源化利用关键技术，实现了砷碱渣的资源化利用。

具体包括：

① 开发了砷碱渣中温选择性循环浸出技术，实现砷碱渣中杂质元素的高效抑制，碱与砷高效浸出；

② 开发了浸出渣火法协同安全处置技术与装备，浸出渣通过火法协同实现渣中锑的资源化回收以及渣的无害化利用；

③ 开发了砷碱渣浸出液连续盐析砷钠预分离技术与设备，产出合格的碳酸氢钠产品；

④ 开发了高碱/盐体系砷酸复盐高效矿化分离技术，实现砷的高效富集。

砷碱渣中有用碱组分回收率大于90%，锑组分回收率大于80%，产出含砷30%以上的高砷产品；整个系统对砷碱渣原料适用性强，实现了工业用水的循环利用。

第4章 锡锑行业污染控制技术

4.1 锡锑行业污染控制技术现状

4.1.1 水污染防治技术

4.1.1.1 采选行业

采选行业含重金属废水的处理，常规典型的处理技术为化学沉淀法、电化学法、生物制剂法和吸附法。

4.1.1.2 冶炼行业

冶炼行业含重金属废水的处理，常规典型的处理技术为化学沉淀法、膜法、电化学法、生物制剂法和吸附法等。

（1）吸附法处理技术

1）技术原理

固体表面有吸附水中溶解物质及胶体物质的能力，比表面积很大的活性炭等具有很高的吸附能力，可用作吸附剂。吸附可分为物理吸附和化学吸附。如果吸附剂与被吸附物质之间是通过分子间引力（即范德华力）而产生吸附，称为物理吸附；如果吸附剂与被吸附物质之间产生化学作用，生成化学键引起吸附，称为化学吸附。离子交换实际上也是一种吸附。

通过吸附剂吸附废水中的重金属离子，利用吸附剂的大比表面积和对重金属离子的选择性，深度去除水中的重金属离子。吸附剂可再生重复使用。

① 活性炭对砷锑的吸附。活性炭具有制备来源广、吸附性能好的特点。

② 铁氧化物对砷锑的吸附。铁氧化物对含砷锑的废水有较好的专性吸附能力，如果制备成多孔的粒状吸附剂，铁氧化合物可作为有效的吸附剂，应用于此类废水的净化中。

2）技术特点

由于吸附法对进水的预处理要求高，吸附剂的价格昂贵，因此在废水处理中吸附法主要用来去除废水中的微量污染物，达到深度净化的目的。

3）技术适用性

该技术通常适用于重金属废水深度处理。

（2）石灰-铁盐处理技术

1）技术原理

石灰-铁盐法是向废水中加石灰乳［$Ca(OH)_2$］，并投加铁盐，使重金属离子与氢氧根反应，生成难溶的金属氢氧化物沉淀，分离去除污水中的 As、Cu 等重金属离子。如废水中含有氟时，需投加铝盐。铁盐通常采用硫酸亚铁、三氯化铁和聚铁，铝盐通常采用硫酸铝、氯化铝。

2）技术特点

该技术除砷效果好，工艺流程简单，设备少，操作方便，可去除钒、锰、铁、钴、镍、铜、锌、镉、锡、汞、铅、铋等，可以使除汞之外的所有重金属离子共沉，但砷渣过滤困难。

3）技术适用性

该技术适用于含砷、含锑、含氟、含重金属的酸性废水处理。

（3）电化学技术

1）技术原理

电化学技术的工作原理是通过对设定间距极板之间的水加上一定的电压，使水中的各种有机物破碎分解，将大分子破碎成小分子，再参与水中的电子流运动得到电子或失去电子，最终与极板上析出的金属盐类产生共沉析出。而水中的重金属离子则在一定的电压、电流作用下，先打断其在水中复杂的络合链或螯合链，再参与得到电子或失去电子的置换反应（主要是与水中的金属离子如 Fe、Al），最终会部分成为细微的分子粒状态沉淀或仍然以金属离子的氢氧化物沉淀形式与 Fe、Al 氢氧化物共沉析出。其反应是一个复杂的氧化、还原、中和、凝聚、气浮分离等多种物理化过程。

电化学（ECS）基本原理如图 4-1 所示。

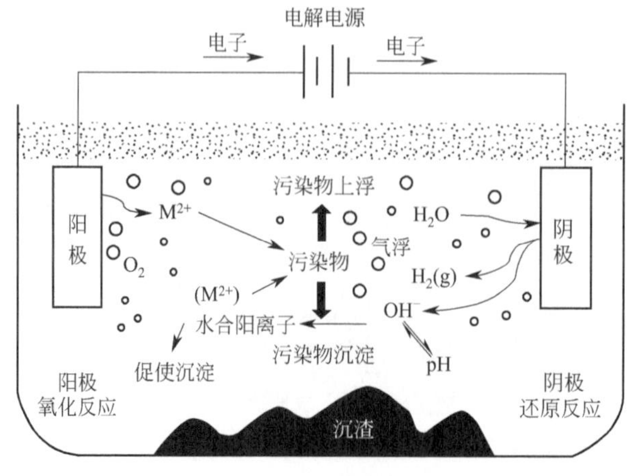

图 4-1　电化学（ECS）基本原理

2）高压低流电化学技术特点

高压低流电化学技术反应的产物只是离子，不需要投加任何氧化剂或还原剂，对环境不产生或很少产生污染，被称为一种环境友好的水处理技术，其特点很多，如：

① 投资成本低、应用范围广、占地面积小；

② 适应性强，可根据水质、水量的变化进行灵活调整，应变快速，处理水质稳定；

③ 不受环境条件、温度变化影响，系统工作和出水水质能维持稳定；

④ 以交流电直接供电，耗电少（仅为传统电解法的 1/10～1/5）；

⑤ 电絮凝过程中不需要添加任何化学药剂，产生的污泥量少，约为传统工艺的 1/3，且污泥的含水率低，易于处理；

⑥ 操作简单，只需要改变电场的外加电压就能控制运行条件的改变，很容易实现自动化控制。操作简单，维护简易，劳动强度低。

（4）生物制剂技术

1）技术原理

生物制剂是以硫杆菌为主的复合特异功能菌群在非平衡生长（缺乏氮、氧、磷、硫）条件下大规模培养形成的代谢产物与某种无机化合物复配，形成的一种带有大量羟基、巯基、羧基、氨基等功能基团的聚合物，在低 pH 值条件下呈胶体粒子状态存在，可与金属离子 Cu^{2+}、Pb^{2+}、Zn^{2+}、Hg^{2+}、Cd^{2+} 成键形成生物配合体。然后在 pH 9～10 时水解，诱导生物配位体形成的胶团长大，并形成溶度积非常小的含有多种元素的非晶态化合物，从而使重金属离子高效脱除。

2）技术特点

在整个系统的运行过程中，无废气产生，节约能源。系统抗污染物冲击负荷强，净化高效，运行稳定。

处理快速高效，反应时间只需 10～30min 且工艺稳定，高效处理 COD_{Cr} 的同时，对重金属离子实现同时深度脱除。

设备设施简单，布局紧凑，投资成本低，可结合自控系统减少人工劳动力。

对于常规的重金属废水处理药剂成本很低，且处理后的净化水能够满足回用的要求。

（5）膜分离处理技术

1）技术原理

膜分离处理技术的原理是使某些种类分子选择性的透过膜，与此同时可以阻挡其他种类的分子。其优点是可以去除水中的很多污染物，如细菌、无机盐和重金属等。膜分离分为两类：低压膜分离（如微滤及超滤）以及高压膜分离（如纳滤和反渗透）。

2）技术特点

① 微滤/超滤（MF/UF）。MF/UF 去除重金属的前提是混凝法，例如铁盐混凝法，先将可溶态重金属共沉淀或者吸附于铁盐形成的胶体颗粒上后才得以实施。因此，MF/UF 一般要与混凝/絮凝技术结合，作为去除混凝体的手段，一般不单独使用，其孔径在 0.1～1μm 之间，一般被用来去除细菌和悬浮颗粒物。

超滤膜的孔径一般在 0.0003～0.1μm 之间，可以用来去除胶体、病毒和一些蛋白质。超滤（UF）技术是根据膜的孔径和溶质分子的大小进行筛分，实现溶质的分离、截留和浓缩。膜性质、产水率、渗透通量和原水水质，如重金属离子浓度、水温、pH 值、共存阴阳离子等因素都会影响 UF 膜的除砷效果。

处理效率可维持在较高水平，但是 MF/UF 的膜成本高且操作繁杂，另外处理的长期稳定性以及膜的清洗等，使膜法的技术成本急剧上升。

② 反渗透废水深度处理技术。反渗透废水深度处理技术是为提高水的重复利用率，对不含有毒有害物质的一般生产废水进行深度处理，使处理后水质达到工业循环水的标准，回用作循环水系统的补充水。

反渗透的原理从字面上就能理解，它是利用超过溶液渗透压的压力大小驱使水分子通过致密的反渗透膜，而其他离子因为半径比水大而不能透过，从而实现水和其他阴阳离子的分离。从 20 世纪 60 年代开始，反渗透已经广泛应用于海水的淡化和苦咸水的脱盐。

③ 技术适用性。该技术的优点是先进、稳定、有效的除盐，易于自动控制；缺点是预处理要求较高、初期投资较大，能耗较大，膜的替换成本较高。

该技术适用于需要深度处理，排放标准控制要求高的废水。

4.1.2 大气污染防治技术

4.1.2.1 采选行业

(1) 湿式凿岩技术

该技术通过喷雾洒水捕获粉尘；或对钎杆供水，湿润、冲洗，并排出颗粒物，从而从源头抑制粉尘产生。如在水中添加湿润剂，除尘效果更佳。

该技术从源头减少粉尘产生并防止粉尘飞扬，通常用于地下矿山凿岩、爆破、岩矿装运等作业，通过井下湿式凿岩、洒水降尘及加强通风，可以将风井井口的粉尘浓度降低到 $2mg/m^3$ 以下。

该技术工艺中水压不低于 304kPa，风压大于 5.07MPa；喷雾洒水工艺中喷雾器水雾粒度宜为 $200\mu m$ 以下。从源头减少粉尘产生量，防止粉尘飞扬。

(2) 就地抑尘技术

该技术是应用压缩空气冲击共振腔产生超声波，超声波将水雾化成浓密的、直径 $1\sim50\mu m$ 的微细雾滴，雾滴在局部密闭的产尘点内捕获、凝聚细粉尘，使粉尘迅速沉降，实现就地抑尘。

该技术显著降低产尘点扬尘浓度，无需清灰，避免二次污染。就地抑尘技术比其他收尘系统节省 30%～50%投资，节能 50%，且占据空间小，节省场地。

该技术适用于矿石破碎点、筛分点和皮带运输转载点等产尘点。

该技术超声雾化器工作时压缩空气压力为 0.3～0.4MPa，水压为 0.1～0.15MPa，耗气量为 $0.08\sim0.1m^3/min$，耗水量为 0.3～0.5L/min。袋式除尘器一次性投资约为 10 元/($m^3\cdot h$)，换料、电耗等运行费约 60 元/万吨矿石。

(3) 袋式除尘技术

该技术利用纤维织物的过滤作用对含尘气体进行过滤。当含尘气体进入袋式除尘器后，颗粒大、密度大的粉尘，由于重力的作用沉降下来，落入灰斗；含有较细小粉尘的气体在通过滤料时，粉尘被阻留，气体得到净化。

该技术除尘效率高，可达 99%以上，但运行维护工作量较大，滤袋破损需及时更换。

为避免潮湿粉尘造成糊袋现象，应采用由防水滤料制成的滤袋。该技术适用于已建和新建选矿厂破碎筛分系统除尘。

该技术气布比为 0.8～1.2m/min；系统阻力小于 1500Pa；系统漏风系数小于 3%。对于粒径 0.5μm 的粉尘，除尘效率为 98%～99%，总除尘效率可达 99%。

(4) 文氏管除尘技术

文氏管除尘技术通过减小雾化液滴的直径，提高液滴与尘粒间的相对速度，进一步提高对微小尘粒的捕集效果。当空气经过文氏管的喉管时，流速增加，水管喷水，水在高速下分离成细小水滴，在喉管中与粉尘撞击，使其颗粒变小，被粉尘吸收。

该技术除尘效率可以达到 95%～99%，具有设备结构简单、可以捕集细粒烟尘、除尘效率高的特点。

4.1.2.2　锡冶炼行业

(1) 除尘

原料制备、炼前处理、还原熔炼、挥发熔炼和精炼废气，通过对废气的收集，主要采用电除尘器、袋式除尘器、动力波洗涤等单个或组合工艺进行处理。

1) 袋式除尘技术

① 技术原理。袋式除尘器是利用纤维性滤袋捕集粉尘的除尘设备。随着滤尘过程不断进行，滤袋内表面捕集的粉尘越来越厚，粉尘层阻力增大，当阻力达到一定值时，清除滤袋上的积尘。

② 消耗及污染物排放。袋式除尘器的运行费用主要是更换滤袋的费用。袋式除尘器的电能消耗主要来自设备阻力消耗、清灰系统消耗、卸灰系统消耗。

袋式除尘器的除尘总效率在 99.5%以上，最高可达 99.99%。烟粉尘排放浓度可低于 $30mg/m^3$。

③ 技术适用性及特点。袋式除尘一般能捕集 0.1μm 以上的烟尘，且不受烟尘物理化学性质影响，但对烟气性质，如烟气温度、湿度、有无腐蚀性等要求较严。袋式除尘器与电除尘器相比，一次性投资小，但后期维护费用较大。袋式除尘技术在锡冶炼厂一般可用于精矿干燥除尘、鼓风炉烟气除尘、烟化炉烟气除尘等。当袋式除尘用于精矿干燥除尘时，由于烟气温度低且含水分高，应采用抗结露覆膜滤料。清灰方式采用脉冲清灰。袋式除尘器也适用于通风除尘系统及环保排烟系统的废气净化。

2) 电除尘技术

① 技术原理。利用强电场使气体发生电离，进入电场空间的烟尘荷电，在电场力作用下向相反电极性的极板移动，并通过振打等方式将沉积在极板上的烟尘收集下来。

② 消耗及污染物排放。该技术除尘效率在 99.0%～99.8%，能耗低。

③ 技术适用性及特点。可应用于高温、高压环境，系统阻力小，运行维护费用低于袋式除尘器，但一次性投资大，应用范围受粉尘比电阻的限制，对细粒子的去除效果低于袋式除尘器。

(2) 脱硫

在炼锡厂，无论是精矿的炼前焙烧还是还原熔炼，富锡渣烟化以及硫渣的处理等工序，都会产出一定数量的低浓度 SO_2 烟气。这些烟气含 SO_2 浓度虽然低，但数量大，必须经过治理才能排放。

我国主要采用的烟气脱硫方法包括有机溶液循环吸收脱硫技术、石灰/石灰石-石膏脱硫技术、动力波湍冲废气吸收技术、钠碱法、氧化锌脱硫技术。其中石灰乳吸收法是所有烟气脱硫方法中费用最低的方法。然而，在所有脱硫方法中回收副产品所得尚不能弥补脱硫所需的各种费用。因此，对于炼锡厂而言，只能是根据工厂资源情况和具体条件来选择适宜的烟气脱硫方案。另外，有企业已经开展低浓度二氧化硫制酸，获得了良好的效果。

1）石灰/石灰石-石膏脱硫技术

① 技术原理。石灰或石灰石吸收母液吸收烟气中的 SO_2，反应生成硫酸钙。脱硫吸收塔多采用空塔形式，吸收液与烟气接触过程中，烟气中 SO_2 与浆液中的碳酸钙进行化学反应被脱除，最终产物为石膏，脱硫石膏经脱水装置脱水后回收。

② 消耗及污染物排放。石灰/石灰石-石膏法需要消耗石灰石、电能和水。其脱硫效率可达95%以上。脱硫系统产生脱硫石膏副产物。

③ 技术适用性及特点。该方法所用的吸收剂石灰/石灰石来源广、价格低廉、成本费低、技术成熟可靠，在满足锡冶炼企业低浓度 SO_2 治理的同时，还可以部分去除烟气中的 SO_3、重金属离子、F^-、Cl^- 等，适用于冶炼厂锅炉烟气及低浓度 SO_2 烟气污染源处理系统。

石灰/石灰石-石膏法脱硫装置占地面积相对较大、吸收剂运输量较大、运输成本较高、副产物脱硫石膏处置困难，不适合脱硫剂资源短缺、场地有限的冶炼企业。

2）金属氧化物脱硫技术

① 技术原理。金属氧化物脱硫法将金属氧化物制成浆液洗涤气体，吸收处理低浓度的 SO_2 废气。国内已有工业装置的有氧化锌法、氧化镁法和氧化锰法。

② 消耗及污染物排放。金属氧化物脱硫法需要消耗金属氧化物、电能和水。金属氧化物法脱硫效率可达90%以上。

③ 技术适用性及特点。该技术适用于具有金属氧化物副产物的冶炼厂进行烟气脱硫。

3）有机溶液循环吸收脱硫制酸技术

① 技术原理。有机溶液循环吸收脱硫技术采用的吸收剂是以离子液体或有机胺类为主，添加少量活化剂、抗氧化剂和缓蚀剂组成的水溶液。该吸收剂对 SO_2 气体具有良好的吸收和解吸能力，在低温下吸收 SO_2，高温下将吸收剂中 SO_2 再生出来，从而达到脱除和回收烟气中 SO_2 的目的。工艺过程包括 SO_2 的吸收、解吸、冷凝、气液分离等过程，得到纯度为99%以上的 SO_2 气体送制酸工艺。

② 消耗及污染物排放。溶液循环吸收法需要消耗有机吸收剂、低压蒸汽、除盐水和电能。有机溶剂年消耗量占系统溶剂总量的5%～10%，溶液再生低压蒸汽压力为0.4～0.6MPa。除盐水主要用于吸收剂的配制、系统补水和净化系统的再生。溶液循环吸收法脱硫效率可达99%，在烟气除尘降温单元有含氯离子及重金属离子酸性废水排放。

③ 技术适用性及特点。适用于厂内低压蒸汽易得，烟气 SO_2 浓度较高、波动较大，副产物 SO_2 可回收利用的冶炼企业。该技术不需要运输大量的吸收剂，流程简单，自动化程度高，副产高浓度 SO_2。但该技术一次性投资大，再生蒸汽能耗较高，同时存在较严重的设备腐蚀问题，运行维护成本高。

4）动力波湍冲废气吸收技术

① 技术原理。利用吸收液与废气相互碰撞、扩散，在固定区域内形成一段稳定的湍冲区，气液之间达到充分的传质、传热，酸性废气与碱性吸收液在湍冲区进行中和反应，达到处理酸性废气的目的。吸收液流入塔底，气体则经除雾器去除水雾、液滴分离器去除水滴后排外。

② 消耗及污染物排放。能耗主要为风机及循环泵动力消耗。净化效率可达 99%。

③ 技术适用性及特点。吸收塔采用空塔设计，无填料区，避免填料层易老化、堵塞的缺点，减少维护费用。排气量可在 50%～100%间变化，而不降低吸收效率。洗涤循环液浓度可比传统流程的循环液浓度高，而不影响动力波湍冲洗涤塔的正常运行。外型尺寸小、占地少，制作安装简单。适用于氯气、氮氧化物等废气的吸收处理。

5）钠碱法脱硫法

① 技术原理。钠碱法脱硫技术是采用 Na_2CO_3 或 NaOH 作为吸收剂，吸收烟气中 SO_2，得到 Na_2SO_3 作为产品出售。

② 消耗及污染物排放。该技术工艺流程简洁，占地面积小，脱硫效率高，吸收剂消耗量少，副产物有一定的回收价值；但运行成本较高。

③ 技术适用性及特点。该技术适用于 NaOH 或 Na_2CO_3 来源较充足的地区。

4.1.2.3　锑冶炼行业

（1）除尘

原料制备、还原熔炼、挥发熔炼和锑白炉废气，通过废气收集，主要采用袋式除尘器进行处理。

1）技术原理

袋式除尘器是利用纤维性滤袋捕集粉尘的除尘设备。随着滤尘过程不断进行，滤袋内表面捕集的粉尘越来越厚，粉尘层阻力增大，当阻力达到一定值时，除尘器就清除滤袋上的积尘。

2）消耗及污染物排放

袋式除尘器的运行费用主要是更换滤袋的费用。袋式除尘器的电能消耗主要来自设备阻力消耗、清灰系统消耗、卸灰系统消耗。

袋式除尘器的除尘总效率在 99.5%以上，最高可达 99.99%。

3）技术适用性及特点

袋式除尘一般能捕集 0.1μm 以上的烟尘，且不受烟尘物理化学性质的影响，但对烟气性质，如烟气温度、湿度、有无腐蚀性等要求较严。袋式除尘器与电除尘器相比，一次性投资小，但后期维护费用较大。袋式除尘技术在锡冶炼厂一般可用于精矿干燥除尘、鼓风炉烟气除尘、烟化炉烟气除尘等。当袋式除尘用于精矿干燥除尘时，由于烟气温度低且含水分高，应采用抗结露覆膜滤料。清灰方式采用脉冲清灰。袋式除尘器也适用于通风除尘系统及环保排烟系统废气净化。

（2）脱硫

锑火法冶金产生的低浓度 SO_2 废气一般含 SO_2 0.3%～0.8%（质量分数），达不到制酸要求，又远远超过国家排放标准。我国锑冶炼厂一般采用碱性溶液吸收处理，所用吸收剂主要有石灰乳、碱液、氨液等溶液，而以石灰乳吸收法使用最普遍。石灰乳吸收法产出的半水亚硫酸钙渣和二水石膏有待进一步处理。

有的锑冶炼厂也采用石灰乳和碱液混合液吸收法，该法吸收速度快，效率高，易于达到排放标准，但也同样存在废渣处置问题。

1）石灰/石灰石-石膏脱硫法

① 技术原理。石灰或石灰石吸收母液吸收烟气中的 SO_2，反应生成硫酸钙。脱硫吸收塔多采用空塔形式，吸收液与烟气接触过程中，烟气中 SO_2 与浆液中的碳酸钙进行化学反应被脱除，最终产物为石膏，硫石膏经脱水装置脱水后回收。

② 消耗及污染物排放。石灰/石灰石-石膏法需要消耗石灰石、电能和水。其脱硫效率可达 95%以上。脱硫系统产生脱硫石膏副产物。

③ 技术适用性及特点。该方法所用的吸收剂石灰/石灰石来源广、价格低廉、成本费低、技术成熟可靠，在满足锡冶炼企业低浓度 SO_2 治理的同时，还可以部分去除烟气中的 SO_3、重金属离子、F^-、Cl^- 等，适用于冶炼厂锅炉烟气及低浓度 SO_2 烟气污染源处理系统。

石灰/石灰石-石膏法脱硫装置占地面积相对较大、吸收剂运输量较大、运输成本较高、副产物脱硫石膏处置困难，不适合脱硫剂资源短缺、场地有限的冶炼企业。

2）氨法脱硫

① 技术原理。碱法脱硫以气氨、氨水或碳铵为原料，在水溶液中吸收 SO_2 形成亚硫酸盐，经硫酸分解，解吸出 8%～10%的 SO_2 返回制酸，同时得到硫酸铵产品。进一步利用吸收形成的亚硫酸盐直接同步催化氧化得到硫酸铵溶液，再与氯化钾反应生成硫酸钾及副产品氯化铵。氨法可分为氨-酸法及氨-亚硫酸铵法等。

② 消耗及污染物排放。氨法脱硫需要消耗脱硫剂和电能，氨-亚硫酸铵法需要有一定的蒸汽消耗，吸收 1t SO_2 需要消耗约 0.5t 液氨。采用该方法应有可靠的氨源。电力消耗主要为烟气增压风机和吸收剂循环泵。

氨法脱硫效率可达 95%以上。氨法脱硫存在氨逃逸问题，同时有含氯离子酸性废水排放，造成二次污染。

③ 技术适用性及特点。该工艺具有工程投入和运行费用低、占地面积小、处理率高、氨耗低、回收过程不会产生二次污染等特点，适用于液氨供应充足且对副产物有一定需求的冶炼企业。

3）钠碱法脱硫

① 技术原理。钠碱法脱硫技术是采用 Na_2CO_3 或 NaOH 作为吸收剂，吸收烟气中 SO_2，得到 Na_2SO_3 作为产品出售。

② 消耗及污染物排放。该技术工艺流程简洁，占地面积小，脱硫效率高，吸收剂消耗量少，副产物有一定的回收价值，但运行成本较高。

③ 技术适用性及特点。该技术适用于 NaOH 或 Na_2CO_3 来源较充足的地区。

4.1.3 固体废物处理处置和综合利用

4.1.3.1 采选行业

采选废石通常用于井下充填，其余废石则放置于废石场贮存。尾矿资源的治理方向主要在尾砂充填，其余尾砂则放置于尾矿库贮存。

固体废物充填采空区技术介绍如下。

(1) 技术原理

将采选矿固体废物（废石、尾矿）排放于矿山地下采空区、露天矿坑或地表塌陷区等废弃采空空间。

(2) 技术适用性及特点

该技术可有效利用采空空间，减少了废石、尾矿的堆放空间，消除或减少废石、尾矿对水和大气环境的污染，改善生态环境。

该技术适用于有地下采空区、露天矿坑或地表塌陷区等废弃空间稳定的矿山。

胶结充填工艺流程及产污节点见图4-2。

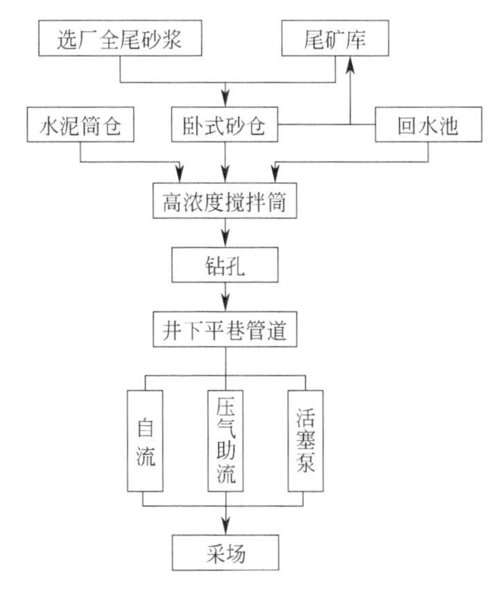

图4-2 胶结充填工艺流程及产污节点

4.1.3.2 锡冶炼行业

炼锡厂的废渣主要是指烟化炉渣、煤灰渣、高砷污泥渣、低砷污泥渣、脱硫石膏等。其中数量最大的是烟化炉水淬渣。对于这些废渣，过去曾进行过多项试验研究，制成渣砖、渣绵和水泥原料，作为人造大理石，制成铁红粉等，但均未用于生产。目前，大部分进行贮存，部分委托有资质的单位处置。

4.1.3.3 锑冶炼行业

(1) 鼓风炉挥发熔炼渣

渣量较大，其主要成分是FeO、CaO、SiO_2及少量Al_2O_3。一般是水淬后破碎，然后销售至水泥厂作铁质补充剂。

(2) 烟气脱硫石膏渣

以硫酸钙、亚硫酸钙为主要成分，含有微量砷。锑冶炼厂多堆存于渣场，其合理处置及应用还有待进一步解决。

(3) 砷碱渣

火法炼锑流程中，粗锑精炼时，为了脱除粗锑中的杂质砷，目前基本上采用加入纯碱的方法，在反射炉内进行，这样必然产生砷酸钠、亚砷酸钠的碱性渣，通称砷碱渣，其中还含有20%～40%的锑。锑的存在形态主要为亚锑酸钠，其次为金属锑和锑酸钠。目前，我国治理砷碱渣的技术方法主要是采用湿法工艺。经过40余年的不懈努力，最近取得了一定的突破，例如冷水江锑都环保有限责任公司采用有色冶炼砷碱渣高精度矿化分离及减污降碳资源化利用关键技术，实现了砷碱渣的资源化利用。

其他中小型的锑冶炼企业对砷碱渣的处置均为建库储存。

4.1.4 二次污染防治

① 对生产过程中收集的烟粉尘回收利用，对于部分含砷、汞等有害元素较高难以回收的烟粉尘，委托有处理资质的单位进行处理。贮存、运输和处置应严格按照危废管理的相关规定执行。

② 烟气制酸、烟气脱硫和废水处理过程产生的含重金属的酸泥、脱硫石膏和废水处理污泥，根据固体废物的性质，按照相关标准进行妥善贮存、回收利用或安全处置。

③ 砷碱渣安全处置过程中，要配套完整的环保设施，严格预防和控制二次污染的产生。

4.2 锡锑行业污染控制技术评估

4.2.1 污染防治技术总体水平

目前，大部分企业仍在采用传统的废水、废气和废渣的处理方法，没有对废物中的有价金属进行回收，处理效果不稳定。随着国家环保标准越来越严格，采用上述常规处理工艺进行处理将难以稳定地达到排放标准，特别是特别排放限值的要求。

(1) 生产技术

行业正在采用的生产技术见表4-1。

表4-1 行业正在采用的生产技术

序号	行业	采用的技术	技术特征	优缺点
1	锡锑矿采矿	胶结充填开采技术	将尾矿和水泥等固体物料与少量水搅拌制备成充填料浆，充填至采空区的充填开采技术	该技术回采率高、贫化率低，可防止岩层移动和地表塌陷，同时可处置矿山固体废物；该技术生产能力较低，约为崩落法的1/2
2		空场法开采技术	空场法开采技术是指将矿块划分为矿房和矿柱，在回采过程中既不崩落围岩，也不充填采空区，而是利用空场的侧帮岩石和所留的矿柱来支撑采空区顶板围岩	该技术可降低贫化率，但采矿过程需要保留矿柱从而损失大量资源
3		崩落法开采技术	崩落法开采技术是指在拉底空间上依靠矿体自身的软弱结构面，在自重应力、次生构造应力作用下使其进一步失稳，通过底部放矿使上部矿岩逐渐崩落，直至上部分层或崩透地表	该技术可使矿石贫化率小于5%。该技术适合于厚大矿体和存在一定程度可崩性矿体的新建和已建地下矿山

续表

序号	行业	采用的技术	技术特征	优缺点
4	锡锑矿选矿	锡矿重选生产工艺	利用被分选矿物颗粒间相对密度、粒度、形状的差异及其在介质（水、空气或其他相对密度较大的液体）中运动速率和方向的不同，使之彼此分离的选矿方法	适用于单独锡矿选矿
5		锡矿浮重联合生产工艺	原矿经破碎、磨矿分级后，矿浆先进入浮选段进行铜、锌浮选，浮选尾矿进入重选段回收锡石，得锡精矿和最终尾矿	适用于单独锡多金属矿选矿
6		锑矿浮选	根据矿物颗粒表面物理化学性质的不同，从矿石中分离有用矿物的技术方法	适用于单独锑矿选矿
7		锑矿重浮联合工艺	原矿用手选法及重选法选出块精矿并丢弃废石；重产物经破碎、球磨机及浮选流程得锑精矿	适用于单独锑多金属矿选矿
8	锡冶炼	锡冶炼澳斯麦特炉熔池熔炼技术	将一根特殊设计的喷枪，由炉顶部插入呈圆柱形的炉膛内的熔体之中，空气和燃料从喷枪末端喷入熔体，从而造成一个剧烈翻腾的熔池。反应炉料由上部加料口直接加入熔池中	该技术对各种炉料的适应性强；炉料入炉前不需混料；炉料与烟气温差小，热利用效率高；燃料采用天然气或重油，并用氧气助燃，升温快，炉底气氛容易控制；可在炉内分阶段完成精矿的熔炼、炉渣的烟化；烟气量小，对除尘设备要求不高
9		锡冶炼电炉熔炼技术	锡精矿与二次锡原料等经物料制备系统制备，入回转窑焙烧，去除砷、硫杂质，产出的焙砂再进入电炉进行还原熔炼，产出的甲锡经溜槽流入前床，然后铸锭送精炼车间；产出的乙锡也由溜槽流入前床，铸锭后经熔析炉熔析处理，除去大部分铁、砷后，送到精炼车间；产出的电炉富渣，破碎后送硫化挥发工序进行处理	熔炼可熔炼难熔炉料，烟气量小，烟尘损失少，炉床能力和热效率高，但无组织排放大
10	锑冶炼	锑冶炼挥发熔炼—还原熔炼技术	锑精矿中的硫化锑和三氧化二锑高温下均易挥发，因此向炉内鼓入空气，焦煤燃烧提供热量，精矿中的硫化锑在高温下挥发成气态，气态硫化锑再与空气中的氧反应生成氧化锑，精矿中的脉石与铁矿石和精石灰发生造渣反应，生成 SiO_2-FeO-CaO 三元熔渣，最后使锑与脉石分离	对原料的适应性强，既能处理硫化矿，也能处理氧化矿和硫氧混合矿。适于处理高品位锑精矿，精矿含锑品位越高，经济效益越好，锑的挥发率在 90%以上。鼓风炉生产能力较大，按处理精矿量计算的单位生产能力为平炉的 20～30 倍，回收率高达 97%～98%
11		锑冶炼挥发焙烧—还原熔炼技术		适合处理中低品位（30%以下）锑矿，对原料适应性强，既能处理硫化矿，也能处理氧化矿和硫氧混合矿以及低熔点锑矿；对原料的水分无特殊要求，可以处理粉矿而无需制团。锑的挥发率较高，一般大于 95%。 自动化程度低，劳动强度较大，单位面积的处理能力低，不能连续作业，但生产成本相对较低，适用于中小型锑冶炼企业
12		铅锑矿富氧熔池熔炼工艺	混合精矿—配料—制粒—富氧侧吹熔炼，产出一次铅锑合金和高锑铅渣。氧气侧吹熔炼出的一次锑铅合金送铅锑分离工序，再经过除尘、还原熔炼后得 $2^{\#}$ 锑；产出的高锑铅渣自流入侧吹还原炉进行还原熔炼；富氧侧吹熔炼炉产出的烟气经余热锅炉—电收尘—骤冷脱砷三个工序后送入制酸系统	该技术对各种炉料的适应性强；炉料入炉前不需混料；炉料与烟气温差小，热利用效率高；可在炉内分阶段完成精矿的熔炼，烟气量小，对除尘设备要求不高，可回收硫资源

① 从采矿工艺来看，充填采矿法由于可防止岩层移动和地表塌陷，同时可处置矿山固体废物，建议在适用的场合使用。

② 锡、锑矿石的组成成分复杂，建议根据矿石的性质选用最适合的选矿工艺。

③ 从冶炼工艺来看，建议采用富氧熔炼工艺。

（2）污染防治技术

行业正在采用的污染防治技术见表 4-2。

表 4-2　行业正在采用的污染防治技术

序号	技术类型	采用的技术	技术特征	优缺点
1	大气污染防治技术	袋式收尘技术	袋式除尘器是利用纤维性滤袋捕集粉尘的除尘设备。随着滤尘过程不断进行，滤袋内表面捕集的粉尘越来越厚，粉尘层阻力增大，当阻力达到一定值时，除尘器就清除滤袋上的积尘	袋式除尘一般能捕集 0.1μm 以上的烟尘，且不受烟尘物理化学性质影响，但对烟气性质，如烟气温度、湿度、有无腐蚀性等要求较严。袋式除尘器与电除尘器相比，一次性投资小，但后期维护费用较大
2		湿法除尘技术	湿法除尘技术的机理是尘粒与水接触时直接被水捕获或尘粒在水的作用下凝聚性增加，这两种作用使粉尘从空气中分离出来	湿式除尘器具有投资低，操作简单，占地面积小，能同时进行有害气体的净化、含尘气体的冷却和加湿等优点。湿式除尘器适用于非纤维性的、能受冷且与水不发生化学反应的含尘气体，特别适用于高温度、高湿度和有爆炸性危险气体的净化
3		石灰/石灰石-石膏脱硫法	石灰或石灰石吸收母液吸收烟气中的 SO_2，反应生成硫酸钙。脱硫吸收塔多采用空塔形式，吸收液与烟气接触过程中，烟气中 SO_2 与浆液中的碳酸钙进行化学反应被脱除，最终产物为石膏，硫石膏经脱水装置脱水后回收	石灰/石灰石-石膏法脱硫装置占地面积相对较大、吸收剂运输量较大、运输成本较高、副产物脱硫石膏处置困难，不适合脱硫剂资源短缺、场地有限的冶炼企业
4		氨法脱硫	碱法脱硫以气氨、氨水或碳铵为原料，在水溶液中吸收 SO_2 形成亚硫酸盐，经硫酸分解，解吸出 8%～10%的 SO_2 返回制酸，同时得到硫酸铵产品。进一步利用吸收形成的亚硫酸盐直接同步催化氧化得到硫酸铵溶液，再与氯化钾反应生成硫酸钾及副产品氯化铵。氨法可分为氨-酸法及氨-亚硫酸铵法等	该工艺具有工程投入和运行费用低、占地面积小、处理率高、氨耗低、回收过程不会产生二次污染等特点，适用于液氨供应充足且对副产物有一定需求的冶炼企业
5		金属氧化物脱硫技术	金属氧化物脱硫法将金属氧化物制成浆液洗涤气体，吸收处理低浓度的 SO_2 废气。国内已有工业装置的有氧化锌法、氧化镁法和氧化锰法	金属氧化物吸收需要消耗金属氧化物、电能和水。金属氧化物法脱硫效率可达 90%以上
6		有机溶液循环吸收脱硫制酸技术	有机溶液循环吸收脱硫技术采用的吸收剂是以离子液体或有机胺类为主，添加少量活化剂、抗氧化剂和缓蚀剂组成的水溶液。该吸收剂对 SO_2 气体具有良好的吸收和解吸能力，在低温下吸收 SO_2，高温下将吸收剂中 SO_2 再生出来，从而达到脱除和回收烟气中 SO_2 的目的。工艺过程包括 SO_2 的吸收、解吸、冷凝、气液分离等过程，得到纯度为 99%以上的 SO_2 气体送制酸工艺	适用于厂内低压蒸汽易得，烟气 SO_2 浓度较高、波动较大，副产物 SO_2 可回收利用的冶炼企业。该技术不需要运输大量的吸收剂，流程简单，自动化程度高，副产高浓度 SO_2。但该技术一次性投资大，再生蒸汽能耗较高，同时存在较严重的设备腐蚀问题，运行维护成本高

续表

序号	技术类型	采用的技术	技术特征	优缺点
7	废水处理技术	吸附法处理技术	吸附处理技术应用于废水处理中，主要是利用具有吸附性能的吸附剂，使废水中的一种或多种物质通过物理吸附和化学吸附的作用被吸附在吸附剂的表面，从而达到去除污染物的目的	该技术通常适用于重金属废水深度处理
8		中和沉淀处理技术	中和沉淀是有效去除废水中重金属的方法，几乎在所有矿山企业中都有应用。在碱性溶液中铝盐和铁盐等能生成吸附能力很强的胶团，它们不仅能吸附废水中重金属离子，而且还能捕集重金属一起沉淀。在处理采选废水时，先经石灰中和，而后投加凝聚剂，再经沉淀后排出，可达到回用选矿的要求	常规处理方法，废渣产生量大，处理出水不稳定
9		电化学技术	高压低流电化学技术反应的产物只是离子，不需要投加任何氧化剂或还原剂，对环境不产生或很少产生污染，被称为一种环境友好的水处理技术	该技术通常适用于处理水量小、有害金属含量低的废水
10		生物制剂技术	生物制剂是以硫杆菌为主的复合特异功能菌群在非平衡生长（缺乏氮、氧、磷、硫）条件下大规模培养形成的代谢产物与某种无机化合物复配，形成的一种带有大量羟基、巯基、羧基、氨基等功能基团的聚合物，在低pH 值条件下呈胶体粒子状态存在，可与金属离子 Cu^{2+}、Pb^{2+}、Zn^{2+}、Hg^{2+}、Cd^{2+} 成键形成生物配合体。然后在 pH 9～10 时水解，诱导生物配位体形成的胶团长大，并形成溶度积非常小的含有多种元素的非晶态化合物，从而使重金属离子高效脱除	用于深度处理时，药剂投加量大，运行成本高
11	固废安全处置技术	资源综合利用技术	有价金属含量较高时，可以进行资源回收	可回收有价金属，但需注意二次污染问题
12		固体废物贮存技术	按照固废和危废标准进行贮存	占地面积较大，不是最终处置方式
13		固体废物处置技术	按照固废和危废标准进行处置	占地面积较大，易有二次污染的问题

① 从大气污染防治技术来看，只有少量企业实现了低浓度 SO_2 烟气制酸，大部分行业企业采用常规脱硫处理技术，产生了大量的脱硫废渣，有二次污染的风险，建议对烟气中硫资源进行有效回收，推进低浓度 SO_2 烟气治理的升级改造。

② 从水污染防治技术来看，随着国家对重金属废水排放要求的加严，废水处理向着深度处理技术方向发展，达到特别排放限值要求，甚至是地表水环境质量标准的要求。

③ 从固体废物处置来看，建议重点解决减量化和资源化的问题，减少后续处置量和降低处置难度，避免二次污染。

4.2.2　污染防治技术存在的主要问题

① 锑冶炼行业仍在大量地使用传统冶炼工艺，清洁炼锑技术有待于进一步的研发，

以便进一步提升二氧化硫的资源利用率和无组织排放控制水平。

② 采用传统的废水、废气治理技术，难以满足特别排放限值和超低排放限值的要求。

Ⅰ. 国内废水常用处理技术有常规中和法、硫化法、铁盐除砷法等。其中，常规的石灰中和法是目前应用最普遍的一种方法，其优点是工艺简单、成本低，但存在结垢严重、易堵塞管道及污泥密度低、输送困难、操作环境恶劣等一系列问题。在金属回收方面，由于物化法工艺外加药剂量较大，造成渣量大，金属品位低，回收难，又容易产生二次污染，不是金属回收的适用技术。常规的硫化法主要用来回收有价金属，但存在硫化氢二次污染的问题，操作条件难以控制。电化学等处理技术在废水中的应用正呈日益增多的趋势，但絮体沉降困难，运行成本较高。

Ⅱ. 烟气除尘主要采用常规的袋式除尘器，难以达到特别排放限值的要求。

Ⅲ. 大多数企业二氧化硫的治理还停留在湿法脱硫的阶段，只有少数企业进行制酸，造成硫资源的浪费和大量脱硫石膏渣的产生，难以满足深度处理的要求。

③ 重金属危废仍以贮存、填埋处置方式为主，易造成二次污染。

Ⅰ. 冶炼生产过程中收集的部分含砷等有害元素较高难以回收的烟粉尘，产生量大，处置技术不完善，易造成二次污染。

Ⅱ. 锑冶炼砷碱渣资源化利用技术仍有待于进一步优化，使大部分在厂内堆存的危废可以得到充分的利用，避免二次污染。

4.3 锡锑行业污染控制技术应用

4.3.1 胶结充填技术应用案例

某企业日处理尾砂 600t、污泥干量 0.25t，日充填量（水泥、砂混合物）300m^3，充填浓度 70%。

（1）水泥

项目充填所需的水泥由水泥罐车运至充填站，输送至水泥仓内储存。水泥仓在气力输送水泥时，为防止仓内粉尘逸出影响附近环境，在仓顶设置水泥仓顶除尘器。水泥采用螺旋输送机输送，由螺旋称重给料机计量后给料至搅拌桶。

（2）搅拌

本项目选用搅拌桶进行充填料浆的搅拌制备。深锥浓密机放砂管和搅拌桶出料管装设有流量计和浓度计，在线监测料浆流动参数，并根据流量和浓度变化情况，自动调节安装在深锥浓密机放砂管道、搅拌桶出料管道上的电动闸阀。浓密机和搅拌桶装设有料位计量仪表。供水管也通过电动闸阀对流量进行控制。

（3）充填

根据地表工业场地和井下充填采场分布情况，尾砂与来自水泥仓中的水泥经强力搅拌后形成合乎要求的膏体充填料浆通过加压泵加压，经回风井管道输送至井下各中段采空区。

营运期工艺流程及产污节点详见图 4-3。

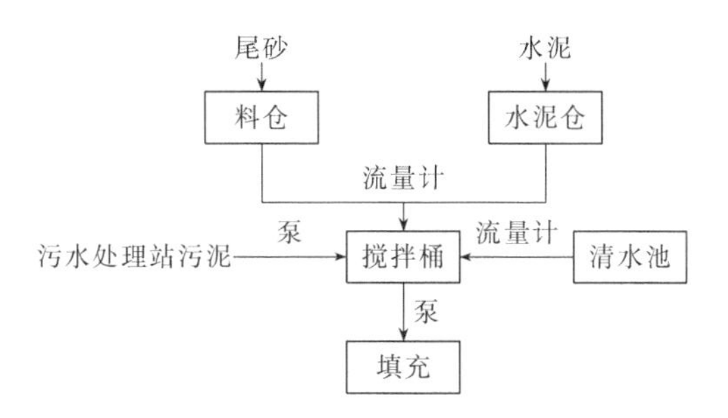

图 4-3 营运期工艺流程及产污节点

4.3.2 奥斯麦特炉冶炼技术应用案例

某企业建设 1 台 Φ4400 锡顶吹炉，配置一套冶炼烟气处理系统、粗锡脱杂系统，分别配置通风除尘系统。熔炼精矿仓厂房内，流态化焙烧后的焙砂、回转窑焙烧后的焙砂、低硫锡精矿、外购锡渣、无烟煤、石英砂、石灰石进行重量配料后，由胶带输送系统送至顶吹炉各配料仓，经计量配料后，送入双轴混合机进行喷水混捏，由给料机计量给料至顶吹炉进行还原熔炼。

工艺流程及污染控制见图 4-4。

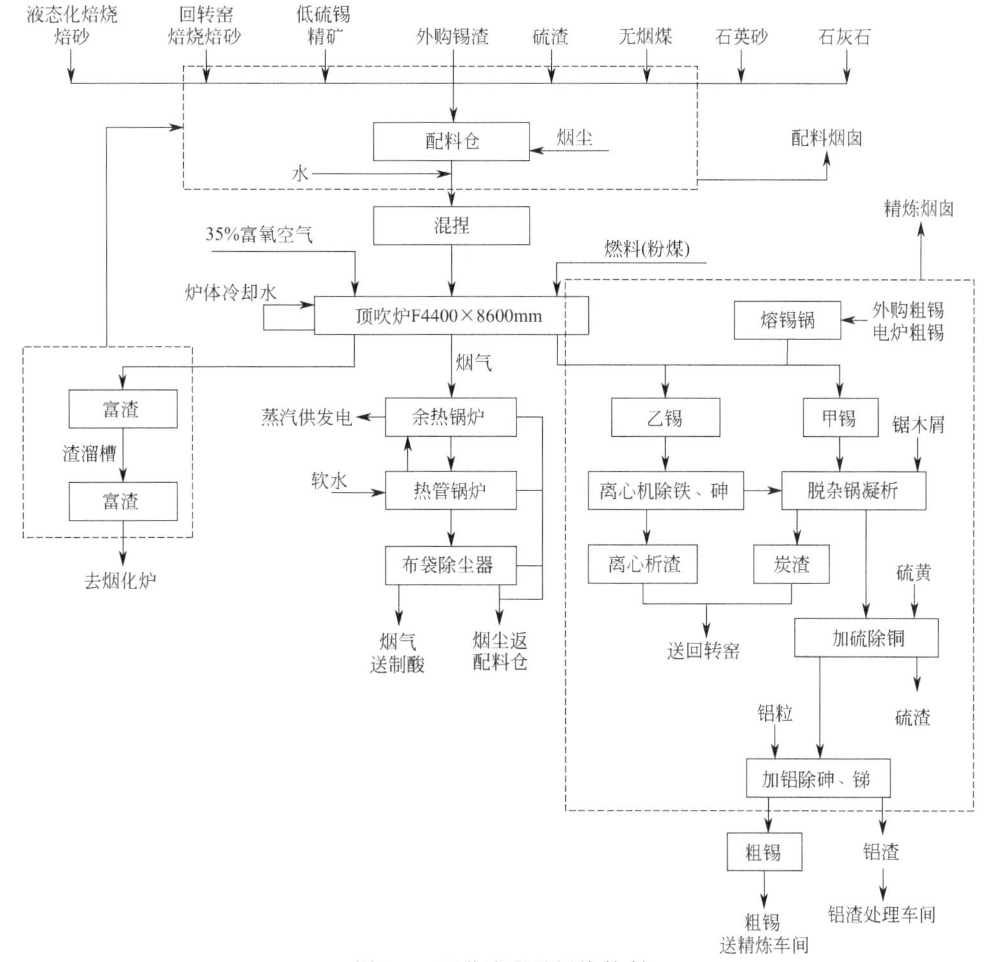

图 4-4 工艺流程及污染控制

① 配入的无烟煤作为熔炼过程中的还原剂，由喷枪喷入粉煤作为燃料提供反应所需热量。顶吹炉采用35%的富氧空气作为助燃空气。顶吹炉每个操作周期包含熔炼、还原、放锡、放渣过程。顶吹炉产出粗锡、富渣和烟气。顶吹炉产出的熔融富渣通过渣溜槽流入渣包，经行车直接转运至烟化炉车间。

② 顶吹炉产出的粗锡由熔锡锅熔锡，外购粗锡、铝渣处理车间产出的电炉粗锡经熔锡锅熔化后和顶吹炉产出的粗锡一并进入粗锡脱杂系统，粗锡中乙锡经离心机除铁、砷后（产出离心析渣）和甲锡一同经脱杂锅加锯木屑采用凝析法进一步进行除铁、砷作业（产出炭渣）；产出的粗锡经脱杂锅加硫黄进行除铜作业（产出铜渣）；除完铜后的粗锡泵入脱杂锅内加铝进行除砷、锑作业。完成脱杂后的粗锡由中转保温锅送精炼车间进行进一步精炼、浇铸。脱杂锅、熔锡锅采用煤气站提供的净化煤气为燃料，加热、保温，系统净化煤气消耗量3700m^3/h。粗锡经除铁、砷过程产出的离心析渣和炭渣由渣包送回转窑系统处置利用；加硫除铜后产出的硫渣由渣包送顶吹炉配料仓，返顶吹炉；加铝除砷、锑作业产出的铝渣由渣包直接送铝渣处理车间处置利用。

③ 顶吹炉产生的冶炼烟气进入冶炼烟气处理系统，经余热回收装置回收烟气中的余热，余热回收采用二级回收工艺，余热锅炉后设热管锅炉，由热管锅炉回收烟气的低温余热，余热锅炉回收烟气的高温余热并产出中压饱和蒸汽，用于发电。烟气经冷却至150℃左右进入布袋除尘器进行除尘，除尘后的烟气由烟气管道送至烟气制酸系统制酸。

④ 余热锅炉、热管锅炉配置有振打清灰装置，可以及时有效地清除受热面的积灰，保证余热锅炉的正常运行。余热锅炉、热管锅炉水平段灰斗下部装有刮板除灰机，余热锅炉、热管锅炉中沉降下来的烟尘和清灰装置振打下来的灰渣由刮板除灰机运出炉外，与布袋收尘器收集的烟尘一起通过密闭螺旋输送机送顶吹炉配料仓。

4.3.3 铅锑矿富氧熔炼技术应用案例

本项目采用氧气侧吹熔炼炉处理脆硫铅锑矿工艺的主要流程为：

① 混合精矿—配料—制粒—富氧侧吹熔炼，产出一次铅锑合金和高锑铅渣。氧气侧吹熔炼出的一次锑铅合金送铅锑分离工序，再经过收尘、还原熔炼后得2$^{\#}$锑；产出的高锑铅渣自流入侧吹还原炉进行还原熔炼；富氧侧吹熔炼炉产出的烟气经余热锅炉—电收尘—骤冷脱砷三个工序后送入制酸系统。

② 侧吹还原炉渣送入烟化炉回收金属锌，侧吹还原炉产出的烟气经余热锅炉—除尘两个工序后再全部返回还原熔炼工序。烟化炉炉渣经除尘、水淬后堆存再转运或进一步综合利用处理，烟化炉烟气经余热锅炉—除尘后的尾气送烟气脱硫。

③ 氧气侧吹熔炼炉和侧吹还原炉产出的锑铅合金在铅锑分离炉中进行吹炼分离，铅锑分离炉产生的锑烟尘输送到还原反射炉和精炼车间，产生的吹炼渣返回侧吹还原炉处理，产生的粗铅铸锭后送电解车间。铅锑分离炉吹炼产生的烟尘和还原煤及熔剂经配料后加入还原反射炉进行还原熔炼和精炼。尾气送烟气脱硫。

④ 还原反射炉产出的泡渣和除铅渣返回到侧吹还原炉；还原反射炉产出的砷渣作为配料返回氧气侧吹熔炼炉处理；产出的烟尘返回还原反射炉；还原反射炉产出的精锑铸锭后送综合仓库贮存。

锑冶炼工艺流程见图4-5。

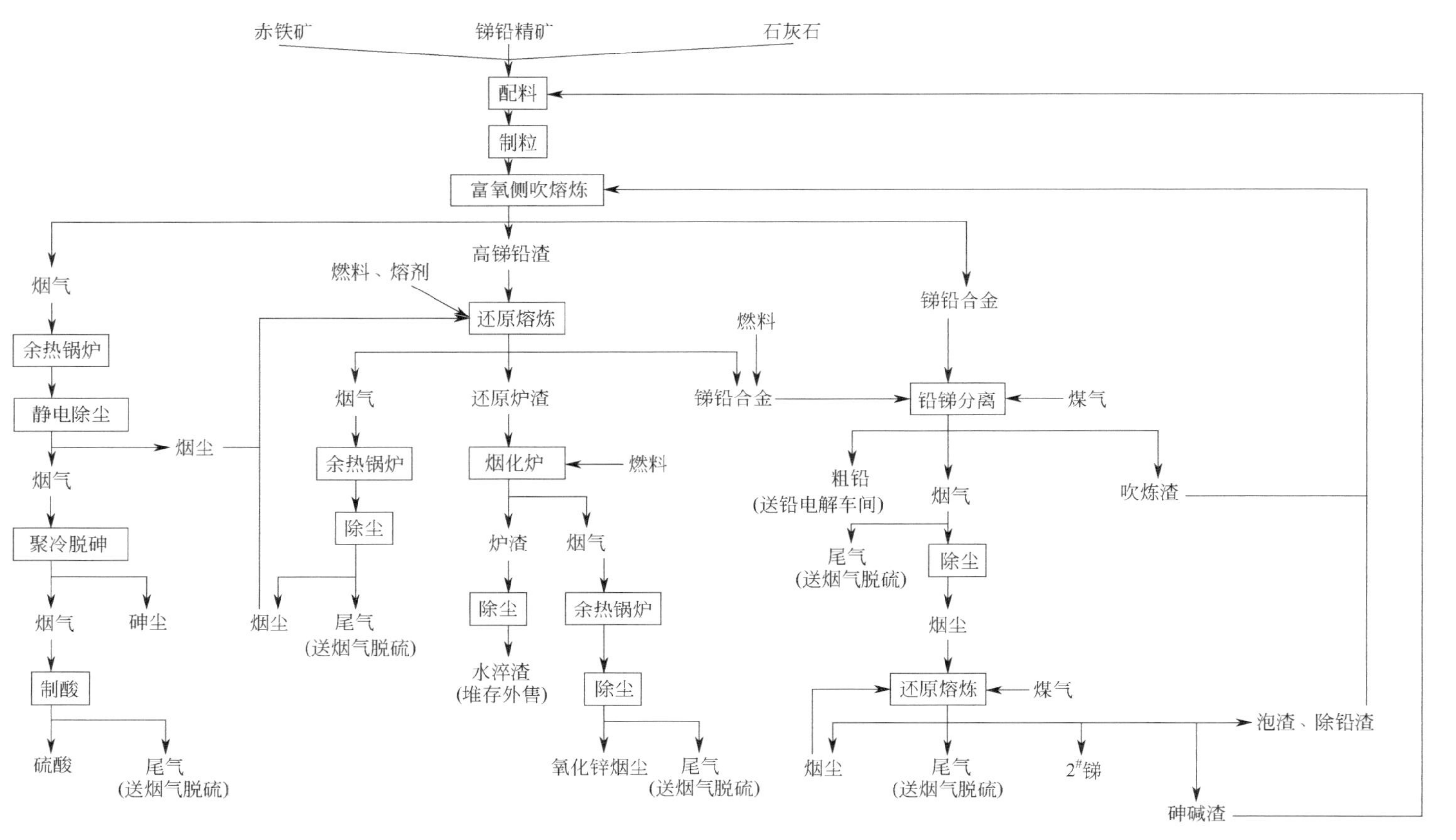

赤铁矿
锑铅精矿
石灰石
配料
制粒
富氧侧吹熔炼
高锑铅渣
燃料、熔剂
还原熔炼
锑铅合金
燃料
烟气
余热锅炉
静电除尘
烟尘
烟气
聚冷脱砷
烟气
砷尘
制酸
硫酸
尾气
(送烟气脱硫)
烟气
余热锅炉
除尘
烟尘
尾气
(送烟气脱硫)
还原炉渣
烟化炉
燃料
炉渣
烟气
除尘
水淬渣
(堆存外售)
余热锅炉
除尘
氧化锌烟尘
尾气
(送烟气脱硫)
锑铅合金
铅锑分离
煤气
粗铅
(送铅电解车间)
烟气
吹炼渣
尾气
(送烟气脱硫)
除尘
烟尘
还原熔炼
煤气
泡渣、除铅渣
烟尘
尾气
(送烟气脱硫)
$2^{\#}$锑
砷碱渣

图 4-5　锑冶炼工艺流程

4.3.4 离子液脱硫制酸技术应用案例

对流态化焙烧炉、回转窑、顶吹炉、烟化炉系统产生的冶炼烟气分别经各系统配置的冶炼烟气处理系统处理—经布袋除尘后的烟气统一进行脱硫—制硫酸。

硫酸车间由烟气净化系统、“康世富”脱硫系统、制酸系统、酸库、循环冷却水系统等组成。

（1）烟气净化系统

为满足康世富（CANSOLV）脱硫工艺的要求，进入脱硫系统的烟气需要净化除杂、降温，去除烟气中残留的烟尘、SO_3、砷等杂质。烟气净化系统设计两级稀酸洗涤装置，一级采用动力波洗涤器，二级采用净化塔。流态化焙烧炉烟气、回转窑烟气、顶吹炉烟气、烟化炉烟气分别由各自的冶炼烟气处理系统除尘后，由烟气管道送至烟气净化系统混并后进入动力波洗涤器。

温度约120℃的混合烟气从动力波洗涤器顶部进入喷射筒，与大口径喷嘴逆向喷入的洗涤液相撞，从而迫使洗涤液呈辐射状自里向外射向筒壁，在气-液界面处建立起一定高度的泡沫区。在泡沫区两相充分接触，完成传热传质过程；烟气中大部分SO_3、尘、砷等杂质进入洗涤液中，并从烟气中除去，气液分离后的烟气出动力波洗涤器，进入净化塔。在净化塔内，烟气与洗涤液逆向接触，烟气中残留的SO_3、尘、砷等杂质进入洗涤液中，烟气得到进一步的净化。

由动力波洗涤器、净化塔组合的烟气净化系统，为确保烟气净化效果，维持净化系统水平衡、尘平衡，在净化塔补水，并按净化塔→动力波洗涤器→沉降槽→冷却→循环的顺序，由液位控制从后往前串，污酸经脱吸进入污酸沉降槽循环并排出一定量的污酸送污酸处理工序处理。从沉降槽底排出的酸泥经石灰中和、压滤机脱水后送渣场堆存。其工艺过程见图4-6。

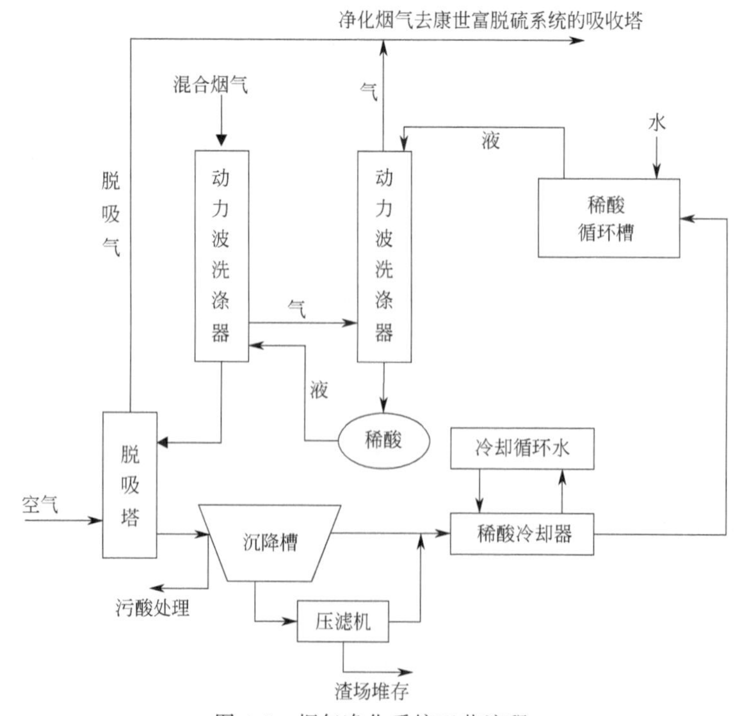

图4-6 烟气净化系统工艺流程

（2）“康世富”脱硫系统

采用CANSOLV再生胺吸收、解吸脱硫工艺吸收提纯SO_2。主要由吸收、解吸再生、胺液过滤净化等工序组成。出净化系统的烟气与制酸系统尾气一同经风机加压后进入康世富脱硫系统的吸收塔吸收SO_2。烟气从塔的下部进入与从上至下喷淋的贫胺液接触，在吸收塔填料表面进行气液吸收反应，烟气中的SO_2进入吸收液中，吸收率98.5%。尾气经80m烟囱排放。吸收反应后富含SO_2的富胺液和贫富胺液经热交换器换热升温至93℃左右后进入SO_2解吸塔。与逆向流动的蒸汽在塔填料表面进行SO_2的解吸反应，解吸率99%。

解吸过程一方面完成SO_2的解吸，另一方面完成吸收液的再生。富液的解吸温度为110～115℃，贫富液热交换器将富液温度由约55℃提升到约93℃。进入SO_2解吸塔，在SO_2解吸塔中通过再沸器产生的二次蒸汽加热的方式完成解吸。解吸出的SO_2随蒸汽流向塔顶。为了充分利用解吸气的热量，将解吸气引入再沸器前端的换热器内与解吸 塔内的胺液进行热交换，热胺液再通过再沸器（电加热）加热汽化后进入解吸塔进行解吸。换热后的解吸气通过解吸气冷凝器冷却，将SO_2气体温度降低到约50℃，在气液分离器中进行气液分离，产出约50℃的SO_2饱和气进入制酸系统的干燥塔。气液分离器分离出的胺液进入贫胺液回流槽调配、循环利用。

解吸后的贫胺液经过贫富胺液热交换器换热冷却后一部分去吸收塔循环使用，部分约5%的贫胺液进入胺液过滤装置进行功率净化，对胺液中固形物及所含热稳定性盐进行过滤和清除，以保证胺液的稳定。净化后的胺液通过贫胺液回流槽调配后返回吸收塔循环。过程中胺液会一定的损耗，在回流槽补充新鲜胺液，补充量约0.4t/d。胺液过滤装置定期清理，清理产生的非再生盐送渣场堆存处置。

工艺流程见图4-7。

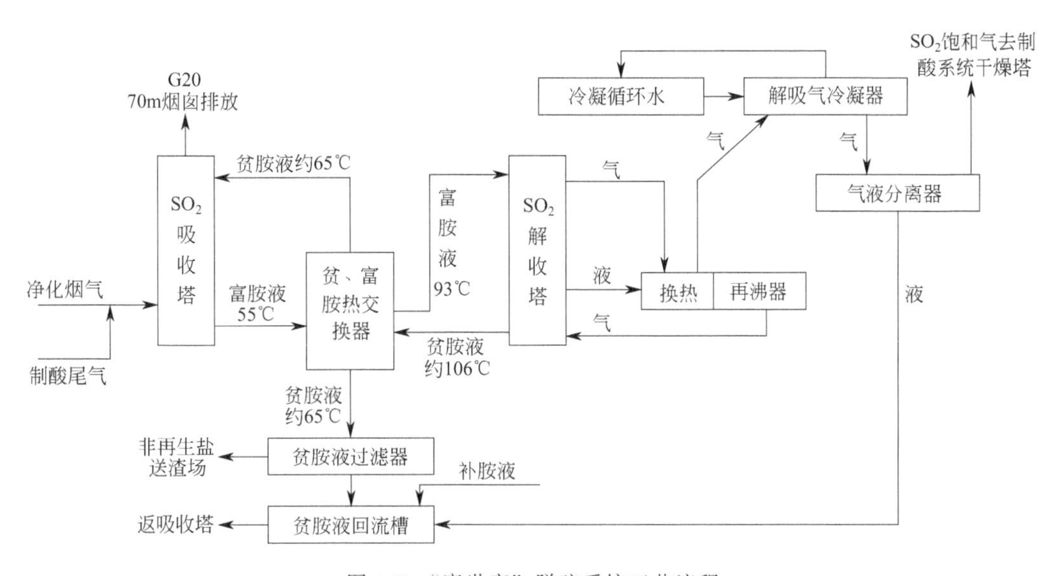

图4-7 “康世富”脱硫系统工艺流程

（3）制酸系统

制酸采用一转一吸工艺。来自脱硫系统的SO_2饱和气与空气配气后进入制酸系统的干燥塔，出干燥塔烟气含水 0.1mg/m³、SO_2 浓度约 10%。干燥后的烟气再经过转化、吸收工序产出成品硫酸。

来自脱硫系统的 SO_2 烟气经空气稀释后进入干燥塔，与自上往下喷淋的 93% H_2SO_4 通过填料层充分接触，将烟气中的水分干燥。干燥后的烟气经顶部设置的不锈钢金属丝网捕沫器将酸沫除去后，进入 SO_2 鼓风机进入转化工序。干燥循环酸经干燥酸冷却器冷却流入干燥塔循环酸泵槽循环，为维持循环酸浓度，干燥酸与吸收酸相互串酸调节。

转化工序采用常规转化工艺，同时考虑中温位热的回收利用，即采用一转一吸工艺，Ⅲ→Ⅱ→Ⅰ外换热流程。

从 SO_2 鼓风机来的冷 SO_2 混合烟气依次进入第Ⅲ、Ⅱ、Ⅰ热交换器，分别被第Ⅲ、Ⅱ、Ⅰ催化剂层反应后的 SO_3 热烟气加热到 420℃，然后进入转化器第Ⅰ催化剂层进行氧化反应。反应后的热 SO_3 烟气经第Ⅰ热交换器换热到 435℃进入转化器第Ⅱ催化剂层进行氧化反应。二段反应后的热 SO_3 烟气经第Ⅱ热交换器换热到 435℃进入转化器第Ⅲ催化剂层进行氧化反应。此时约 96%的 SO_2 被转化成 SO_3 气体，烟气温度为 422℃左右，首先进入Ⅲ热交换器，与风机出口烟气换热到 323℃，进入热管锅炉回收余热，并冷却到 180℃进入第一吸收塔。

吸收塔采用 98%酸喷淋吸收转化气中的 SO_3，制酸尾气送至 CANSOLV 脱硫装置进一步回收 SO_2 后，尾气由 70m 排气筒外排，见图 4-8。

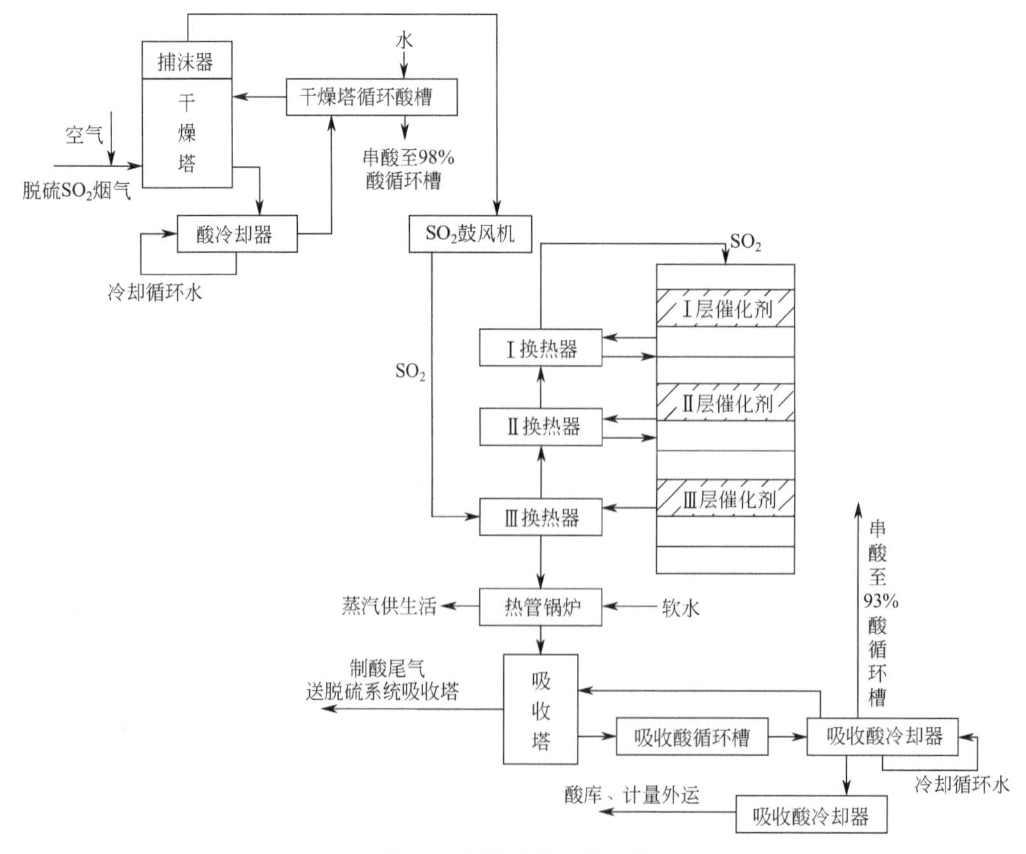

图 4-8 制酸系统工艺流程

吸收塔设有循环酸系统，吸收塔出塔酸自流到吸收酸循环槽，经循环酸泵、酸冷却器换热后至吸收塔顶喷淋、循环。同时有部分 98%酸串至干燥酸循环槽，为维持各循环槽的酸浓，93%干燥酸与 98%吸收酸互相串酸，并在吸收酸循环槽中补加稀释水。上述过程是靠控制循环酸槽液位、循环酸浓度实现自动串酸、自动加水、自动产酸的。

循环过程中由吸收酸循环槽引出成品酸，经酸冷却器降温至 40℃送后进入成品酸地下槽，再由酸泵送入成品酸库贮罐（Φ11000、925m^3、2 个）贮存、计量外运。

4.3.5　重金属废水深度治理技术应用案例

车河选矿厂选矿废水深度处理工程由华锡集团车河选矿厂建设，于 2012 年 6 月正式投入使用，经过扩建目前处理水量 Q=6000m^3/d（250m^3/h）。

工程采用“机械过滤＋重金属吸附＋砷吸附”的方法深度处理车河选矿厂尾矿库溢流出水，出水水质的砷、镉、铅、锌、铜等指标可稳定达到《地表水环境质量标准》（GB 3838—2002）Ⅲ类水体标准。

工程主体工艺流程为：原水经过滤泵提升至机械过滤器去除大部分的悬浮物；过滤出水进入中间水池后由吸附泵提升至重金属吸附柱，去除镉、铅、锌、铜等重金属离子；最后进入砷吸附柱，去除废水中的砷离子，出水达标排放。

吸附塔饱和后逐个进行脱附处理。脱附前事先配制好设定浓度的酸、碱等脱附液，通过设定的程序自动对吸附塔进行脱附。吸附装置脱附产生的脱附废液，收集到脱附废液池，再通过投加石灰、PAC（聚合氯化铝）中和混凝固化后安全处置。

项目的技术核心为针对锡多金属矿选矿废水深度处理而研发的特种纳米吸附剂，具有吸附容量大、吸附选择性高、吸附速度快、再生性能优良、运行成本低（直接运行成本为 0.6 元/t 水）等特性，是车河选矿厂为减少水体污染、保护生态环境而建设的锡多金属矿

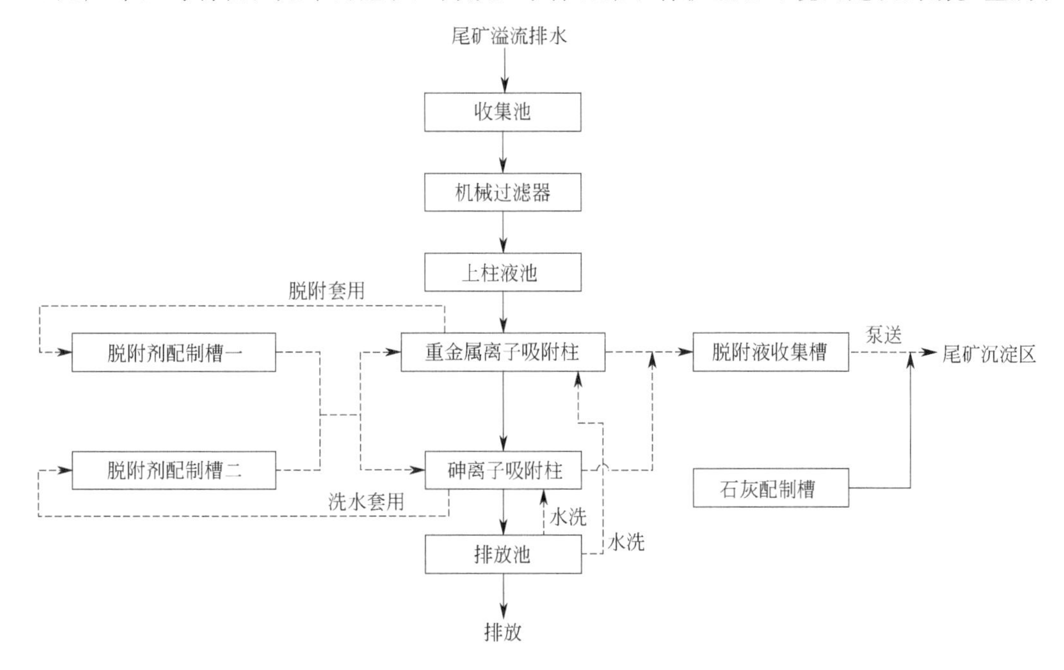

图 4-9　车河选矿废水深度处理工艺流程

选矿废水深度处理示范工程，具有很高的环境效益及市场推广价值。

工艺流程见图 4-9。

4.4 锡锑行业污染控制技术路线

锡、锑采选污染防治技术组合见图 4-10；锡、锑冶炼污染防治技术组合见图 4-11 和图 4-12。

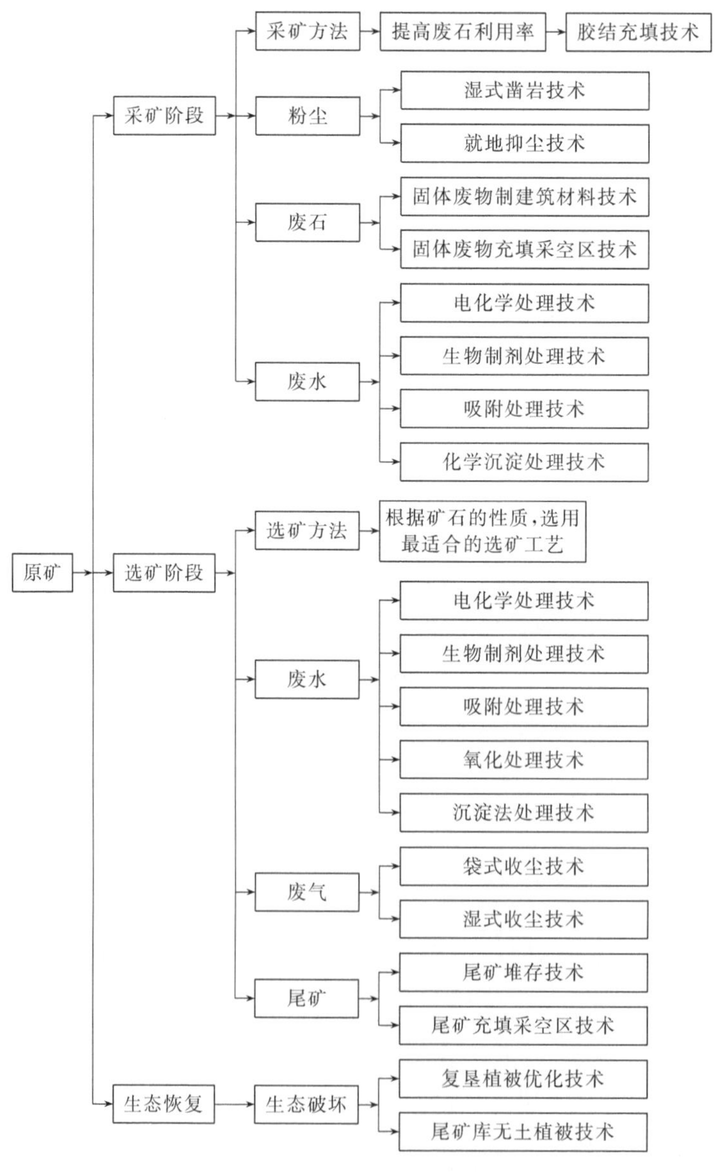

图 4-10　锡、锑采选污染防治技术组合

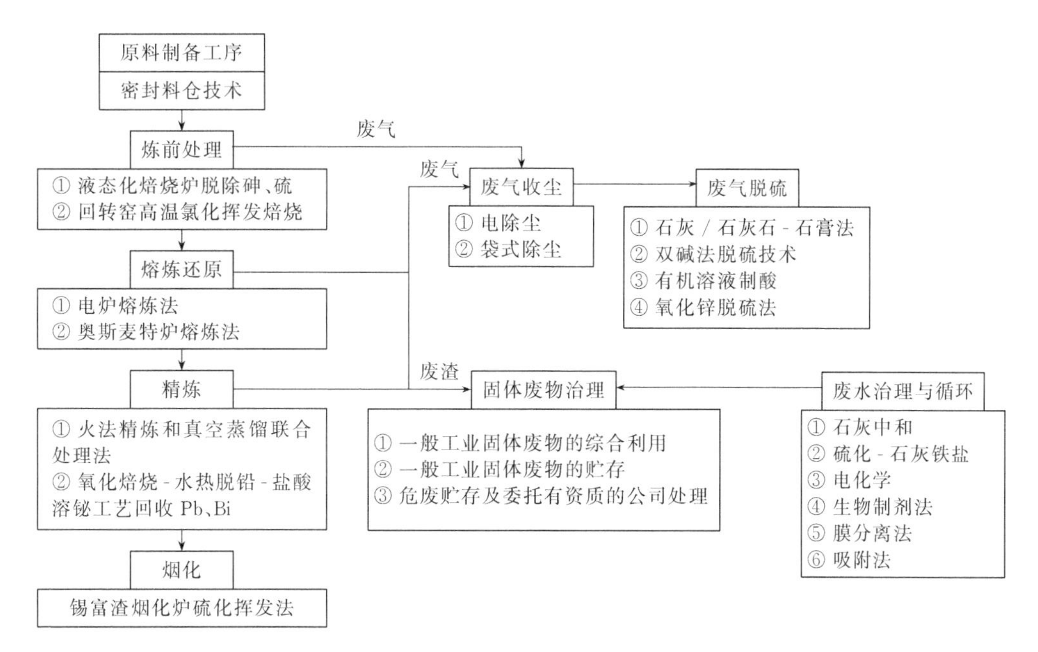

图 4-11　锡冶炼污染防治技术组合

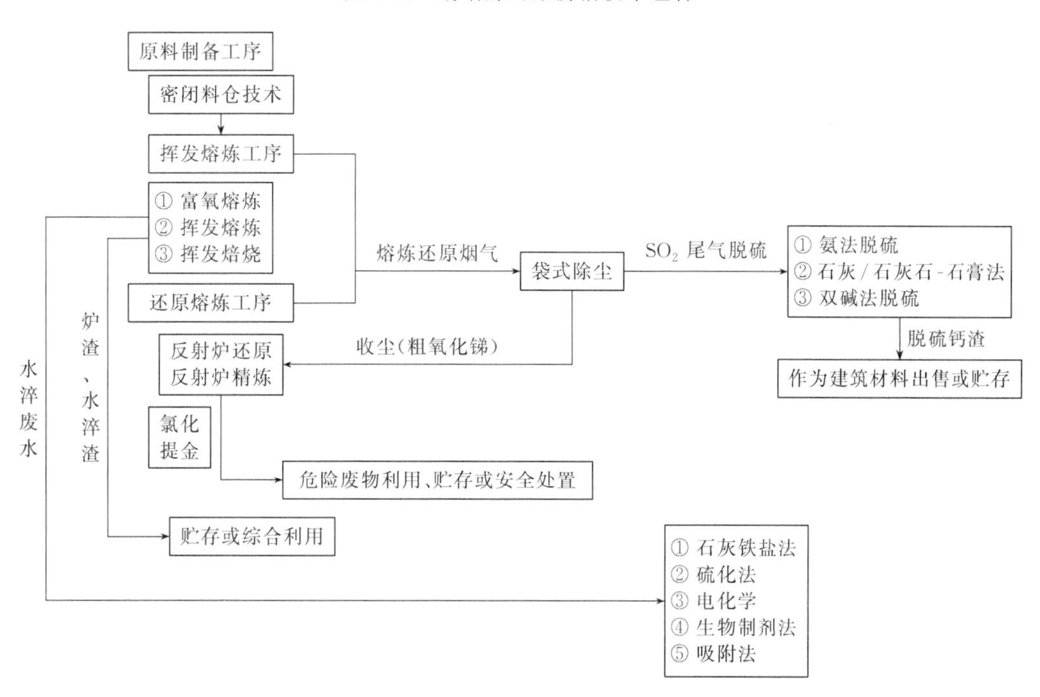

图 4-12　锑冶炼污染防治技术组合

第5章 锡锑行业污染控制技术展望

5.1 锡锑行业污染全过程控制技术思路

对于我国锡锑行业而言，坚持“推进资源节约集约利用，加大环境综合治理力度”，坚持“创新驱动、转型发展”的理念，推动产业结构调整，加快技术改造升级，提倡锡锑行业企业清洁生产方式，降低后续污染物排放。

锡锑行业污染全过程控制技术思路见图5-1。

5.2 锡锑行业污染防治技术的发展趋势

（1）从末端治理向源头减排-循环利用技术集成方向发展

研发先进的冶炼工艺，实现低浓度二氧化硫烟气制酸或源头固硫，以及无组织排放的有效控制；采用适用的“三废”资源综合回收技术，提高资源的利用率；实现有价资源的源头减排和循环利用。

（2）废水、废气治理从达标排放向达到特别排放限值和超低排放方向发展

针对日益严重的重金属污染的形势，许多重金属重点防控区的环保部门要求企业排放废水、废气中的重金属指标需要达到特别排放限值。需采用深度处理技术，满足日益严格的排放标准要求。

（3）废渣处置从单纯的安全处置向回收有价金属资源化方向发展

冶炼企业常用的有色金属冶炼废水处理方法，通常将重金属都从水中转移到沉渣中；对生产过程中收集的部分含砷等有害元素较高难以回收的烟粉尘，以及砷碱渣处置技术不完善，易造成二次污染的问题。因此，亟需开发“三废”深度处理和资源化技术，例如重

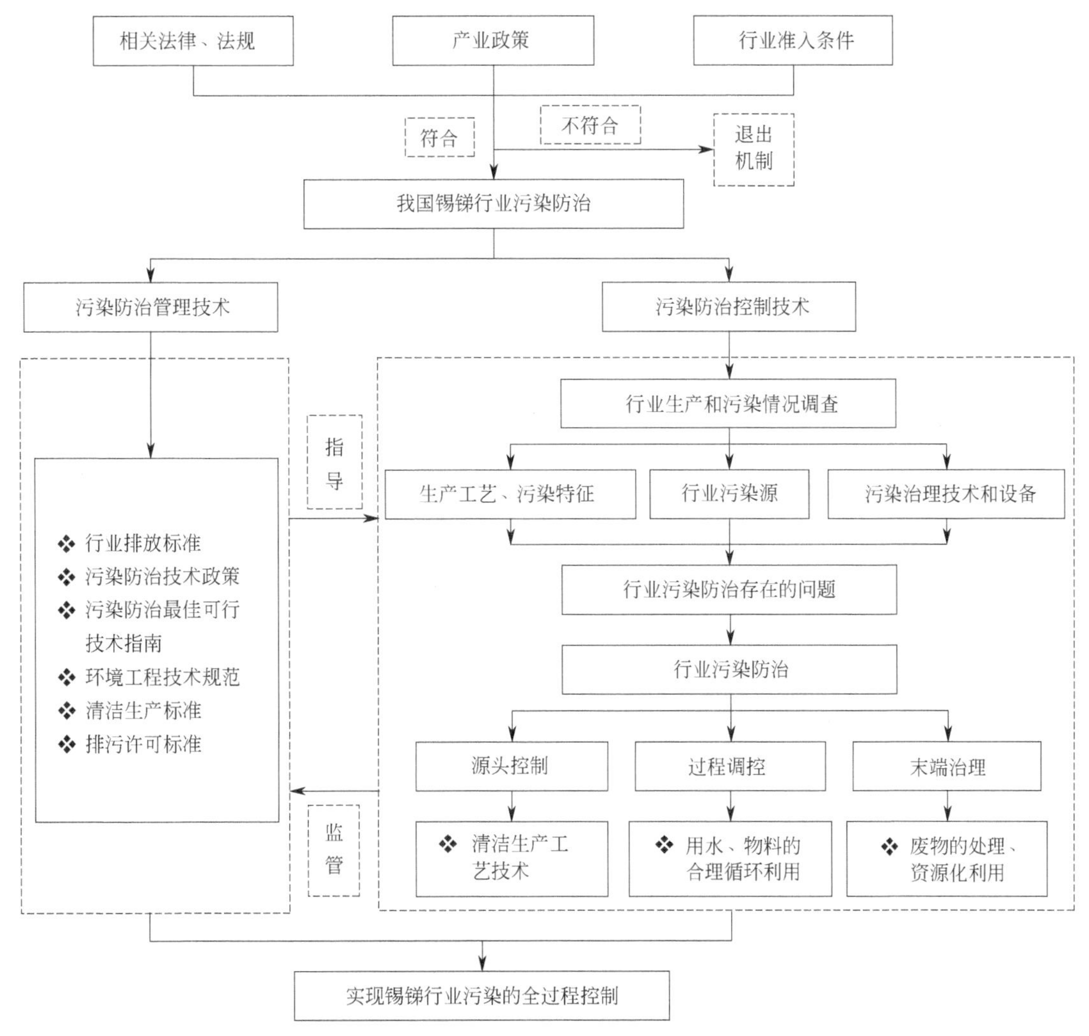

图 5-1　锡锑行业污染全过程控制技术思路

金属废水有价金属回收和深度处理技术、冶炼烟尘砷和锑锡分离技术和砷碱渣资源化利用技术等。

5.3　技术发展建议

（1）鼓励进一步研发、推广环境友好的采选技术

① 在条件允许的情况下，鼓励采用充填采矿法及先进设备，降低地面废石和尾矿的堆存量，减少对生态环境的破坏。

② 鼓励研发和采用高效无（低）毒的选矿药剂产品，进行共、伴生矿产资源中有价元素的分离回收和尾矿干堆。

（2）鼓励研发和采用先进的富氧熔炼冶炼和清洁短流程冶炼工艺和装备

① 锡粗炼鼓励采用富氧熔池熔炼等先进生产工艺。火法精炼鼓励采用电热机械连续

结晶机、真空炉等先进装备，湿法电解精炼工艺鼓励选用高效节能的装备。

② 锑冶炼鼓励采用熔池熔炼和其他清洁短流程冶炼等先进生产工艺和装备。

③ 鼓励冶炼企业采用天然气及其他清洁能源。

(3) 鼓励采用“三废”资源综合回收技术，提高资源的利用率

① 凿岩、铲装、运输等过程中应采用湿式作业、个体防护等措施，防治粉尘污染。破碎、筛分等过程中应采用尘源密闭、局部抽风、安装除尘装置等措施，宜采用袋式除尘，处理达标后排放。

② 对锡冶炼产生的低浓度二氧化硫烟气，鼓励采用有机溶液循环吸收脱硫技术对二氧化硫（SO_2）进行回收，并用于生产硫酸产品。锑冶炼烟气制酸应采用稀酸洗涤净化—制酸工艺，制酸尾气应进行脱硫处理。挥发熔炼炉、还原熔炼炉等产生含二氧化硫烟气的工序应协同除尘脱硫。鼓励采用电除尘技术、袋式除尘技术、动力波洗涤除尘技术、石灰/石灰石-石膏法脱硫技术、钠碱法脱硫技术、氨法脱硫技术、金属氧化物脱硫技术等除尘脱硫组合技术。

③ 当烟气中含汞时，鼓励采用波立顿-挪威锌（Boliden-Norzink）脱汞法、碘络合-电解法、硫化钠＋氯络合法等对烟气中的汞进行处理回收。

④ 锡、锑冶炼备料工序产尘点、炉（窑）加料口和出料口应设置集气罩并保证足够的集气效率，配套设置密闭抽风收尘设施，防止无组织污染问题。

⑤ 对锡电解槽等长期持续散发有害人体健康气体的工序，应采用抑制酸雾的措施，改善作业环境。

⑥ 矿坑水应优先作为生产用水利用；选矿废水应采用絮凝沉淀、氧化法和吸附法等组合技术进行处理，应分质处理、分质回用；冶炼废水处理应采用石灰铁盐法、电化学法、生物制剂法和吸附法等单个或组合处理工艺，鼓励在废水处理过程中回收有价金属和水资源。

⑦ 采矿产生的废石应优先以生产铺路材料、制砖和用作充填材料等方式进行资源综合利用；选矿产生的尾矿应优先以共伴生矿物及有价元素回收，鼓励选矿尾砂进行井下填充。

⑧ 锡冶炼产生的硬头、残极渣和阳极泥，锑冶炼产生的还原泡渣，以及除尘器收集的烟尘，应综合利用、回收有价金属。

⑨ 砷碱渣、烟气稀酸洗涤产生的含重金属酸泥、废水处理渣（污泥）、废油、废酸等危险废物，应按照《危险废物贮存污染控制标准》（GB 18597）要求在专用场所堆放或交具有危险废物经营许可证的单位进行处置。鼓励对砷碱渣和含重金属酸泥进行集中处置，综合回收有价金属，实现废渣无害化。

⑩ 鼓励利用废石、尾矿充填采空区，减轻采空区上覆岩层的沉降或塌陷，降低生态环境破坏。

(4) 鼓励研发、采用废水和废气的深度处理技术

① 低能耗、环境友好的锑冶炼富氧熔炼新工艺技术。

② 鼓励研发湿式电除尘、改进湿法脱硫技术和改进 SCR（选择性催化还原法）脱硝技术等超低排放技术。

③ 鼓励研发含铅、镉、汞、砷和锑等重金属废水协同深度处理与回用技术。

附录

附录 1　锡、锑、汞工业污染物排放标准及修改单（GB 30770—2014）

（1）适用范围

本标准规定了锡、锑、汞采选及冶炼工业企业水和大气污染物的排放限值、监测和监控要求，以及标准的实施与监督等相关规定。

本标准适用于现有锡、锑、汞采选及冶炼工业企业水污染物和大气污染物排放管理，以及锡、锑、汞采选及冶炼工业企业建设项目的环境影响评价、环境保护设计、竣工环境保护验收及其投产后的水污染物和大气污染物排放管理。

本标准不适用于锡、锑、汞再生及加工等工业。

本标准适用于法律允许的污染物排放行为。新设立污染源的选址和特殊保护区域内现有污染源的管理，按照《中华人民共和国大气污染防治法》《中华人民共和国水污染防治法》《中华人民共和国海洋环境保护法》《中华人民共和国固体废物污染环境防治法》《中华人民共和国放射性污染防治法》《中华人民共和国环境影响评价法》等法律、法规、规章的相关规定执行。

本标准规定的水污染物排放控制要求适用于企业直接或间接向其法定边界外排放水污染物的行为。

（2）规范性引用文件

本标准内容引用了下列文件或其中的条款。

GB 6920　水质 pH 值的测定 玻璃电极法

GB 7467　水质 六价铬的测定 二苯碳酰二肼分光光度法

GB 7470　水质 铅的测定 双硫腙分光光度法

GB 7471　水质 镉的测定 双硫腙分光光度法

GB 7472　水质 锌的测定 双硫腙分光光度法

GB 7475　水质 铜、锌、铅、镉的测定 原子吸收分光光度法

GB 7484　水质 氟化物的测定 离子选择电极法
GB 7485　水质 总砷的测定 二乙基二硫代氨基甲酸银分光光度法
GB 11893　水质 总磷的测定 钼酸铵分光光度法
GB 11901　水质 悬浮物的测定 重量法
GB 11914　水质 化学需氧量的测定 重铬酸盐法
GB/T 15264　环境空气 铅的测定 火焰原子吸收分光光度法
GB/T 15432　环境空气 总悬浮颗粒物的测定 重量法
GB/T 16157　固定污染源排气中颗粒物测定与气态污染物采样方法
GB/T 16489　水质 硫化物的测定 亚甲基蓝分光光度法
HJ/T 42　固定污染源排气中氮氧化物的测定 紫外分光光度法
HJ/T 43　固定污染源排气中氮氧化物的测定 盐酸萘乙二胺分光光度法
HJ/T 55　大气污染物无组织排放监测技术导则
HJ/T 56　固定污染源排气中二氧化硫的测定 碘量法
HJ/T 57　固定污染源排气中二氧化硫的测定 定电位电解法
HJ/T 60　水质 硫化物的测定 碘量法
HJ/T 64.1　大气固定污染源 镉的测定 火焰原子吸收分光光度法
HJ/T 64.2　大气固定污染源 镉的测定 石墨炉原子吸收分光光度法
HJ/T 64.3　大气固定污染源 镉的测定 对-偶氮苯重氮氨基偶氮苯磺酸分光光度法
HJ/T 65　大气固定污染源 锡的测定 石墨炉原子吸收分光光度法
HJ/T 75　固定污染源烟气排放连续监测技术规范（试行）
HJ/T 195　水质 氨氮的测定 气相分子吸收光谱法
HJ/T 199　水质 总氮的测定 气相分子吸收光谱法
HJ/T 397　固定源废气监测技术规范
HJ/T 399　水质 化学需氧量的测定 快速消解分光光度法
HJ 479　环境空气 氮氧化物（一氧化氮和二氧化氮）的测定 盐酸萘乙二胺分光光度法
HJ 480　环境空气 氟化物的测定 滤膜采样氟离子选择电极法
HJ 481　环境空气 氟化物的测定 石灰滤纸采样氟离子选择电极法
HJ 482　环境空气 二氧化硫的测定 甲醛吸收-副玫瑰苯胺分光光度法
HJ 483　环境空气 二氧化硫的测定 四氯汞盐吸收-副玫瑰苯胺分光光度法
HJ 485　水质 铜的测定 二乙基二硫代氨基甲酸钠分光光度法
HJ 487　水质 氟化物的测定 茜素磺酸锆目视比色法
HJ 488　水质 氟化物的测定 氟试剂分光光度法
HJ 535　水质 氨氮的测定 纳氏试剂分光光度法
HJ 536　水质 氨氮的测定 水杨酸分光光度法
HJ 537　水质 氨氮的测定 蒸馏-中和滴定法
HJ 538　固定污染源废气 铅的测定 火焰原子吸收分光光度法（暂行）
HJ 540　环境空气和废气 砷的测定 二乙基二硫代氨基甲酸银分光光度法（暂行）
HJ 543　固定污染源废气 汞的测定 冷原子吸收分光光度法（暂行）

HJ 544　固定污染源废气 硫酸雾的测定 离子色谱法（暂行）
HJ 597　水质 总汞的测定 冷原子吸收分光光度法
HJ 629　固定污染源废气 二氧化硫的测定 非分散红外吸收法
HJ 636　水质 总氮的测定 碱性过硫酸钾消解紫外分光光度法
HJ 637　水质 石油类和动植物油类的测定 红外分光光度法
HJ 657　空气和废气 颗粒物中铅等金属元素的测定 电感耦合等离子体质谱法
HJ 694　水质 汞、砷、硒、铋和锑的测定 原子荧光法
HJ 700　水质 65 种元素的测定 电感耦合等离子体质谱法
《污染源自动监控管理办法》（国家环境保护总局令第 28 号）
《环境监测管理办法》（国家环境保护总局令第 39 号）

（3）术语和定义

下列术语和定义适用于本标准。

1）锡、锑、汞工业 stannum，antimony and mercury industries

指生产锡、锑、汞金属的采矿、选矿、冶炼工业企业，不包括以废旧锡、锑、汞物料为原料的再生冶炼工业企业。

2）现有企业 existing facility

指本标准实施之日前已建成投产或环境影响评价文件已通过审批的锡、锑、汞工业企业或设施。

3）新建企业 new facility

指本标准实施之日起环境影响评价文件通过审批的新建、改建和扩建的锡、锑、汞工业建设项目。

4）公共污水处理系统 public wastewater treatment system

指通过纳污管道等方式收集废水，为两家以上排污单位提供废水处理服务并且排水能够达到相关排放标准要求的企业或机构，包括各种规模和类型的城镇污水处理厂、区域（包括各类工业园区、开发区、工业聚集地等）废水处理厂等，其废水处理程度应达到二级或二级以上。

5）直接排放 direct discharge

指排污单位直接向环境排放水污染物的行为。

6）间接排放 indirect discharge

指排污单位向公共污水处理系统排放水污染物的行为。

7）排水量 effluent volume

指生产设施或企业向企业法定边界以外排放的废水的量，包括与生产有直接或间接关系的各种外排废水（如厂区生活污水、冷却废水、厂区锅炉和电站排水等）。

8）单位产品基准排水量 benchmark effluent volume per unit product

指用于核定水污染物排放浓度而规定的生产单位锡、锑、汞产品的排水量上限值。

9）排气量 exhaust volume

指生产设施或企业通过排气筒向环境排放的工艺废气的量。

10）单位产品基准排气量 benchmark exhaust volume per unit product

指用于核定大气污染物排放浓度而规定的生产单位锡、锑、汞产品的排气量上限值。

11）标准状态 standard condition

指温度为 273.15K，压力为 101325Pa 时的状态。本标准规定的大气污染物排放浓度限值均以标准状态下的干气体为基准。

12）企业边界 enterprise boundary

指锡、锑、汞工业企业的法定边界。若无法定边界，则指企业的实际边界。

（4）污染物排放控制要求

1）水污染物排放控制要求

2016 年 1 月 1 日起，现有企业执行表 1 规定的水污染物排放限值。2014 年 7 月 1 日起，新建企业执行表 1 规定的水污染物排放限值。

表 1　新建企业水污染物排放限值

单位：mg/L（pH 值除外）

<table>
<tr><th rowspan="2">序号</th><th rowspan="2">污染物项目</th><th colspan="2">限值</th><th rowspan="2">污染物排放监控位置</th></tr>
<tr><th>直接排放</th><th>间接排放</th></tr>
<tr><td>1</td><td>pH 值</td><td>6～9</td><td>6～9</td><td rowspan="14">企业废水总排放口</td></tr>
<tr><td>2</td><td>化学需氧量 COD_{Cr}</td><td>60</td><td>200</td></tr>
<tr><td>3</td><td>总磷</td><td>1.0</td><td>2.0</td></tr>
<tr><td>4</td><td>总氮</td><td>15</td><td>40</td></tr>
<tr><td>5</td><td>氨氮</td><td>8</td><td>25</td></tr>
<tr><td>6</td><td>石油类</td><td>3</td><td>10</td></tr>
<tr><td rowspan="2">7</td><td rowspan="2">悬浮物</td><td>70(采选)</td><td>200(采选)</td></tr>
<tr><td>30(其他)</td><td>140(其他)</td></tr>
<tr><td>8</td><td>硫化物</td><td>0.5</td><td>1.5</td></tr>
<tr><td>9</td><td>氟化物</td><td>5</td><td>15</td></tr>
<tr><td>10</td><td>总铜</td><td colspan="2">0.2</td></tr>
<tr><td>11</td><td>总锌</td><td colspan="2">1.0</td></tr>
<tr><td>12</td><td>总锡[①]</td><td colspan="2">2.0</td></tr>
<tr><td>13</td><td>总锑</td><td colspan="2">0.3</td></tr>
<tr><td>14</td><td>总汞</td><td colspan="2">0.005</td><td rowspan="5">车间或生产装置排放口</td></tr>
<tr><td>15</td><td>总镉</td><td colspan="2">0.02</td></tr>
<tr><td>16</td><td>总铅</td><td colspan="2">0.2</td></tr>
<tr><td>17</td><td>总砷</td><td colspan="2">0.1</td></tr>
<tr><td>18</td><td>六价铬</td><td colspan="2">0.2</td></tr>
<tr><td rowspan="4">单位产品基准排水量</td><td rowspan="2">选矿/(m^3/t 原矿)</td><td colspan="2">1.4</td><td rowspan="4">排水量计量位置与污染物排放监控位置一致</td></tr>
<tr><td colspan="2">2.0[②]</td></tr>
<tr><td>锡、锑冶炼/(m^3/t 产品)</td><td colspan="2">5.0</td></tr>
<tr><td>汞冶炼/(m^3/t 产品)</td><td colspan="2">2.0</td></tr>
</table>

① 为锡、锑工业企业废水监测项目。

② 为多金属锑矿。

根据环境保护工作的要求，在国土开发密度已经较高、环境承载力开始减弱，或水环境容量较小、生态环境脆弱，容易发生严重水环境污染问题而需要采取特别保护措施的地区，应严格控制企业的污染物排放行为，在上述地区的企业执行表2规定的水污染物特别排放限值。

表2　水污染物特别排放限值

单位：mg/L（pH值除外）

序号	污染物项目	限值		污染物排放监控位置
		直接排放	间接排放	
1	pH值	6～9	6～9	企业废水总排放口
2	化学需氧量 COD_{Cr}	50	60	
3	总磷	0.5	1.0	
4	总氮	10	15	
5	氨氮	5	8	
6	石油类	1	3	
7	悬浮物	10	30	
8	硫化物	0.5	1.0	
9	氟化物	5	10	
10	总铜	0.2		
11	总锌	1.0		
12	总锡①	2.0		
13	总锑	0.3		
14	总汞	0.005		车间或生产装置排放口
15	总镉	0.02		
16	总铅	0.2		
17	总砷	0.1		
18	六价铬	0.2		
单位产品基准排水量	选矿/(m^3/t原矿)	1.0		排水量计量位置与污染物排放监控位置一致
		1.5②		
	锡、锑冶炼/(m^3/t产品)	3.0		
	汞冶炼/(m^3/t产品)	1.0		

① 为锡、锑工业企业废水监测项目。

② 为多金属锑矿。

水污染物排放浓度限值适用于单位产品实际排水量不高于基准排水量的情况。若单位产品实际排水量超过基准排水量，需按公式(1)将实测水污染物浓度换算为基准水量排放浓度，并以水污染物基准水量排放浓度作为判定排放是否达标的依据。产品产量和排水量统计周期为一个工作日。

在企业的生产设施同时生产两种以上产品、可适用不同排放控制要求或不同行业国家污染物排放标准，且生产设施产生的废水混合处理排放的情况下，应执行排放标准中规定的最严格的浓度限值，并按公式(1) 换算成水污染物基准水量排放浓度。

$$C_{基}=\frac{Q_{总}}{\sum_{i=1}^{N} Y_i Q_{i基}}\times C_{实} \tag{1}$$

式中 $C_{基}$——水污染物基准水量排放浓度，mg/L；

$Q_{总}$——实测排水总量，m^3；

Y_i——某种产品产量，t；

$Q_{i基}$——某种产品的单位产品基准排水量，m^3/t；

N——产品（或原矿）种类数；

$C_{实}$——水污染物实际排放浓度，mg/L。

若 $Q_{总}$ 与 $\sum_{i=1}^{N} Y_i Q_{i基}$ 的比值小于 1，则以水污染物实测浓度作为判定排放是否达标的依据。

2）大气污染物排放控制要求

2016 年 1 月 1 日起，现有企业执行表 3 规定的大气污染物排放浓度限值。2014 年 7 月 1 日起，新建企业执行表 3 规定的大气污染物排放浓度限值。

表 3　新建企业大气污染物排放浓度限值

单位：mg/m^3

序号	生产类别	工艺或工序	污染物名称及排放限值											污染物排放监控位置
			二氧化硫	颗粒物	硫酸雾	氮氧化物	氟化物	锡及其化合物①	锑及其化合物①	汞及其化合物①	镉及其化合物①	铅及其化合物①	砷及其化合物①	
1	采选	破碎、筛分	—	50	—	—	—	—	—	—	—	—	—	车间或生产设施排气筒
		其他	—	30	—	—	—	—	—	—	—	—	—	
2	锡冶炼	全部	400	30	—	200	3	4	1	0.01	0.05	2	0.5	
3	锑冶炼	全部	400	30	—	200	—	1	4	0.01	0.05	0.52②	0.5	
4	汞冶炼	全部	400	30	—	200	—	—	1	0.01	—	0.5	—	
5	烟气制酸	全部	400	30	20	200	3	1	1	0.01	0.05	0.5	0.5	
6	单位产品基准排气量/(m^3/t 产品)			冶炼		63000					排气量计量位置与污染物排放监控位置一致			

① 金属及其化合物均以金属元素计。

② 以脆硫锑铅矿为原料的锑冶炼企业。

根据环境保护工作的要求，在国土开发密度已经较高、环境承载力开始减弱，或大气环境容量较小、生态环境脆弱，容易发生严重大气环境污染问题而需要采取特别保护措施的地区，应严格控制企业的污染物排放行为，在上述地区的企业执行表 4 规定的大气污染物特别排放限值。

表 4　大气污染物特别排放限值

单位：mg/m^3

序号	生产过程	污染物名称及排放限值											污染物排放监控位置
		二氧化硫	颗粒物	硫酸雾	氮氧化物	氟化物	锡及其化合物[①]	锑及其化合物[①]	汞及其化合物[①]	镉及其化合物[①]	铅及其化合物[①]	砷及其化合物[①]	
1	采选	—	10	—	—	—	—	—	—	—	—	—	车间或生产设施排气筒
2	锡冶炼	100	10	—	100	3	4	1	0.01	0.05	2	0.5	
3	锑冶炼	100	10	—	100	—	1	4	0.01	0.05	0.52[②]	0.5	
4	汞冶炼	100	10	—	100	—	—	1	0.01	—	0.5	—	
5	烟气制酸	100	10	10	100	3	1	1	0.01	0.05	0.5	0.5	
6	单位产品基准排气量/(m^3/t 产品)		冶炼				63000					排气量计量位置与污染物排放监控位置一致	

① 金属及其化合物均以金属元素计。

② 以脆硫锑铅矿为原料的锑冶炼企业。

企业边界大气污染物执行表 5 规定的浓度限值。

表 5　现有企业和新建企业边界大气污染物限值

单位：mg/m^3

序号	污染物项目	浓度限值		
		锡工业	锑工业	汞工业
1	硫酸雾	0.3		
2	氟化物	0.02	—	—
3	锡及其化合物[①]	0.24	0.24	—
4	锑及其化合物[①]	0.01	0.01	—
5	汞及其化合物[①]	0.0003	0.0003	0.0003
6	镉及其化合物[①]	0.0002	0.0002	—
7	铅及其化合物[①]	0.006	0.006	0.006
8	砷及其化合物[①]	0.003	0.003	—

① 金属及其化合物均以金属元素计。

在现有企业生产、建设项目竣工环保验收及其后的生产过程中，负责监管的环境保护主管部门应对周围居住、教学、医疗等用途的敏感区域环境质量进行监控。建设项目的具体监控范围为环境影响评价确定的周围敏感区域；未进行过环境影响评价的现有企业，监控范围由负责监管的环境保护主管部门，根据企业排污的特点和规律及当地的自然、气象条件等因素，参照相关环境影响评价技术导则确定。地方政府应对本辖区环境质量负责，采取措施确保环境状况符合环境质量标准要求。

产生大气污染物的生产工艺和装置必须设立局部或整体气体收集系统和集中净化处理装置。所有排气筒高度应按环境影响评价要求确定，至少不低于 15m。

大气污染物排放浓度限值适用于单位产品实际排气量不高于基准排气量的情况。若单位产品实际排气量超过基准排气量，需将实测大气污染物浓度换算为大气污染物基准气量排放浓度，并以大气污染物基准气量排放浓度作为判定排放是否达标的依据。大气污染物基准气量排放浓度的换算，可参照水污染物基准水量排放浓度的计算公式。

产品产量和排气量统计周期为一个工作日。

（5）污染物监测要求

1）污染物监测的一般要求

① 企业应按照有关法律和《环境监测管理办法》等规定，建立企业监测制度，制定监测方案，对污染物排放状况及其对周边环境质量的影响开展自行监测，保存原始监测记录，并公布监测结果。

② 新建企业和现有企业安装污染物排放自动监控设备的要求，按有关法律和《污染源自动监控管理办法》的规定执行。

③ 企业应按照环境监测管理规定和技术规范的要求，设计、建设、维护永久性采样口、采样测试平台和排污口标志。

④ 对企业排放的废水和废气的采样，应根据监测污染物的种类，在规定的污染物排放监控位置进行。有废水、废气处理设施的，应在该设施后监控。

⑤ 企业产品产量的核定，以法定报表为依据。

2）水污染物监测要求

对企业排放水污染物浓度的测定采用表 6 所列的方法标准。

表 6　水污染物浓度测定方法标准

序号	污染物项目	方法标准名称	方法标准编号
1	pH 值	水质 pH 的测定 玻璃电极法	GB 6920
2	化学需氧量（COD_{Cr}）	水质 化学需氧量的测定 重铬酸盐法	GB 11914
		水质 化学需氧量的测定 快速消解分光光度法	HJ/T 399
3	总磷	水质 总磷的测定 钼酸铵分光光度法	GB 11893
4	总氮	水质 总氮的测定 碱性过硫酸钾消解紫外分光光度法	HJ 636
		水质 总氮的测定 气相分子吸收光谱法	HJ/T 199
5	氨氮	水质 氨氮的测定 纳氏试剂分光光度法	HJ 535
		水质 氨氮的测定 水杨酸分光光度法	HJ 536
		水质 氨氮的测定 蒸馏-中和滴定法	HJ 536
		水质 氨氮的测定 气相分子吸收光谱法	HJ/T 195
6	石油类	水质 石油类和动植物油类的测定 红外分光光度法	HJ 637
7	悬浮物	水质 悬浮物的测定 重量法	GB 11901
8	硫化物	水质 硫化物的测定 亚甲基蓝分光光度法	GB/T 16489
		水质 硫化物的测定 碘量法	HJ/T 60
9	氟化物	水质 氟化物的测定 离子选择电极法	GB 7484
		水质 氟化物的测定 茜素磺酸锆目视比色法	HJ 487
		水质 氟化物的测定 氟试剂分光光度法	HJ 488

续表

序号	污染物项目	方法标准名称	方法标准编号
10	总铜	水质 铜、锌、铅、镉的测定 原子吸收分光光度法	GB 7475
		水质 铜的测定 二乙基二硫代氨基甲酸钠分光光度法	HJ 485
		水质 65种元素的测定 电感耦合等离子体质谱法	HJ 700
11	总锌	水质 锌的测定 双硫腙分光光度法	GB 7472
		水质 65种元素的测定 电感耦合等离子体质谱法	HJ 700
12	总铅	水质 铜、锌、铅、镉的测定 原子吸收分光光度法	GB 7475
		水质 铅的测定 双硫腙分光光度法	GB 7470
		水质 65种元素的测定 电感耦合等离子体质谱法	HJ 700
13	总镉	水质 铜、锌、铅、镉的测定 原子吸收分光光度法	GB 7475
		水质 镉的测定 双硫腙分光光度法	GB 7471
		水质 65种元素的测定 电感耦合等离子体质谱法	HJ 700
14	总锡	水质 65种元素的测定 电感耦合等离子体质谱法	HJ 700
15	总锑	水质 汞、砷、硒、铋和锑的测定 原子荧光法	HJ 694
		水质 65种元素的测定 电感耦合等离子体质谱法	HJ 700
16	总汞	水质 总汞的测定 冷原子吸收分光光度法	HJ 597
		水质 总汞的测定 高锰酸钾-过硫酸钾消解法双硫腙分光光度法	GB 7469
		水质 汞、砷、硒、铋和锑的测定 原子荧光法	HJ 694

3）大气污染物监测要求

① 排气筒中大气污染物的监测采样按 GB/T 16157、HJ/T 397 或 HJ/T 75 规定执行；大气污染物无组织排放的监测按 HJ/T 55 规定执行。

② 对企业排放大气污染物浓度的测定采用表7所列的方法标准。

表7 大气污染物浓度测定方法标准

序号	监测项目	方法标准名称	方法标准编号
1	颗粒物	固定污染源排气中颗粒物测定与气态污染物采样方法	GB/T 16157
		环境空气 总悬浮颗粒物的测定 重量法	GB/T 15432
2	二氧化硫	固定污染源排气中二氧化硫的测定 碘量法	HJ/T 56
		固定污染源排气中二氧化硫的测定 定电位电解法	HJ/T 57
		固定污染源废气 二氧化硫的测定 非分散红外吸收法	HJ 629
		环境空气 二氧化硫的测定 甲醛吸收-副玫瑰苯胺分光光度法	HJ 482
		环境空气 二氧化硫的测定 四氯汞盐吸收-副玫瑰苯胺分光光度法	HJ 483
3	硫酸雾	固定污染源废气 硫酸雾的测定 离子色谱法(暂行)	HJ 544
4	氮氧化物	固定污染源排气中氮氧化物的测定 紫外分光光度法	HJ/T 42
		固定污染源排气中氮氧化物的测定 盐酸萘乙二胺分光光度法	HJ/T 43
		环境空气 氮氧化物(一氧化氮和二氧化氮)的测定 盐酸萘乙二胺分光光度法	HJ 479

续表

序号	监测项目	方法标准名称	方法标准编号
5	氟化物	环境空气 氟化物的测定 滤膜采样氟离子选择电极法	HJ 480
		环境空气 氟化物的测定 石灰滤纸采样氟离子选择电极法	HJ 481
6	锡及其化合物	大气固定污染源 锡的测定石墨炉原子吸收分光光度法	HJ/T 65
		空气和废气 颗粒物中铅等金属元素的测定 电感耦合等离子体质谱法	HJ 657
7	锑及其化合物	空气和废气 颗粒物中铅等金属元素的测定 电感耦合等离子体质谱法	HJ 657
8	汞及其化合物	固定污染源废气 汞的测定 冷原子吸收分光光度法(暂行)	HJ 543
9	镉及其化合物	大气固定污染源 镉的测定 火焰原子吸收分光光度法	HJ/T 64.1
		大气固定污染源 镉的测定 石墨炉原子吸收分光光度法	HJ/T 64.2
		大气固定污染源 镉的测定 对-偶氮苯重氮氨基偶氮苯磺酸分光光度	HJ/T 64.3
		空气和废气 颗粒物中铅等金属元素的测定 电感耦合等离子体质谱法	HJ 657
10	铅及其化合物	环境空气 铅的测定 火焰原子吸收分光光度法	GB/T 15264
		空气和废气 颗粒物中铅等金属元素的测定 电感耦合等离子体质谱法	HJ 657
		固定污染源废气 铅的测定 火焰原子吸收分光光度法(暂行)	HJ 538
11	砷及其化合物	环境空气和废气 砷的测定 二乙基二硫代氨基甲酸银分光光度法	HJ 540
		空气和废气 颗粒物中铅等金属元素的测定 电感耦合等离子体质谱法	HJ 657

(6) 实施与监督

1) 本标准由县级以上人民政府环境保护行政主管部门负责监督实施。

2) 在任何情况下，企业均应遵守本标准的污染物排放控制要求，采取必要措施保证污染防治设施正常运行。各级环保部门在对企业进行监督性检查时，可以现场即时采样或监测的结果，作为判定排污行为是否符合排放标准以及实施相关环境保护管理措施的依据。在发现设施耗水或排水量、排气量有异常变化的情况下，应核定企业的实际产品产量、排水量和排气量，按本标准的规定，换算水污染物基准水量排放浓度和大气污染物基准气量排放浓度。

锡、锑、汞工业污染物排放标准修改单由生态环境部于 2020 年 12 月 21 日发布，从 2021 年 1 月 1 日起开始实施。

将“(2) 规范性引用文件”中“本标准内容引用了下列文件或其中的条款”修改为“本标准内容引用了下列文件或其中的条款。凡是不注年份的引用文件，其最新版本适用于本标准”，并增加以下内容：

GB 15562.1《环境保护图形标志-排放口（源）》

HJ 91.1《污水监测技术规范 》

HJ 748《水质 铊的测定 石墨炉原子吸收分光光度法》

《企业事业单位环境信息公开办法》(环境保护部令第 31 号)

《关于印发排放口标志牌技术规格的通知》(环办〔2003〕95 号)

在“表1新建企业水污染物排放限值”“表2水污染物特别排放限值”中，增加总铊排放限值要求（单位为 mg/L)，见表8。

表8 总铊排放限值要求

序号	污染物项目	限值		污染物排放监控位置
		直接排放	间接排放	
19	总铊	0.015(0.005①)		车间或生产装置排放口②

① 适用于采矿或选矿生产单元废水单独排放的情形。

② 不论废水是否外排，车间或生产装置排放口指：

a. 对于采矿生产单元，为采矿废水处理设施排放口；如无处理设施，则为采矿废水储存设施出水口。

b. 对于选矿生产单元，为尾矿坝（库）出水口。

c. 对于冶炼生产单元：

有制酸系统的冶炼企业，为污酸废水处理设施排放口；如无处理设施，则为污酸废水储存设施出水口。

无制酸系统的冶炼企业，为脱硫废水处理设施排放口；如无处理设施，则为脱硫废水储存设施出水口。

在“（5）1）污染物监测的一般要求”中增加以下内容：

⑥ 除表6、表7所列的方法标准外，本标准实施后发布的其他污染物监测方法标准，如明确适用于本行业，也可采用该监测方法标准。

将“（5）2）水污染物监测要求”中“对企业排放水污染物浓度的测定采用表6所列的方法标准”修改为“（5）2）①对企业排放水污染物浓度的测定采用表6所列的方法标准”，同时增加以下内容：

② 企业应按要求开展自行监测，对于总铊，自行监测频次至少为半年一次。

③ 重点排污单位应当按要求安装重点水污染物排放自动监测设备，与生态环境主管部门的监控设备联网，并保障监测设备正常运行。

在“表6水污染物浓度测定方法标准”中，增加以下内容：

序号	污染物项目	方法标准名称	方法标准编号
17	总铊	水质 65种元素的测定 电感耦合等离子体质谱法	HJ 700
		水质 铊的测定 石墨炉原子吸收分光光度法(废水中氯离子浓度大于1.2g/L,此方法不适用)	HJ 748

在“（5）污染物监测要求”后增加“污水排放口规范化要求”，具体内容如下：

① 污水排放口和采样点的设置应符合 HJ 91.1 的规定。

② 应按照 GB 15562.1 和《关于印发排放口标志牌技术规格的通知》的有关规定，在污水排放口或采样点附近醒目处设置警告性污水排放口标志牌，并长久保留。

原“（6）实施与监督”增加以下内容：

③ 重点排污单位应在厂区门口等公众易于监督的位置设置电子显示屏，并按照《企业事业单位环境信息公开办法》向社会实时公布污染物在线监测数据和其他环境信息。

④ 与污水排放口有关的计量装置、监控装置、标志牌、环境信息公开设施等，均按生态环境保护设施进行监督管理。企业应建立专门的管理制度，安排专门人员，开展建设、管理和维护，任何单位不得擅自拆除、移动和改动。

附录 2　锡锑采选排污单位环境管理台账记录参考表

（1）重点管理排污单位环境管理台账记录参考表

表 1　采矿类排污单位基本运行状况记录表

序号	记录时间	开采量/$(t/10^4 m^3)$	洗选或净化量/$(t/10^4 m^3)$	主要产品名称	产品产量/t	备注

表 2　污水处理设施日常运行信息

记录时间	设施/设备					处理水量/m^3	出水水质	药剂		备注
	处理设施名称	处理设施编号	是否正常运行	运行参数	运行值			名称	添加量/kg	

注：设施日常运行信息表应当按日记录，按月汇总。

表 3　废水污染物排放情况手工监测记录信息

采样日期	样品数量	采样方法	采样人姓名

排放口编号	废水类型	水温	出口流量/m^3	污染因子	出口浓度	许可排放浓度限值	测定方法	是否超标	备注

注：废水污染物排放情况手工监测记录信息表应当按监测频次要求记录，按月汇总。

表 4　污染治理设施维修维护记录信息

日期	设施编号	设施名称	异常状态	异常状态开始时刻	异常状态恢复时刻	事件原因	污染物排放情况			是否报备	应对措施	备注
							污染物名称	排放浓度	排放量			
										是/否		

（2）简化管理排污单位环境管理台账记录参考表

表 5　排污单位环境管理台账记录参考表

基本情况	序号	记录时间	运行时间/h	主要产品或储存物质名称	产品产量或储存物质量/t	备注

处理设施运行情况	设施/设备						处理水量/m^3	出水水质	药剂		备注
	记录时间	处理设施名称	处理设施编号	是否正常运行	运行参数	运行值			名称	添加量/kg	

废水污染物监测	排放口编号	废水类型	水温	出口流量/m^3	污染因子	出口浓度	许可排放浓度限值	测定方法	是否超标	备注

设施维修维护情况	设施编号	设施名称	异常状态	异常状态开始时刻	异常状态恢复时刻	事件原因	应对措施	污染物排放情况			是否报备
								污染物名称	排放浓度	排放量	是/否

附录 3　锡锑采选排污单位排污许可证执行报告编制内容

（1）重点管理排污单位排污许可证执行报告表

表 1　排污许可证执行情况汇总表

项目	内容		报告周期内执行情况	原因分析
排污单位基本情况	排污单位基本信息	单位名称	□变化　□无变化	
		注册地址	□变化　□无变化	
		邮政编码	□变化　□无变化	
		行业类别	□变化　□无变化	
		开采井(矿)田范围，选煤厂和污水处理站中心经纬度(煤炭开采排污单位)	□变化　□无变化	
		开采范围，废石场、选矿厂中心经纬度(黑色金属、有色金属、非金属矿采选排污单位)	□变化　□无变化	
		开采范围，天然气处理厂、净化厂及污水处理站中心经纬度(气田开采排污单位)	□变化　□无变化	
		开采范围，油气集中处理站、污水处理站中心经纬度(油田开采排污单位)	□变化　□无变化	
		经营场所地址、经营场所中心经纬度(生产类和服务类排污单位)	□变化　□无变化	
		统一社会信用代码	□变化　□无变化	

续表

项目	内容				报告周期内执行情况	原因分析
排污单位基本情况	排污单位基本信息			技术负责人	□变化　□无变化	
				联系电话	□变化　□无变化	
				所在地是否属于重点控制区	□变化　□无变化	
				主要污染物类别	□变化　□无变化	
				主要污染物种类	□变化　□无变化	
				水污染物排放规律	□变化　□无变化	
				水污染物排放执行标准名称	□变化　□无变化	
				设计处理能力	□变化　□无变化	
	产排污环节、污染物及污染治理设施	废水	污染物治理设施	污染物种类	□变化　□无变化	
				污染治理设施工艺	□变化　□无变化	
				排放形式	□变化　□无变化	
				排放口位置	□变化　□无变化	
			……	……	□变化　□无变化	
环境管理要求	自行监测要求		监测点位	监测设施	□变化　□无变化	
				自动监测设施安装位置	□变化　□无变化	
			……	……	□变化　□无变化	

注：对选择“变化”的，应在“原因分析”中详细说明。

表 2　排污单位基本信息表

序号	记录内容	名称	实际情况	备注
1	废水信息	废水排放量/m^3		
		废水排放去向		
		化学药剂使用量/t		
		用电量/kW·h		
		废水处理设施运行时间/h		
		废水处理设施检修时间/h		
		运行负荷/%		
		污染因子 1 年均出口浓度		
		污染因子 2 年均出口浓度		
		……		
2	污染治理设施计划投资情况（执行报告周期，如涉及）	治理投资类型		
		开工时间		
		建成投产时间		
		计划投资情况		
		报告周期内累计完成投资		

注：1. 排污单位应根据特征补充细化列表相关内容。

2. 如与非污许可证载明事项不符的，在“备注”中说明变化情况及原因。

3. 如报告周期有污染治理投资的，填报有关内容。

4. 列表中未能涵盖的信息，排污单位可以文字形式另行说明。

表 3　公众举报、投诉及处理情况表

序号	时间	事项	备注

表 4　污染治理设施异常情况汇总表

日期	异常状态①	异常设施编号	异常设施名称	持续时间	事件原因	污染物排放情况			是否报告	应对措施	报告递交情况说明
						污染物名称	排放浓度	排放量/t			
	故障/事故/维护								是/否		

① 异常状态包括故障、事故、维护。故障是指设备故障需要停机维修；事故是指因事故造成的非正常排放，如暴雨导致的超过污染治理设施处理能力的废水通过超越管或其他途径排放。维护是指设备日常保养或大修等。

表 5　废水污染物监测数据统计表

日期	监测指标	监测设施	有效监测数据（日均值）数量	许可排放浓度限值	浓度监测结果（日均浓度）			超标数据数量	超标率/%	实际排放量/t	手工监测采样方法及个数	手工测定方法	备注
					最小值	最大值	平均值						
自动生成	自动生成	自动生成		自动生成							自动生成		
	……	……		……							……		
……	……	……		……									

注：1. 有效自动监测数据数量为报告周期内剔除异常值后的数量。有效手工监测数据数量为报告周期内的监测次数。若采用自动和手工联合监测，有效监测数据数量为两者有效数据数量的总和。

2. 监测要求与排污许可证不一致的原因以及污染物浓度超标原因等可在“备注”中说明。

表 6　实际排放量报表

排放口编号	报告期（季度/年）	污染物种类	许可排放量/t	实际排放量/t	是否超标	备注说明
自动生成		自动生成				
		……				
		自动生成				
		……				
	周期合计	自动生成				
……	……	……				
全厂合计		自动生成				
		……				
	周期合计	自动生成				
	……	……				

表 7　台账管理情况表

序号	记录内容	是否完整	说明
		□是　□否	
		□是　□否	
		□是　□否	

表 8　废水污染物超标时段自动监测小时均值报表

日期	时间	排放口编码	超标污染物种类	排放浓度	超标原因说明
					设备启动、故障、事故等

表 9　信息公开情况报表

序号	分类	执行情况	是否符合排污许可证要求	备注
1	公开方式		□是　□否	
2	时间节点		□是　□否	
3	公开内容		□是　□否	
……	……	……	……	

注：信息公开情况不符合排污许可证要求的，在“备注”中说明原因。

表 10　其他执行报表说明

排污单位内部环境管理体系建设与运行情况	a. 说明环境管理机构及人员设置情况、环境管理制度建立情况、排污单位环境保护规划、环保措施整改计划等。 b. 说明环境管理体系的实施、相关责任的落实情况
其他排污许可证规定的内容执行情况	说明排污许可证中规定的其他内容的执行情况
其他需要说明的问题	对于违证排污的情况，提出相应整改计划
结论	总结排污单位在报告周期内排污许可证执行情况，说明执行过程中存在的问题，以及下一步需进行整改的内容
附图附件	a. 附图包括自行监测布点图等。执行报告附图应清晰、要点明确。 b. 附件包括污染物实际排放量计算过程、非正常工况证明材料，以及支持排污许可证执行报告的其他材料

（2）简化管理排污单位排污许可证执行报表

表 11　简化管理排污单位排污许可证执行报表

项目	内容		报告周期内执行情况	原因分析
排污单位基本情况	排污单位基本信息	单位名称	□变化　□无变化	
		注册地址	□变化　□无变化	
		邮政编码	□变化　□无变化	
		行业类别	□变化　□无变化	
		开采井(矿)田范围，选煤厂和污水处理站中心经纬度(煤炭开采排污单位)	□变化　□无变化	

续表

项目	内容				报告周期内执行情况	原因分析
排污单位基本情况	排污单位基本信息	开采范围，废石场、选矿厂中心经纬度（黑色金属、有色金属、非金属矿采选和其他采矿业排污单位）			□变化　□无变化	
		开采范围，天然气处理厂、净化厂及污水处理站中心经纬度（气田开采排污单位）			□变化　□无变化	
		开采范围，油气集中处理站、污水处理站中心经纬度（油田开采排污单位）			□变化　□无变化	
		经营场所地址、经营场所中心经纬度（生产类和服务类排污单位）			□变化　□无变化	
		统一社会信用代码			□变化　□无变化	
		技术负责人			□变化　□无变化	
		联系电话			□变化　□无变化	
		所在地是否属于重点控制区			□变化　□无变化	
		主要污染物类别			□变化　□无变化	
		主要污染物种类			□变化　□无变化	
		水污染物排放规律			□变化　□无变化	
		水污染物排放执行标准名称			□变化　□无变化	
		设计处理能力			□变化　□无变化	
	产排污环节、污染物及污染治理设施	废水	污染物治理设施	污染物种类	□变化　□无变化	
				污染治理设施工艺	□变化　□无变化	
				排放形式	□变化　□无变化	
				排放口位置	□变化　□无变化	
			……	……	□变化　□无变化	
环境管理要求	自行监测要求	监测点位		监测设施	□变化　□无变化	
				自动监测设施安装位置	□变化　□无变化	
		……		……	□变化　□无变化	
污染治理设施	记录内容	名称			实际情况	备注
	废水信息	废水排放量/m^3				
		废水排放去向				
		化学药剂使用量/t				
		用电量/kW·h				
		废水处理设施运行时间/h				
		废水处理设施检修时间/h				
		运行负荷/%				
		污染因子1年均出口浓度				
		污染因子2年均出口浓度				
		……				
	污染治理设施计划投资情况（执行报告周期，如涉及）	治理投资类型				
		开工时间				
		建成投产时间				
		计划总投资				
		报告周期内累计完成投资				

续表

<table>
<tr><td>项目</td><td colspan="9">内容</td><td colspan="2">报告周期内执行情况</td><td colspan="2">原因分析</td></tr>
<tr><td rowspan="4">设施异常情况</td><td rowspan="2">日期</td><td rowspan="2">异常设施编号</td><td rowspan="2">异常设施名称</td><td rowspan="2">持续时间</td><td rowspan="2">事件原因</td><td colspan="3">污染物排放情况</td><td rowspan="2">是否报告</td><td rowspan="2">应对措施</td><td rowspan="2" colspan="3">报告递交情况说明</td></tr>
<tr><td>污染物名称</td><td>排放浓度</td><td>排放量/t</td></tr>
<tr><td rowspan="2"></td><td rowspan="2"></td><td rowspan="2"></td><td rowspan="2"></td><td rowspan="2"></td><td></td><td></td><td></td><td rowspan="2">是/否</td><td rowspan="2"></td><td rowspan="2" colspan="3"></td></tr>
<tr><td></td><td></td><td></td></tr>
<tr><td rowspan="5">自行监测情况</td><td rowspan="2">排放口编码</td><td rowspan="2">监测指标</td><td rowspan="2">监测设施</td><td rowspan="2">有效监测数据(日均值)数量</td><td rowspan="2">许可排放浓度限值</td><td colspan="3">浓度监测结果(日均浓度)</td><td rowspan="2">超标数据数量</td><td rowspan="2">超标率/%</td><td rowspan="2">手工监测采样方法及个数</td><td rowspan="2">手工测定方法</td><td rowspan="2">备注</td></tr>
<tr><td>最小值</td><td>最大值</td><td>平均值</td></tr>
<tr><td>自动生成</td><td>自动生成</td><td>自动生成</td><td></td><td>自动生成</td><td></td><td></td><td></td><td></td><td></td><td>自动生成</td><td></td><td></td></tr>
<tr><td>……</td><td>……</td><td>……</td><td></td><td>……</td><td></td><td></td><td></td><td></td><td></td><td>……</td><td></td><td></td></tr>
<tr><td>……</td><td>……</td><td>……</td><td></td><td>……</td><td></td><td></td><td></td><td></td><td></td><td></td><td></td><td></td></tr>
<tr><td rowspan="3">台账记录</td><td colspan="6">记录内容</td><td colspan="4">是否完整</td><td colspan="3">说明</td></tr>
<tr><td colspan="6"></td><td colspan="4" rowspan="2">□是 □否</td><td colspan="3"></td></tr>
<tr><td colspan="6"></td><td colspan="3"></td></tr>
<tr><td rowspan="3">实际排放量(如涉及)</td><td colspan="3">排放口编号</td><td colspan="3">污染物种类</td><td colspan="3">实际排放量/t</td><td colspan="2">是否超标</td><td colspan="2">备注说明</td></tr>
<tr><td colspan="3"></td><td colspan="3"></td><td colspan="3"></td><td colspan="2"></td><td colspan="2"></td></tr>
<tr><td colspan="3"></td><td colspan="3"></td><td colspan="3"></td><td colspan="2"></td><td colspan="2"></td></tr>
<tr><td>结论</td><td colspan="13">总结排污单位在报告周期内排污许可证执行情况，说明执行过程中存在的问题，以及下一步需进行整改的内容</td></tr>
<tr><td>附图附件</td><td colspan="13">a. 附图包括自行监测布点图等。执行报告附图应清晰、要点明确。
b. 附件包括污染物实际排放量计算过程、非正常工况证明材料，以及支持排污许可证执行报告的其他材料</td></tr>
</table>

附录 4　锡冶炼排污单位环境管理台账记录参考表

由表 1～表 10 共 10 个表组成，仅供参考。

表 1　生产设施运行管理信息表

<table>
<tr><td rowspan="2">生产单元</td><td rowspan="2">生产设施名称</td><td rowspan="2">生产设施编码</td><td rowspan="2">生产负荷①</td><td rowspan="2">累计生产时间</td><td colspan="4">物料输入</td><td colspan="4">物料产出</td></tr>
<tr><td>种类②</td><td>名称</td><td>数量</td><td>主要成分及含量③</td><td>种类</td><td>名称</td><td>数量</td><td>主要成分及含量</td></tr>
<tr><td rowspan="2">原料制备</td><td>原料库</td><td rowspan="2"></td><td rowspan="2"></td><td rowspan="2"></td><td rowspan="2"></td><td rowspan="2"></td><td rowspan="2"></td><td rowspan="2"></td><td rowspan="2"></td><td rowspan="2"></td><td rowspan="2"></td><td rowspan="2"></td></tr>
<tr><td></td></tr>
<tr><td rowspan="2">还原熔炼</td><td>奥炉</td><td rowspan="2"></td><td rowspan="2"></td><td rowspan="2"></td><td rowspan="2"></td><td rowspan="2"></td><td rowspan="2"></td><td rowspan="2"></td><td rowspan="2"></td><td rowspan="2"></td><td rowspan="2"></td><td rowspan="2"></td></tr>
<tr><td>电炉</td></tr>
</table>

续表

生产单元	生产设施名称	生产设施编码	生产负荷①	累计生产时间	物料输入				物料产出			
					种类②	名称	数量	主要成分及含量③	种类	名称	数量	主要成分及含量
挥发熔炼	烟化炉											
…	…											
公用单元	……											

① 生产负荷为实际产量/设计产能，记录时段内设计产能按照排污许可证载明的设计产能与年运行时间折算。

② 种类指原料、辅料、燃料、中间物料、固体废物。

③ 主要成分及含量重点关注硫含量和铅、砷、汞、镉等重金属含量，其中原料、辅料、燃料可分采购批次填写，中间物料、固体废物可根据按月检测结果填写。

表 2　原辅料采购情况表

种类	名称	采购量	来源地	矿石品位/%	硫元素占比/%	其他有毒有害物质占比①/%
原料						
辅料						

① 其他有毒有害物质，主要填写砷、汞、镉、铅等重点控制指标。

表 3　燃料采购情况表①

燃料名称		采购量	来源地	灰分②	硫分	挥发分②	热值③
固态燃料及罐装燃料							

燃料名称		采购量	采购时间（记录时间）④	来源地	硫分	热值
液态燃料						
气态燃料						

① 此表仅填写排污单位生产所用燃料情况，不包含移动源如车辆等设施燃料使用情况。

② 灰分、挥发分仅固态燃料填写。

③ 热值应按低位发热值记录。

④ 气态燃料填写记录时间。

表 4　有组织一般排放口废气污染治理设施运行管理信息表

生产单元	排放口污染治理设施数量	记录班次	序号	污染治理设施名称	治理设施编号	污染治理设施是否正常运转
			1			
			2			
			3			
			……			
			……			
			……			
			……			
			……			
			……			

表 5　无组织废气控制措施运行管理信息表

污染控制措施名称及工艺①	对应生产设施名称	生产设施编号	污染因子	污染控制措施是否满足要求
记录班次	控制措施是否满足要求			

① 应按污染控制措施分别记录，每一项控制措施填写一张运行管理情况表。

表 6　废水污染治理设施运行管理信息表

污染治理设施名称及工艺①	污染治理设施编号	废水类别	污染治理设施设计参数			污染治理设施运行参数										
			设计处理能力	设计水力停留时间	其他关键设计参数	记录班次	累计运行时间	废水累计流量	污泥产生量	药剂投加种类	药剂投加量	实际进水水质②/(mg/L)		实际出水水质②/(mg/L)		
												pH值		第一小时	流量	
												化学需氧量			pH值	
												氨氮			化学需氧量	
															氨氮	
														第二小时	……	
														……		
												……		……		

① 应按污染治理设施分别记录，每一台污染治理设施填写一张运行管理情况表。

② 仅全厂综合污水治理设施填写。

表 7　非正常工况及污染治理设施异常情况记录信息

非正常（异常）起始时刻	非正常（异常）恢复时刻	事件原因	是否报告	应对措施	生产设施名称	生产设施编号	产品产量		原辅料消耗量		燃料消耗量	
							名称	产量	名称	消耗量	名称	消耗量
					污染治理设施名称及工艺	污染治理设施编号	污染物排放情况					
							污染因子		排放浓度		排放量	

表 8　有组织废气污染物排放情况手工监测记录信息

采样日期			样品数量		采样方法		采样人姓名	
排放口编码	工况排气量/(m^3/h)	排口温度/℃	污染因子	许可排放浓度限值/(mg/m^3)	监测浓度/(mg/m^3)	检测方法	是否超标	备注
			颗粒物					
			……					
			……					

表 9　无组织废气污染物排放情况手工监测记录信息

采样日期		无组织采样点位数量		各点位样品数量		采样方法	采样人姓名	
无组织排放编码	污染因子	采样点位	监测浓度/(mg/m^3)	浓度最大值/(mg/m^3)	许可排放浓度限值/(mg/m^3)	测定方法	是否超标	备注
	颗粒物	采样点位1						
		采样点位2						
		……						
	……							
	……							

表 10　废水污染物排放情况手工监测记录信息

采样日期			样品数量		采样方法		采样人姓名		
排放口编号	废水类型	水温	出口流量/(m^3/h)	污染因子	出口浓度/(mg/L)	许可排放浓度限值/(mg/L)	测定方法	是否超标	备注
				化学需氧量					
				氨氮					
				……					

附录 5 锡冶炼排污单位排污许可证执行报告编制内容

1.1 基本生产信息

基本生产信息包括许可证执行情况汇总表、排污单位基本信息与各生产单元运行状况。排污许可证执行情况汇总表应按照表 1 填写；排污单位基本信息应至少包括主要原辅料与燃料使用情况、最终产品产量、设备运行时间、生产负荷等基本信息，对于报告周期内有污染治理投资的，还应包括治理类型、开工年月、建成投产年月、总投资、报告周期内累计完成投资等信息，具体内容应按照表 2 进行填写；各生产单元运行状况应至少记录各自运行参数，具体内容应按照表 3 进行填写。

表 1 排污许可证执行情况汇总表

<table>
<tr><th>项目</th><th colspan="4">内容</th><th>报告周期内执行情况</th><th>备注</th></tr>
<tr><td rowspan="17">排污单位基本情况</td><td rowspan="17">排污单位基本信息</td><td colspan="3">单位名称</td><td>□变化 □未变化</td><td></td></tr>
<tr><td colspan="3">注册地址</td><td>□变化 □未变化</td><td></td></tr>
<tr><td colspan="3">邮政编码</td><td>□变化 □未变化</td><td></td></tr>
<tr><td colspan="3">生产经营场所地址</td><td>□变化 □未变化</td><td></td></tr>
<tr><td colspan="3">行业类别</td><td>□变化 □未变化</td><td></td></tr>
<tr><td colspan="3">生产经营场所中心经度</td><td>□变化 □未变化</td><td></td></tr>
<tr><td colspan="3">生产经营场所中心纬度</td><td>□变化 □未变化</td><td></td></tr>
<tr><td colspan="3">统一社会信用代码</td><td>□变化 □未变化</td><td></td></tr>
<tr><td colspan="3">技术负责人</td><td>□变化 □未变化</td><td></td></tr>
<tr><td colspan="3">联系电话</td><td>□变化 □未变化</td><td></td></tr>
<tr><td colspan="3">所在地是否属于重点区域</td><td>□变化 □未变化</td><td></td></tr>
<tr><td colspan="3">主要污染物类别及种类</td><td>□变化 □未变化</td><td></td></tr>
<tr><td colspan="3">大气污染物排放方式</td><td>□变化 □未变化</td><td></td></tr>
<tr><td colspan="3">废水污染物排放规律</td><td>□变化 □未变化</td><td></td></tr>
<tr><td colspan="3">大气污染物排放执行标准名称</td><td>□变化 □未变化</td><td></td></tr>
<tr><td colspan="3">水污染物排放执行标准名称</td><td>□变化 □未变化</td><td></td></tr>
<tr><td colspan="3">设计生产能力</td><td>□变化 □未变化</td><td></td></tr>
<tr><td rowspan="9">排污单位基本情况</td><td rowspan="9">产排污环节、污染物及污染治理设施</td><td rowspan="9">废气</td><td rowspan="4">污染治理设施（自动生成）</td><td>污染物种类</td><td>□变化 □未变化</td><td></td></tr>
<tr><td>污染治理设施工艺</td><td>□变化 □未变化</td><td></td></tr>
<tr><td>排放形式</td><td>□变化 □未变化</td><td></td></tr>
<tr><td>排放口位置</td><td>□变化 □未变化</td><td></td></tr>
<tr><td rowspan="4">污染治理设施（自动生成）</td><td>污染物种类</td><td>□变化 □未变化</td><td></td></tr>
<tr><td>污染治理设施工艺</td><td>□变化 □未变化</td><td></td></tr>
<tr><td>排放形式</td><td>□变化 □未变化</td><td></td></tr>
<tr><td>排放口位置</td><td>□变化 □未变化</td><td></td></tr>
<tr><td>……</td><td>……</td><td>□变化 □未变化</td><td></td></tr>
</table>

续表

项目	内容				报告周期内执行情况	备注
排污单位基本情况	产排污环节、污染物及污染治理设施	废水	污染物治理设施（自动生成）	污染物种类	□变化　□未变化	
				污染治理设施工艺	□变化　□未变化	
				排放形式	□变化　□未变化	
				排放口位置	□变化　□未变化	
			污染物治理设施（自动生成）	污染物种类	□变化　□未变化	
				污染治理设施工艺	□变化　□未变化	
				排放形式	□变化　□未变化	
				排放口位置	□变化　□未变化	
			……	……	□变化　□未变化	
环境管理要求	自行监测要求	排放口（自动生成）		监测设施	□变化　□未变化	
				自动监测设施安装位置	□变化　□未变化	
		排放口（……）		监测设施	□变化　□未变化	
				自动监测设施安装位置	□变化　□未变化	
		……		……	□变化　□未变化	

注：对于选择“变化”的，应在“备注”中说明原因。

表 2　排污单位基本信息表

序号	记录内容[①]		名称	具体情况	备注[②]
1	主要原料				
2	主要辅料				
3	燃料消耗				
4	最终产品产量				
5	运行时间		正常运行时间/h		
			非正常运行时间/h		
			停产时间/h		
			……		
			……		
			……		
			……		
			……		

续表

序号	记录内容①	名称	具体情况	备注②
6	全年生产负荷③/%			
7	污染治理设施计划投资情况（执行报告周期，如涉及）	治理类型		
		开工时间		
		建成投产时间		
		总投资		
		报告周期内完成投资		

① 如与许可证载明事项不符的，在备注中说明变化情况及原因。

② 列表中未能涵盖的信息，排污单位可以文字形式另行说明。

③ 生产负荷指全年最终产品产量除以排污许可证载明的产能。

表3　各生产单元运行状况记录

序号	主要生产单元	运行参数①		备注②
		名称	数量	
1				
2				
3				
4				
5				
6				

① 各排污单位根据工艺、设备完善表格相关内容，如有相关内容则填写，如无相关内容则不填写。

② 列表中未能涵盖的信息，排污单位可以文字形式另行说明。

1.2　遵守法律法规情况

说明排污单位在许可证执行过程中遵守法律法规情况；配合环境保护主管部门和其他有环境监督管理权的工作人员职务行为情况；自觉遵守环境行政命令和环境行政决定情况；公众举报、投诉情况及具体环境行政处罚等行政决定执行情况。

（1）遵守法律法规情况说明

说明单位排污许可证执行过程中遵守法律法规情况、配合环境保护主管部门和其他有环境监督管理权的工作人员工作的情况，以及遵守环境行政命令和环境行政决定的情况。如发生公众举报、投诉及受到环境行政处罚等情况，进行相应的说明，说明内容应按照表4进行填写。

表4　公众举报、投诉及处理情况表

序号	时间	事项	说明

（2）其他情况及处理说明

1.3 污染防治设施运行情况

（1）污染治理设施正常运转信息

根据自行监测数据记录及环境管理台账的相关信息，通过关键运行参数说明主要排放口污染治理措施运行情况，应按照表5内容进行填写。

表5 主要排放口污染治理设施正常情况汇总表

污染治理设施类别	污染治理设施编号（自动生成）	运行参数	数量	单位	备注
					……
					……

（2）污染治理设施异常运转信息

污染治理设施异常情况说明。排污单位拆除、闲置停运污染防治设施，需说明原因、递交书面报告、收到回复及实施拆除、闲置停运的起止日期及相关情况；因故障等紧急情况停运污染防治设施，或污染防治设施运行异常的，排污单位应说明故障原因、废水废气等污染物排放情况、报告递交情况及采取的应急措施，应按照表6内容进行填写。

如有发生污染事故，排污单位需要说明在污染事故发生时采取的措施、污染物排放情况及对周边环境造成的影响。

表6 污染治理设施异常情况汇总表

时间	故障设施	故障原因	各排放因子浓度			采取的应对措施
			自行填写	NO_x	烟尘	

注：如废气治理设施异常，排放因子填写SO_2、NO_x、颗粒物等；如废水治理设施异常，排放因子填写COD、氨氮等因子。

1.4 自行监测情况

排污单位说明如何根据排污许可证规定的自行监测方案开展自行监测的情况。自行监

表 7　有组织废气污染物浓度达标判定分析统计表

排放口编码	污染因子	污染治理设施编码	有效监测数据数量①	许可排放浓度限值	计量单位	监测结果			超标数据个数	超标率/%	实际排放量	计量单位	测定方法	备注②
						最小值	最大值	平均值						
自动生成	自动生成	自动生成		自动生成	自动生成								自动生成（可修改）	
	……	……		……										
……	……	……		……										

① 若采用自动监测，有效监测数据数量为报告周期内剔除异常值后的数量；若采用手工监测，有效监测数据数量为报告周期内的监测数据数量；若采用自动和手动联合监测，有效监测数据数量为两者有效数据数量的总和。

② 监测要求与排污许可证不一致的原因以及污染物浓度超标原因等可在“备注”中进行说明。

表 8　无组织废气污染物浓度达标判定分析统计表

排放口编码	污染物因子	有效监测数据数量①	许可排放浓度限值	计量单位	监测结果			超标数据个数	超标率/%	实际排放量	计量单位	测定方法	备注②
					最小值	最大值	平均值						
自动生成	自动生成		自动生成	自动生成									
			……										
……			……										

① 若采用自动监测，有效监测数据数量为报告周期内剔除异常值后的数量；若采用手工监测，有效监测数据数量为报告周期内的监测数据数量；若采用自动和手动联合监测，有效监测数据数量为两者有效数据数量的总和。

② 监测要求与排污许可证不一致的原因以及污染物浓度超标原因等可在“备注”中进行说明。

表 9　废水污染物浓度达标判定分析统计表

排放口编号	污染因子	监测设施	有效监测数据数量①	许可排放浓度限值	计量单位	浓度监测结果			超标数据个数	超标率/%	实际排放量	计量单位	测定方法	备注②
						最小值	最大值	平均值						
自动生成	自动生成	自动生成		自动生成	自动生成								自动生成（可修改）	
	……	……		……										
……	……	……												

① 若采用自动监测，有效监测数据数量为报告周期内剔除异常值后的数量；若采用手工监测，有效监测数据数量为报告周期内的监测数据数量；若采用自动和手动联合监测，有效监测数据数量为两者有效数据数量的总和。

② 监测要求与排污许可证不一致的原因以及污染物浓度超标原因等可在“备注”中进行说明。

测情况应当说明监测点位、监测指标、监测频次、监测方法和仪器、采样方法、监测质量控制、自动监测系统联网、自动监测系统的运行维护及监测结果公开情况等，并建立台账记录报告。对于无自动监测的大气污染物和水污染物指标，排污单位应当按照自行监测数据记录总结说明排污单位开展手工监测的情况。排放信息内容按照有组织废气、无组织废气以及废水分别填报，内容应按照表7～表9进行填写。

1.5 台账管理情况

① 说明排污单位在报告周期内环境管理台账的记录情况，主要包括基本信息、生产设施运行管理信息、污染治理措施运行管理信息、监测记录信息、其他环境管理信息等方面，并明确环境管理台账归档、保存情况。

② 对比分析排污单位环境管理台账的执行情况，重点说明与排污许可证中要求不一致的情况，并说明原因。

③ 说明生产运行台账是否满足接受各级环境保护主管部门检查要求。

若有未按要求进行台账管理的情况，记录表格内容应按照表10进行填写。

表10　台账管理情况表

序号	记录内容	是否完整	说明
	自动生成	□是　□否	
	……	□是　□否	
	……	□是　□否	

1.6 实际排放情况及合规判定分析

根据排污单位自行监测数据记录及环境管理台账的相关数据信息，概述排污单位各项有组织与无组织污染源、各项污染物的排放情况，分析全年、特殊时段、启停机时段许可浓度限值及许可排放量的达标情况。

（1）实际排放量信息

按照有组织废气、无组织废气、特殊时段废气以及废水分别填写排放量报表，内容应按照表11～表13进行填写。

表11　有组织废气排放量报表

排放口名称	排放口编码	污染物	年许可排放量/t	报告期实际排放量/t	报告期
		SO_2			月/季度/年
		NO_x			
		颗粒物			
		……			
全厂合计					

表 12 特殊时段废气排放量报表

	特殊时段发生日期	污染物	计量单位	日许可排放量	实际排放量
全厂合计		自动生成		自动生成	
		自动生成		……	
		……		……	
	……			自动生成	
	……			……	

表 13 废水排放量报表

排放口名称	污染物	年许可排放量	计量单位	实际排放量
企业废水总排放口	自动生成	自动生成		
	……	……		

（2）超标排放信息（有超标情况应逐条填写）

按照废气、废水分别填写超标排放信息报表，内容参见表 14、表 15。

表 14 废气污染物超标时段自动监测小时均值报表

日期	时间	排放口编号	超标污染物种类	排放浓度（折标）	超标原因说明
				mg/m^3	
					启动、故障等

表 15 废水污染物超标时段日均值报表

日期	时间	排放口编号	超标污染物种类	计量单位	排放浓度	超标原因说明

（3）其他超标信息及说明

有其他超标情况的，说明具体超标内容及原因。

1.7 排污费（环境保护税）缴纳情况

排污单位说明根据相关环境法律法规，按照排放污染物的种类、浓度、数量等缴纳排污费（环境保护税）的情况。污染物排污费（环境保护税）缴纳信息填报内容参见表 16。

表 16 排污费（环境保护税）缴纳情况表

序号	时间	污染类型	污染物种类	污染物实际排放量/t	污染当量值/g	污染当量数	征收标准/元	排污费（环境保护税）/元
		废气	自动生成					
			……					
		废水	自动生成					
			……					
合计								

1.8 信息公开情况

排污单位说明依据排污许可证规定的环境信息公开要求，开展信息公开的情况。信息公开情况填报内容参见表17。

表17 信息公开情况报表

序号	分类	执行情况	是否符合相关规定要求
1	公开方式		□是 □否
2	时间节点		□是 □否
3	公开内容		□是 □否
……	……	……	……

1.9 排污单位内部环境管理体系建设与运行情况

说明排污单位内部环境管理体系的设置、人员保障、设施配备、排污单位环境保护规划、相关规章制度的建设和实施情况、相关责任的落实情况等。

1.10 其他排污许可证规定内容的执行情况

说明排污许可证中规定的其他内容的执行情况。

1.11 其他需要说明的问题

针对报告周期内未执行排污许可证要求的内容，提出相应的整改计划。

1.12 结论

按照上述内容要求对锡冶炼排污单位在报告周期内的排污许可证执行情况进行总结，明确排污许可证执行过程中存在的问题，以及下一步需进行整改的内容。

1.13 附图附件要求

年度排污许可证执行报告附图包括自行监测布点图、平面布置图（含污染治理设施分布情况）等。执行报告附图应图像清晰、显示要点明确，包括图例、比例尺、风向标等内容；各种附图中应为中文标注，必要时可用简称的附注释说明。

执行报告的附件包括实际排放量计算过程、相关特殊情况的证明材料，以及支持排污许可证执行报告的其他相关材料。

附录6 锑冶炼排污单位环境管理台账记录参考表

由表1～表10共10个表组成，仅供参考。

表 1　生产设施运行管理信息表

生产单元	生产设施名称	生产设施编码	生产负荷[1]	累计生产时间	物料输入				物料产出			
					种类[2]	名称	数量	主要成分及含量[3]	种类	名称	数量	主要成分及含量
原料制备	原料库											
挥发熔炼	鼓风炉											
还原熔炼	反射炉											
…	…											
公用单元	……											

① 生产负荷为实际产量/设计产能，记录时段内设计产能按照排污许可证载明的设计产能与年运行时间折算。

② 种类指原料、辅料、燃料、中间物料、固体废物。

③ 主要成分及含量重点关注硫含量和铅、砷、汞、镉等重金属含量，其中原料、辅料、燃料可分采购批次填写，中间物料、固体废物可根据按月检测结果填写。

表 2　原辅料采购情况表

种类	名称	采购量	来源地	矿石品位/%	硫元素占比/%	其他有毒有害物质占比[1]/%
原料						
辅料						

① 其他有毒有害物质，主要填写砷、汞、镉、铅等重点控制指标。

表 3　燃料采购情况表①

燃料名称		采购量	来源地	灰分②	硫分	挥发分②	热值③
固态燃料及罐装燃料							
燃料名称		采购量	采购时间（记录时间）④	来源地	硫分	热值	
液态燃料							
气态燃料							

① 此表仅填写排污单位生产所用燃料情况，不包含移动源如车辆等设施燃料使用情况。

② 灰分、挥发分仅固态燃料填写。

③ 热值应按低位发热值记录。

④ 气态燃料填写记录时间。

表 4　有组织一般排放口废气污染治理设施运行管理信息表

生产单元	排放口污染治理设施数量	记录班次	序号	污染治理设名称	治理设施编号	污染治理设施是否正常运转
			1			
			2			
			3			
			……			
			……			

表 5　无组织废气控制措施运行管理信息表

污染控制措施名称及工艺①	对应生产设施名称	生产设施编号	污染因子	污染控制措施是否满足要求
记录班次	控制措施是否满足要求			

① 应按污染控制措施分别记录，每一项控制措施填写一张运行管理情况表。

表 6　废水污染治理设施运行管理信息表

污染治理设施名称及工艺[①]	污染治理设施编号	废水类别	污染治理设施设计参数				污染治理设施运行参数										
			设计处理能力	设计水力停留时间	其他关键设计参数	记录班次	累计运行时间	废水累计流量	污泥产生量	药剂投加种类	药剂投加量	实际进水水质[②]/(mg/L)		实际出水水质[②]/(mg/L)		
												pH 值		第一小时	流量	
												化学需氧量			pH 值	
												氨氮			化学需氧量	
															氨氮	
														第二小时	…	
														……		
												……		……		

① 应按污染治理设施分别记录，每一台污染治理设施填写一张运行管理情况表。

② 仅全厂综合污水治理设施填写。

表 7　非正常工况及污染治理设施异常情况记录信息

非正常(异常)起始时刻	非正常(异常)恢复时刻	事件原因	是否报告	应对措施	生产设施名称	生产设施编号	产品产量		原辅料消耗量		燃料消耗量	
							名称	产量	名称	消耗量	名称	消耗量
					污染治理设施名称及工艺	污染治理设施编号	污染物排放情况					
							污染因子		排放浓度		排放量	

表 8　有组织废气污染物排放情况手工监测记录信息

采样日期	样品数量	采样方法	采样人姓名

排放口编码	工况排气量/(m^3/h)	排口温度/℃	污染因子	许可排放浓度限值/(mg/m^3)	监测浓度/(mg/m^3)	检测方法	是否超标	备注
			颗粒物					
			……					
			……					

表 9　无组织废气污染物排放情况手工监测记录信息

采样日期	无组织采样点位数量	各点位样品数量	采样方法	采样人姓名

无组织排放编码	污染因子	采样点位	监测浓度/(mg/m^3)	浓度最大值/(mg/m^3)	许可排放浓度限值/(mg/m^3)	测定方法	是否超标	备注
	颗粒物	采样点位 1						
		采样点位 2						
		……						
	……							
	……							

表 10　废水污染物排放情况手工监测记录信息

采样日期	样品数量	采样方法	采样人姓名

排放口编号	废水类型	水温	出口流量/(m^3/h)	污染因子	出口浓度/(mg/L)	许可排放浓度限值/(mg/L)	测定方法	是否超标	备注
				化学需氧量					
				氨氮					
				……					

附录 7　锑冶炼排污单位排污许可证执行报告编制内容

1.1　基本生产信息

基本生产信息包括许可证执行情况汇总表、排污单位基本信息与各生产单元运行状况。排污许可证执行情况汇总表应按照表 1 填写；排污单位基本信息应至少包括主要原辅料与燃料使用情况、最终产品产量、设备运行时间、生产负荷等基本信息，对于报告周期内有污染治理投资的，还应包括治理类型、开工年月、建成投产年月、总投资、报告周期内累计完成投资等信息，具体内容应按照表 2 进行填写；各生产单元运行状况应至少记录各自运行参数，具体内容应按照表 3 进行填写。

表 1　排污许可证执行情况汇总表

项目	内容				报告周期内执行情况	备注
排污单位基本情况	排污单位基本信息	单位名称			□变化　□未变化	
		注册地址			□变化　□未变化	
		邮政编码			□变化　□未变化	
		生产经营场所地址			□变化　□未变化	
		行业类别			□变化　□未变化	
		生产经营场所中心经度			□变化　□未变化	
		生产经营场所中心纬度			□变化　□未变化	
		统一社会信用代码			□变化　□未变化	
		技术负责人			□变化　□未变化	
		联系电话			□变化　□未变化	
		所在地是否属于重点区域			□变化　□未变化	
		主要污染物类别及种类			□变化　□未变化	
		大气污染物排放方式			□变化　□未变化	
		废水污染物排放规律			□变化　□未变化	
		大气污染物排放执行标准名称			□变化　□未变化	
		水污染物排放执行标准名称			□变化　□未变化	
		设计生产能力			□变化　□未变化	
排污单位基本情况	产排污环节、污染物及污染治理设施	废气	污染治理设施（自动生成）	污染物种类	□变化　□未变化	
				污染治理设施工艺	□变化　□未变化	
				排放形式	□变化　□未变化	
				排放口位置	□变化　□未变化	
			污染治理设施（自动生成）	污染物种类	□变化　□未变化	
				污染治理设施工艺	□变化　□未变化	
				排放形式	□变化　□未变化	
				排放口位置	□变化　□未变化	
			……	……	□变化　□未变化	

续表

项目	内容				报告周期内执行情况	备注
排污单位基本情况	产排污环节、污染物及污染治理设施	废水	污染物治理设施（自动生成）	污染物种类	□变化　□未变化	
				污染治理设施工艺	□变化　□未变化	
				排放形式	□变化　□未变化	
				排放口位置	□变化　□未变化	
			污染物治理设施（自动生成）	污染物种类	□变化　□未变化	
				污染治理设施工艺	□变化　□未变化	
				排放形式	□变化　□未变化	
				排放口位置	□变化　□未变化	
			……	……	□变化　□未变化	
环境管理要求	自行监测要求	排放口(自动生成)		监测设施	□变化　□未变化	
				自动监测设施安装位置	□变化　□未变化	
		排放口(……)		监测设施	□变化　□未变化	
				自动监测设施安装位置	□变化　□未变化	
		……		……	□变化　□未变化	

注：对于选择“变化”的，应在“备注”中说明原因。

表 2　排污单位基本信息表

序号	记录内容[2]		名称	具体情况	备注[1]
1	主要原料				
2	主要辅料				
3	燃料消耗				
4	最终产品产量				
5	运行时间		正常运行时间/h		
			非正常运行时间/h		
			停产时间/h		
			……		
			……		
			……		
			……		
			……		

续表

序号	记录内容[②]	名称	具体情况	备注[①]
6	全年生产负荷[③]/%			
7	污染治理设施计划投资情况（执行报告周期，如涉及）	治理类型		
		开工时间		
		建成投产时间		
		总投资		
		报告周期内完成投资		

① 如与许可证载明事项不符的，在备注中说明变化情况及原因。

② 列表中未能涵盖的信息，排污单位可以文字形式另行说明。

③ 生产负荷指全年最终产品产量除以排污许可证载明的产能。

表 3　各生产单元运行状况记录

序号	主要生产单元	运行参数[①]		备注[②]
		名称	数量	
1				
2				
3				
4				
5				
6				

① 各排污单位根据工艺、设备完善表格相关内容，如有相关内容则填写，如无相关内容则不填写。

② 列表中未能涵盖的信息，排污单位可以文字形式另行说明。

1.2　遵守法律法规情况

说明排污单位在许可证执行过程中遵守法律法规情况；配合环境保护主管部门和其他有环境监督管理权的工作人员职务行为情况；自觉遵守环境行政命令和环境行政决定情况；公众举报、投诉情况及具体环境行政处罚等行政决定执行情况。

（1）遵守法律法规情况说明

说明单位排污许可证执行过程中遵守法律法规情况、配合环境保护主管部门和其他有环境监督管理权的工作人员工作的情况，以及遵守环境行政命令和环境行政决定的情况。如发生公众举报、投诉及受到环境行政处罚等情况，进行相应的说明，说明内容应按照表 4 进行填写。

（2）其他情况及处理说明

表 4　公众举报、投诉及处理情况表

序号	时间	事项	说明

1.3 污染防治设施运行情况

（1）污染治理设施正常运转信息

根据自行监测数据记录及环境管理台账的相关信息，通过关键运行参数说明主要排放口污染治理措施运行情况，应按照表 5 内容进行填写。

表 5 主要排放口污染治理设施正常情况汇总表

污染治理设施类别	污染治理设施编号（自动生成）	运行参数	数量	单位	备注
					……
					……

（2）污染治理设施异常运转信息

污染防治设施异常情况说明。排污单位拆除、闲置停运污染防治设施，需说明原因、递交书面报告、收到回复及实施拆除、闲置停运的起止日期及相关情况；因故障等紧急情况停运污染防治设施，或污染防治设施运行异常的，排污单位应说明故障原因、废水废气等污染物排放情况、报告递交情况及采取的应急措施，应按照表 6 内容进行填写。

如有发生污染事故，排污单位需要说明在污染事故发生时采取的措施、污染物排放情况及对周边环境造成的影响。

表 6 污染治理设施异常情况汇总表

时间	故障设施	故障原因	各排放因子浓度			采取的应对措施
			自行填写	NO_x	烟尘	

注：如废气治理设施异常，排放因子填写 SO_2、NO_x、颗粒物等；如废水治理设施异常，排放因子填写 COD、氨氮等因子。

1.4 自行监测情况

排污单位说明如何根据排污许可证规定的自行监测方案开展自行监测的情况。自行监测情况应当说明监测点位、监测指标、监测频次、监测方法和仪器、采样方法、监测质量控制、自动监测系统联网、自动监测系统的运行维护及监测结果公开情况等，并建立台账记录报告。对于无自动监测的大气污染物和水污染物指标，排污单位应当按照自行监测数据记录总结说明排污单位开展手工监测的情况。排放信息内容按照有组织废气、无组织废气以及废水分别填报，内容应按照表 7～表 9 进行填写。

表 7　有组织废气污染物浓度达标判定分析统计表

排放口编码	污染因子	污染治理设施编码	有效监测数据数量①	许可排放浓度限值	计量单位	监测结果			超标数据个数	超标率/%	实际排放量	计量单位	测定方法	备注②
						最小值	最大值	平均值						
自动生成	自动生成	自动生成		自动生成	自动生成								自动生成（可修改）	
	……	……		……										
……	……	……		……										

① 若采用自动监测，有效监测数据数量为报告周期内剔除异常值后的数量；若采用手工监测，有效监测数据数量为报告周期内的监测数据数量；若采用自动和手动联合监测，有效监测数据数量为两者有效数据数量的总和。

② 监测要求与排污许可证不一致的原因以及污染物浓度超标原因等可在“备注”中进行说明。

表 8　无组织废气污染物浓度达标判定分析统计表

排放口编码	污染物因子	有效监测数据数量①	许可排放浓度限值	计量单位	监测结果			超标数据个数	超标率/%	实际排放量	计量单位	测定方法	备注②
					最小值	最大值	平均值						
自动生成	自动生成		自动生成	自动生成									
			……										
……			……										

① 若采用自动监测，有效监测数据数量为报告周期内剔除异常值后的数量；若采用手工监测，有效监测数据数量为报告周期内的监测数据数量；若采用自动和手动联合监测，有效监测数据数量为两者有效数据数量的总和。

② 监测要求与排污许可证不一致的原因以及污染物浓度超标原因等可在“备注”中进行说明。

表 9　废水污染物浓度达标判定分析统计表

排放口编号	污染因子	监测设施	有效监测数据数量①	许可排放浓度限值	计量单位	浓度监测结果			超标数据个数	超标率/%	实际排放量	计量单位	测定方法	备注②
						最小值	最大值	平均值						
自动生成	自动生成	自动生成		自动生成	自动生成								自动生成（可修改）	
	……	……		……										
……	……	……												

① 若采用自动监测，有效监测数据数量为报告周期内剔除异常值后的数量；若采用手工监测，有效监测数据数量为报告周期内的监测数据数量；若采用自动和手动联合监测，有效监测数据数量为两者有效数据数量的总和。

② 监测要求与排污许可证不一致的原因以及污染物浓度超标原因等可在“备注”中进行说明。

1.5 台账管理情况

（1）说明排污单位在报告周期内环境管理台账的记录情况，主要包括基本信息、生产设施运行管理信息、污染治理措施运行管理信息、监测记录信息、其他环境管理信息等方面，并明确环境管理台账归档、保存情况。

（2）对比分析排污单位环境管理台账的执行情况，重点说明与排污许可证中要求不一致的情况，并说明原因。

（3）说明生产运行台账是否满足接受各级环境保护主管部门检查的要求。

若有未按要求进行台账管理的情况，记录表格内容应按照表10进行填写。

表10 台账管理情况表

序号	记录内容	是否完整	说明
	自动生成	□是 □否	
	……	□是 □否	
	……	□是 □否	

1.6 实际排放情况及合规判定分析

根据排污单位自行监测数据记录及环境管理台账的相关数据信息，概述排污单位各项有组织与无组织污染源、各项污染物的排放情况，分析全年、特殊时段、启停机时段许可浓度限值及许可排放量的达标情况。

（1）实际排放量信息

按照有组织废气、无组织废气、特殊时段废气以及废水分别填写排放量报表，内容应按照表11～表13进行填写。

表11 有组织废气排放量报表

排放口名称	排放口编码	污染物	年许可排放量/t	报告期实际排放量/t	报告期
		SO_2			月/季度/年
		NO_x			
		颗粒物			
		……			
全厂合计					

表12 特殊时段废气排放量报表

	特殊时段发生日期	污染物	计量单位	日许可排放量	实际排放量
全厂合计		自动生成		自动生成	
		自动生成		……	
		……		……	
	……			自动生成	
	……			……	

表 13　废水排放量报表

排放口名称	污染物	年许可排放量	计量单位	实际排放量
企业废水总排放口	自动生成	自动生成		
	……	……		

（2）超标排放信息（有超标情况应逐条填写）

按照废气、废水分别填写超标排放信息报表，内容参见表 14、表 15。

表 14　废气污染物超标时段自动监测小时均值报表

日期	时间	排放口编号	超标污染物种类	排放浓度(折标)	超标原因说明
				mg/m^3	
					启动、故障等

表 15　废水污染物超标时段日均值报表

日期	时间	排放口编号	超标污染物种类	计量单位	排放浓度	超标原因说明

（3）其他超标信息及说明

有其他超标情况的，说明具体超标内容及原因。

1.7　排污费（环境保护税）缴纳情况

排污单位说明根据相关环境法律法规，按照排放污染物的种类、浓度、数量等缴纳排污费（环境保护税）的情况。污染物排污费（环境保护税）缴纳信息填报内容参见表 16。

表 16　排污费（环境保护税）缴纳情况表

序号	时间	污染类型	污染物种类	污染物实际排放量/t	污染当量值/g	污染当量数	征收标准/元	排污费（环境保护税）/元
		废气	自动生成					
			……					
		废水	自动生成					
			……					
合计								

1.8　信息公开情况

排污单位说明依据排污许可证规定的环境信息公开要求，开展信息公开的情况。信息公开情况填报内容参见表 17。

表 17　信息公开情况报表

序号	分类	执行情况	是否符合相关规定要求
1	公开方式		□是　□否

续表

序号	分类	执行情况	是否符合相关规定要求
2	时间节点		□是　□否
3	公开内容		□是　□否
……	……	……	……

1.9　排污单位内部环境管理体系建设与运行情况

说明排污单位内部环境管理体系的设置、人员保障、设施配备、排污单位环境保护规划、相关规章制度的建设和实施情况、相关责任的落实情况等。

1.10　其他排污许可证规定内容的执行情况

说明排污许可证中规定的其他内容的执行情况。

1.11　其他需要说明的问题

针对报告周期内未执行排污许可证要求的内容，提出相应的整改计划。

1.12　结论

按照上述内容要求对锑冶炼排污单位在报告周期内的排污许可证执行情况进行总结，明确排污许可证执行过程中存在的问题，以及下一步需进行整改的内容。

1.13　附图附件要求

年度排污许可证执行报告附图包括自行监测布点图、平面布置图（含污染治理设施分布情况）等。执行报告附图应图像清晰、显示要点明确，包括图例、比例尺、风向标等内容；各种附图中应为中文标注，必要时可用简称的附注释说明。

执行报告的附件包括实际排放量计算过程、相关特殊情况的证明材料，以及支持排污许可证执行报告的其他相关材料。

附录 8　重点监管单位土壤污染隐患排查指南

为贯彻落实《中华人民共和国土壤污染防治法》《工矿用地土壤环境管理办法（试行）》，指导和规范土壤污染重点监管单位（以下简称重点监管单位）建立土壤污染隐患排查制度，及时发现土壤污染隐患并采取措施消除或者降低隐患，制定本指南。

（1）适用范围

本指南适用于重点监管单位为保证持续有效防止重点场所或者重点设施设备发生有毒有害物质渗漏、流失、扬散造成土壤污染，而依法自行组织开展的土壤污染隐患排查工作。

其他工矿企业开展土壤污染隐患排查工作，可参照本指南。本指南未作规定事宜，应符合国家和行业有关标准的要求或规定。

（2）术语和定义

下列定义和术语适用于本指南。

1）土壤污染重点监管单位

设区的市级以上地方人民政府生态环境主管部门按照国务院生态环境主管部门的规定，根据有毒有害物质排放等情况，确定纳入本行政区域土壤污染重点监管单位名录的单位。

2）土壤污染隐患

重点监管单位某一特定场所或者设施设备存在发生有毒有害物质渗漏、流失、扬散的风险，可能对土壤造成污染。

3）土壤污染隐患排查制度

重点监管单位为保障土壤污染隐患排查工作有效实施而建立的一种管理制度，包括建立相应机构和人员队伍、确定组织实施形式，制定并实施排查工作计划，制定并实施隐患整改方案，建立隐患排查档案并按要求保存和上报等。

4）有毒有害物质

①列入《中华人民共和国水污染防治法》规定的有毒有害水污染物名录的污染物；②列入《中华人民共和国大气污染防治法》规定的有毒有害大气污染物名录的污染物；③《中华人民共和国固体废物污染环境防治法》规定的危险废物；④国家和地方建设用地土壤污染风险管控标准管控的污染物；⑤列入优先控制化学品名录内的物质；⑥其他根据国家法律法规有关规定应当纳入有毒有害物质管理的物质。

5）普通阻隔设施

重点场所、重点设施设备周围设置的，可起到临时阻隔污染物进入土壤的设施。

6）防渗阻隔系统

经系统防渗设计和建设，能长期有效阻隔污染物进入土壤的防渗系统。

（3）总体要求

重点监管单位是土壤污染隐患排查工作的实施主体，应建立隐患排查组织领导机构，配备相应的管理和技术人员，可根据自身技术能力情况，自行组织开展排查，或者委托相关技术单位协助完成排查。

重点监管单位原则上应在本指南发布后一年内，以厂区为单位开展一次全面、系统的土壤污染隐患排查，新增重点监管单位应在纳入土壤污染重点监管单位名录后一年内开展。之后原则上针对生产经营活动中涉及有毒有害物质的场所、设施设备，每 2-3 年开展一次排查。重点监管单位可结合行业特点和生产实际，优化调整排查频次和排查范围。对于新、改、扩建项目，应在投产后一年内开展补充排查。

重点监管单位开展土壤和地下水自行监测结果存在异常的，应及时开展土壤污染隐患排查。

生态环境部门现场检查发现存在有毒有害物质渗漏、流失、扬散等污染土壤风险的，可要求重点监管单位及时开展土壤污染隐患排查，重点监管单位应按照本指南要求开展排查。

（4）工作程序和要点

一般包括：确定排查范围、开展现场排查、落实隐患整改、档案建立与应用等。

1）确定排查范围。通过资料收集、人员访谈，确定重点场所和重点设施设备，即可能或易发生有毒有害物质渗漏、流失、扬散的场所和设施设备。

2）开展现场排查。土壤污染隐患取决于土壤污染预防设施设备（硬件）和管理措施（软件）的组合。针对重点场所和重点设施设备，排查土壤污染预防设施设备的配备和运行情况，有关预防土壤污染管理制度建立和执行情况，分析判断是否能有效防止和及时发现有毒有害物质渗漏、流失、扬散，并形成隐患排查台账。

3）落实隐患整改。根据隐患排查台账，制定整改方案，针对每个隐患提出具体整改措施，以及计划完成时间。整改方案应包括必要的设施设备提标改造或者管理整改措施。重点监管单位应按照整改方案进行隐患整改，形成隐患整改台账。

4）档案建立与应用。隐患排查活动结束后，应建立隐患排查档案并存档备查。隐患排查成果可用于指导重点监管单位优化土壤和地下水自行监测点位布设等相关工作。

（5）确定排查范围

1）资料收集

主要收集重点监管单位基本信息、生产信息、环境管理信息等，并梳理有毒有害物质信息清单。资料收集建议清单见表1，重点监管单位可根据实际情况增减有关材料。

表1　建议收集的资料清单

信息	信息项目
基本信息	企业总平面布置图及面积、重点设施设备分布图、雨污管线分布图
生产信息	企业生产工艺流程图 化学品信息，特别是有毒有害物质生产、使用、转运、储存等情况 涉及化学品的相关生产设施设备防渗漏、流失、扬散设计和建设信息；相关管理制度和台账
环境管理信息	建设项目环境影响报告书（表）、竣工环保验收报告、环境影响后评价报告、清洁生产报告、排污许可证、环境审计报告、突发环境事件风险评估报告、应急预案等。 废气、废水收集、处理及排放，固体废物产生、贮存、利用和处理处置等情况，包括相关处理、贮存设施设备防渗漏、流失、扬散设计和建设信息，相关管理制度和台账。 土壤和地下水环境调查监测数据、历史污染记录。 已有的隐患排查及整改台账。
重点场所、设施设备管理情况	重点设施、设备的定期维护情况。 重点设施、设备操作手册以及人员培训情况。 重点场所的警示牌、操作规程的设定情况。

2）人员访谈

必要时，可与各生产车间主要负责人员、环保管理人员以及主要工程技术人员等访谈，补充了解企业生产、环境管理等相关信息，包括设施设备运行管理，固体废物管理、化学品泄漏、环境应急物资储备等情况。

3）确定排查重点场所或者重点设施设备清单

可参考表2，识别涉及有毒有害物质的重点场所或者重点设施设备，编制土壤污染隐患重点场所、重点设施设备清单。若邻近的多个重点设施设备防渗漏、流失、扬散的要求相同，可合并为一个重点场所。

表2 有潜在土壤污染隐患的重点场所或者重点设施设备

序号	涉及工业活动	重点场所或者重点设施设备
1	液体储存	地下储罐、接地储罐、离地储罐、废水暂存池、污水处理池、初级雨水收集池
2	散装液体转运与厂内运输	散装液体物料装卸、管道运输、导淋、传输泵
3	货物的储存和传输	散装货物储存和暂存、散装货物传输、包装货物储存和暂存、开放式装卸
4	生产区	生产装置区
5	其他活动区	废水排水系统、应急收集设施、车间操作活动、分析化验室、一般工业固体废物贮存场、危险废物贮存库

（6）开展现场排查

1）排查技术要求

重点监管单位应当结合生产实际开展排查（排查技术要点参考附录A），重点排查：①重点场所和重点设施设备是否具有基本的防渗漏、流失、扬散的土壤污染预防功能（如具有腐蚀控制及防护的钢制储罐；设施能防止雨水进入，或者能及时有效排出雨水），以及有关预防土壤污染管理制度建立和执行情况。②在发生渗漏、流失、扬散的情况下，是否具有防止污染物进入土壤的设施，包括普通阻隔设施、防滴漏设施（如原料桶采用托盘盛放），以及防渗阻隔系统等。③是否有能有效、及时发现并处理泄漏、渗漏或者土壤污染的设施或者措施。如泄漏检测设施、土壤和地下水环境定期监测、应急措施和应急物资储备等。普通阻隔设施需要更严格的管理措施，防渗阻隔系统需要定期检测防渗性能。

2）编制隐患排查报告

排查完成后，重点监管单位应建立隐患排查台账，并编制土壤污染隐患排查报告（可参考附录B）

（7）隐患整改

1）制定隐患整改方案

重点监管单位应依据隐患排查台账，因地制宜制定隐患整改方案，采取设施设备提标改造或者完善管理等措施，并明确整改完成期限，最大限度降低土壤污染隐患，如在防止渗漏等污染土壤方面，可以加强设施设备的防渗漏性能；也可以加强有二次保护效果的阻隔设施等。在有效、及时发现泄漏、渗漏方面，可以设置泄漏检测设施；如果无法配备泄漏检测设施，可以定期开展地下水或者土壤气监测来代替。整改技术要点可参考附录A。

如果在排查过程中发现土壤已经受到污染，应及时采取措施避免污染加重和扩散，并依法开展风险管控或修复。

2）建立隐患整改台账

重点监管单位应按照整改措施及时进行隐患整改，形成隐患整改台账。

（8）档案建立与应用

隐患排查档案是开展土壤污染状况调查评估和管理部门监管的重要资料，重点监管单位应长期保存。土壤污染隐患排查档案包括但不限于：土壤污染隐患排查报告、定期检查与日常维护记录单、隐患排查台账（见附表1.1）、隐患整改方案、隐患整改台账（见附表1.2）等内容。

隐患排查制度建立和落实情况应按照排污许可相关管理办法要求，纳入排污许可证年度执行报告上报。

附录A 土壤污染隐患排查与整改技术要点

本附录列举了部分重点场所和重点设施设备土壤污染隐患排查技术要点。

针对相关设施设备，列举了可最大限度降低土壤污染隐患的预防设施和措施的组合。企业可根据所列举的组合，查缺补漏进行整改，并可根据企业生产实际进行优化和调整。

A.1 液体储存

A.1.1 储罐类储存设施

储罐类储存设施包括地下储罐、接地储罐和离地储罐等。造成土壤污染主要是罐体的内、外腐蚀造成液体物料泄漏、渗漏。一般而言，地下储罐和接地储罐具有隐蔽性，土壤污染隐患更高。可参考表A.1.1开展排查和整改。

表A.1.1 储罐类储存设施土壤污染预防设施与措施推荐性组合

组合	土壤污染预防设施/功能	土壤污染预防措施
一、地下储罐		
1	● 单层钢制储罐 ● 阴极保护系统 ● 地下水或者土壤气监测井	● 定期开展阴极保护有效性检查 ● 定期开展地下水或者土壤气监测
2	● 单层耐腐蚀非金属材质储罐 ● 地下水或者土壤气监测井	● 定期开展地下水或者土壤气监测
3	● 双层储罐 ● 泄漏检测设施	● 定期检查泄漏检测设施，确保正常运行
4	● 位于阻隔设施(如水泥池等)内的单层储罐 ● 阻隔设施内加装泄漏检测设施	● 定期检查泄漏检测设施，确保正常运行
二、接地储罐		
1	● 单层钢制储罐 ● 阴极保护系统 ● 泄漏检测设施 ● 普通阻隔设施	● 定期开展阴极保护有效性检查 ● 定期检查泄漏检测设施，确保正常运行 ● 日常维护(如及时解决泄漏问题，及时清理泄漏的污染物，下同)
2	● 单层耐腐蚀非金属材质储罐 ● 泄漏检测设施 ● 普通阻隔设施	● 定期检查泄漏检测设施，确保正常运行 ● 日常维护
3	● 双层储罐 ● 泄漏检测设施	● 定期检查泄漏检测设施，确保正常运行 ● 日常维护
4	● 防渗阻隔系统，且能防止雨水进入，或者及时有效排出雨水 ● 渗漏、流失的液体能得到有效收集并定期清理	● 定期开展防渗效果检查(如物探检测、注水试验检测等，下同) ● 定期采用专业设备开展罐体专项检查 ● 日常维护

续表

组合	土壤污染预防设施/功能	土壤污染预防措施
三、离地储罐		
1	● 单层储罐 ● 普通阻隔设施	● 目视检查外壁是否有泄漏迹象 ● 有效应对泄漏事件(包括完善工作程序,定期开展巡查、检修以预防泄漏事件发生;明确责任人员,开展人员培训;保持充足事故应急物资,确保能及时处理泄漏或者泄漏隐患;处理受污染的土壤等,下同)
2	● 单层储罐 ● 防滴漏设施	● 定期清空防滴漏设施 ● 目视检查外壁是否有泄漏迹象 ● 有效应对泄漏事件
3	● 双层储罐 ● 泄漏检测设施	● 定期采用专业设备开展罐体专项检查 ● 日常目视检查(如按操作规程或者交班时,对是否存在泄漏、渗漏等情况进行快速检查,下同) ● 日常维护
4	● 防渗阻隔系统,且能防止雨水进入,或者及时有效排出雨水 ● 渗漏、流失的液体能得到有效收集并定期清理	● 定期开展防渗效果检查 ● 日常维护

A.1.2　池体类储存设施

包括地下或者半地下储存池、离地储存池等。造成土壤污染主要有两种情况:(1)池体老化、破损、裂缝造成的泄漏、渗漏等;(2)满溢导致的土壤污染。一般而言,地下或半地下储存池具有隐蔽性,土壤污染隐患更高。可参考表A.1.2开展排查和整改。

表 A.1.2　池体类储存设施土壤污染预防设施与措施推荐性组合

组合	土壤污染预防设施/功能	土壤污染预防措施
一、地下或半地下储存池		
1	● 防渗池体 ● 泄露检测设施	● 定期检查泄漏检测设施,确保正常运行 ● 日常目视检查 ● 日常维护
2	● 防渗池体	● 定期检查防渗、密封效果 ● 日常目视检查 ● 日常维护
二、离地储存池		
1	● 防渗池体 ● 防渗阻隔系统,且能防止雨水进入,或者及时有效排出雨水 ● 渗漏、流失的液体能得到有效收集并定期清理	● 定期开展防渗效果检查 ● 日常维护

A.2　散装液体转运与厂内运输

A.2.1　散装液体物料装卸

散装液体物料装卸造成土壤污染主要有两种情况:①液体物料的满溢;②装卸完成后,出料口及相关配件中残余液体物料的滴漏。可参考表A.2.1开展排查和整改。

表 A.2.1　液体物料装卸平台土壤污染预防设施与措施推荐性组合

组合	土壤污染预防设施/功能	土壤污染预防措施
一、顶部装载		
1	● 普通阻隔设施，且能防止雨水进入，或者及时有效排出雨水 ● 出料口放置处底部设置防滴漏设施 ● 溢流保护装置 ● 渗漏、流失的液体能得到有效收集并定期清理	● 定期清空防滴漏设施 ● 日常目视检查 ● 设置清晰的灌注和抽出说明标识牌 ● 有效应对泄漏事件
2	● 防渗阻隔系统，且能防止雨水进入，或者及时有效排出雨水 ● 溢流保护装置 ● 渗漏、流失的液体能得到有效收集并定期清理	● 定期防渗效果检查 ● 设置清晰的灌注和抽出说明标识牌 ● 日常维护
二、底部装卸		
1	● 普通阻隔设施，且能防止雨水进入，或者及时有效排出雨水 ● 溢流保护装置 ● 渗漏、流失的液体能得到有效收集并定期清理	● 自动化控制或者由熟练工操作 ● 设置清晰的灌注和抽出说明标识牌，特别注意输送软管与装载车连接处 ● 有效应对泄漏事件
2	● 普通阻隔设施，且能防止雨水进入，或者及时有效排出雨水 ● 正压密闭装卸系统；或者在每个连接点（处）均设置防滴漏设施 ● 溢流保护装置 ● 渗漏、流失的液体能得到有效收集并定期清理	● 定期清空防滴漏设施 ● 日常目视检查 ● 设置清晰的灌注和抽出说明标识牌，特别注意输送软管与装载车连接处 ● 有效应对泄漏事件
3	● 防渗阻隔系统，且能防止雨水进入，或者及时有效排出雨水 ● 溢流保护装置 ● 渗漏、流失的液体能得到有效收集并定期清理	● 定期开展防渗效果检查 ● 设置清晰的灌注和抽出说明标识牌，特别注意输送软管与装载车连接处 ● 日常维护

A.2.2　管道运输

包括地下管道和地上管道。管道运输造成土壤污染主要是由于管道的内、外腐蚀造成泄漏、渗漏。一般而言，地下管道具有隐蔽性，土壤污染隐患更高。可参考表 A.2.2 开展排查和整改。

表 A.2.2　管道运输土壤污染预防设施与措施推荐性组合

组合	土壤污染预防设施/功能	土壤污染预防措施
一、地下管道		
1	● 单层管道	● 定期检测管道渗漏情况（内检测、外检测及其他专项检测） ● 根据管道检测结果，制定并落实管道维护方案
2	● 双层管道 ● 泄露检测设施	● 定期检查泄露检测设施，确保正常运行
二、地上管道		
1	● 注意管道附件处的渗漏、泄露	● 定期检测管道渗漏情况 ● 根据管道检测结果，制定并落实管道维护方案 ● 日常目视检查 ● 有效应对泄漏事件

A.2.3 导淋

导淋（相关行业对管道、设备等设施中的液体进行排放的俗称）造成土壤污染主要是排净物料时的滴漏。可参考表A.2.3开展排查和整改

表A.2.3 导淋土壤污染预防设施与措施推荐性组合

组合	土壤污染预防设施/功能	土壤污染预防措施
1	● 普通阻隔设施 ● 注意排液完成后，导淋阀残余液体物料的滴漏	● 日常目视检查 ● 有效应对泄漏事件
2	● 防滴漏设施 ● 防止雨水造成防滴漏设施满溢	● 定期清空防滴漏设施 ● 日常目视检查 ● 日常维护
3	● 防渗阻隔系统，且能防止雨水进入，或及时有效排出雨水 ● 渗漏、流失的液体能得到有效收集并定期清理	● 定期开展防渗效果检查 ● 日常目视检查 ● 日常维护

A.2.4 传输泵

传输泵造成土壤污染主要有两种情况：(1) 驱动轴或者配件的密封处发生泄漏；(2) 润滑油的泄漏或者满溢。可参考表A.2.4开展排查和整改。

表A.2.4 传输泵土壤污染预防设施与措施推荐性组合

组合	土壤污染预防设施/功能	土壤污染预防措施
一、密封效果较好的泵(例如采用双端面机械密封等)		
1	● 普通阻隔设施 ● 进料端安装关闭控制阀门	● 制定并落实泵检修方案 ● 日常目视检查 ● 有效应对泄漏事件
2	● 对整个泵体或者关键部件设置防滴漏设施 ● 进料端安装关闭控制阀门	● 定期清空防滴漏设施 ● 制定并实施检修方案 ● 日常目视检查 ● 日常维护
3	● 防渗阻隔系统，且能防止雨水进入，或者及时有效排出雨水 ● 进料端安装关闭控制阀门 ● 渗漏、流失的液体能得到有效收集并定期清理	● 定期开展防渗效果检查 ● 日常目视检查 ● 日常维护
二、密封效果一般的泵(例如采用单端面机械密封等)		
1	● 对整个泵体或者关键部件设置防滴漏设施 ● 进料端安装关闭控制阀门	● 定期清空防滴漏设施 ● 制定并落实泵检修方案 ● 日常目视检查 ● 日常维护
2	● 防渗阻隔系统，且能防止雨水进入，或者及时有效排出雨水 ● 进料端安装关闭控制阀门 ● 渗漏、流失的液体能得到有效收集并定期清理	● 定期开展防渗效果检查 ● 日常目视检查 ● 日常维护
三、无泄露离心泵(例如磁力泵、屏蔽泵等)		
1	● 进料端安装关闭控制阀门	● 日常目视检查 ● 日常维护

A.3 货物的储存和传输

A.3.1 散装货物的储存和暂存

散装货物储存和暂存造成土壤污染主要有两种情况：(1) 散装干货物因雨水或者防尘喷淋水冲刷进入土壤；(2) 散装湿货物因雨水冲刷，以及渗出有毒有害液体物质进入土壤。可参考表 A.3.1 开展排查和整改。

表 A.3.1 散装货物的储存和暂存土壤污染预防设施与措施推荐性组合

组合	土壤污染预防设施/功能	土壤污染预防措施
一、干货物(不会渗出液体)的储存		
1	● 注意避免雨水冲刷，如有苫盖或者顶棚	● 日常目视检查 ● 日常维护
二、干货物(不会渗出液体)的暂存		
1	● 普通阻隔设施	● 日常目视检查 ● 有效应对泄漏事件
三、湿货物(可以渗出有毒有害液体物质)的储存和暂存		
1	● 防渗阻隔系统，且能防止雨水进入，或者及时有效排出雨水 ● 防止屋顶或者覆盖物上流下来的雨水冲刷货物	● 定期开展防渗效果检查 ● 日常目视检查 ● 日常维护
2	● 防渗阻隔系统，且能防止雨水进入，或者及时有效排出雨水 ● 渗漏、流失的液体能得到有效收集并定期清理	● 定期开展防渗效果检查 ● 日常目视检查 ● 日常维护

A.3.2 散装货物密闭式/开放式传输

散装货物密闭式传输造成土壤污染主要是由于系统的过载。散装货物开放式传输造成土壤污染主要有两种情况：(1) 系统过载；(2) 粉状物料扬散等造成土壤污染。可参考表 A.3.2 开展排查和整改。

表 A.3.2 散装货物密闭式/开放式传输土壤污染预防设施与措施推荐性组合

组合	土壤污染预防设施/功能	土壤污染预防措施
一、密闭传输方式		
1	● 无需额外防护设施 ● 注意设施设备的连接处	● 制定维修计划 ● 日常目视检查 ● 日常维护
二、开放式运输方式		
1	● 普通阻隔设施	● 日常目视检查 ● 有效应对泄漏事件

A.3.3 包装货物的储存和暂存

包装货物储存和暂存造成土壤污染主要是包装材质不合适造成货物渗漏、流失或者扬散。可参考表 A.3.3 开展排查和整改。

表 A.3.3 包装货物储存和暂存土壤污染预防设施与措施推荐性组合

组合	土壤污染预防设施/功能	土壤污染预防措施
一、包装货物为固态物质		
1	● 普通阻隔设施 ● 货物采用合适的包装(适用于相关货物的储存,下同)	● 日常目视检查 ● 有效应对泄漏事件
2	● 防渗阻隔系统,且能防止雨水进入,或者及时有效排出雨水	● 定期开展防渗效果检查 ● 日常目视检查 ● 日常维护
二、包装货物为液态或者黏性物质		
1	● 普通阻隔设施 ● 货物采用合适的包装	● 日常目视检查 ● 有效应对泄漏事件
2	● 防滴漏设施 ● 货物采用合适的包装	● 定期清空防滴漏设施 ● 目视检查
3	● 防渗阻隔系统,且能防止雨水进入,或者及时有效排出雨水 ● 渗漏、流失的液体能得到有效收集并定期清理	● 定期开展防渗效果检查 ● 日常目视检查 ● 日常维护

A.3.4 开放式装卸（倾倒、填充）

开放式装卸造成土壤污染主要是物料在倾倒或者填充过程中的流失、扬散或者遗撒。可参考表 A.3.4 开展排查和整改。

表 A.3.4 开放式装卸土壤污染预防设施与措施推荐性组合

组合	土壤污染预防设施/功能	土壤污染预防措施
1	● 普通阻隔设施 ● 防止雨水进入阻隔设施	● 日常目视检查 ● 有效应对泄漏事件
2	● 防滴漏设施 ● 防止雨水造成防滴漏设施满溢	● 定期清空防滴漏设施 ● 日常目视检查 ● 日常维护
3	● 防渗阻隔系统,且能防止雨水进入,或者及时有效排出雨水 ● 渗漏、流失的液体能得到有效收集并定期清理	● 定期开展防渗效果检查 ● 日常目视检查 ● 日常维护

A.4 生产区

生产加工装置一般包括密闭、开放和半开放类型。密闭设备指在正常运行管理期间无需打开，物料主要通过管道填充和排空，例如密闭反应釜、反应塔，土壤污染隐患较低；半开放式设备指在运行管理期间需要打开设备，开展计量、加注、填充等活动，需要配套土壤污染预防设施和规范的操作规程，避免土壤受到污染；开放式设备无法避免物料在设备中的泄漏、渗漏，例如喷洒、清洗设备等。可参考表 A.4 开展排查和整改。

表 A.4 生产区土壤污染预防设施与措施推荐性组合

组合	土壤污染预防设施/功能	土壤污染预防措施
一、密闭设备		
1	● 无需额外防护设施 ● 注意车间内传输泵、易发生故障的零部件、检测样品采集点等位置	● 制定检修计划 ● 对系统做全面检查(比如定期检查系统的密闭性，下同) ● 日常维护
2	● 普通阻隔设施 ● 注意车间内传输泵、易发生故障的零部件、检测样品采集点等位置	● 制定检修计划 ● 对系统做全面检查 ● 日常维护
3	● 防渗阻隔系统，且能防止雨水进入，或者及时有效排出雨水 ● 渗漏、流失的液体能得到有效收集并定期清理	● 定期开展防渗效果检查 ● 日常维护
二、半开放式设备		
1	● 普通阻隔设施 ● 防止雨水进入阻隔设施	● 日常目视检查 ● 有效应对泄漏事件
2	● 在设施设备容易发生泄漏、渗漏的地方设置防滴漏设施 ● 能及时排空防滴漏设施中雨水	● 定期清空防滴漏设施 ● 日常目视检查 ● 日常维护
3	● 防渗阻隔系统，且能防止雨水进入，或者及时有效排出雨水 ● 渗漏、流失的液体能得到有效收集并定期清理	● 定期开展防渗效果检查 ● 日常目视检查 ● 日常维护
三、开放式设备(液体物质)		
1	● 防渗阻隔系统，且能防止雨水进入，或者及时有效排出雨水 ● 渗漏、流失的液体能得到有效收集并定期清理	● 定期开展防渗效果检查 ● 日常目视检查 ● 日常维护
四、开放式设备(黏性物质或者固体物质)		
1	● 普通阻隔设施，且能防止雨水进入，或者及时有效排出雨水	● 日常目视检查 ● 有效应对泄漏事件
2	● 防渗阻隔系统，且能防止雨水进入，或者及时有效排出雨水 ● 渗漏、流失的液体能得到有效收集并定期清理	● 定期防渗效果检查 ● 日常目视检查 ● 日常维护

A.5 其他活动区

A.5.1 废水排水系统

废水排水系统造成土壤污染主要是管道、设备连接处、涵洞、排水口、污水井、分离系统（如清污分离系统、油水分离系统）等地方的泄漏、渗漏或者溢流。可参考表 A.5.1

表 A.5.1 废水排水系统土壤污染预防设施与措施推荐性组合

组合	土壤污染预防设施/功能	土壤污染预防措施
一、已建成的地下废水排水系统		
1	● 注意排水沟、污泥收集设施、油水分离设施、设施连接处和有关涵洞、排水口等，防止渗漏	● 定期开展密封、防渗效果检查，或者制定检修计划 ● 日常维护

续表

组合	土壤污染预防设施/功能	土壤污染预防措施
二、新建地下废水排水系统		
1	● 防渗设计和建设 ● 注意排水沟、污泥收集设施、油水分离设施、设施连接处和有关涵洞、排水口等,防止渗漏	● 定期开展防渗效果检查 ● 日常维护
三、地上废水排水系统		
1	● 防渗阻隔设施 ● 注意排水沟、污泥收集设施、油水分离设施、设施连接处和有关涵洞、排水口等,防止渗漏	● 目视检查 ● 日常维护

A. 5. 2　应急收集设施

应急收集设施造成土壤污染主要是设施的老化造成的渗漏、流失。可参考表 A. 5. 2 开展排查和整改。

表 A. 5. 2　应急收集设施土壤污染预防设施与措施推荐性组合

组合	土壤污染预防设施/功能	土壤污染预防措施
1	● 若为地下储罐型事故应急收集设施,参照 A. 1. 1	● 参考 A. 1. 1
2	● 防渗应急设施	● 定期开展防渗效果检查 ● 日常维护

A. 5. 3　车间操作活动

车间操作活动包括在升降桥、工作台或者材料加工机器（如车床、锯床）上的操作活动等，造成土壤污染主要是物料的飞溅、渗漏或者泄漏。可参考表 A. 5. 3

表 A. 5. 3　车间操作活动土壤污染预防设施与措施推荐性组合

组合	土壤污染预防设施/功能	土壤污染预防措施
1	● 普通阻隔设施 ● 渗漏、流失的液体应得到有效收集并定期清理	● 目视检查 ● 日常维护 ● 有效应对泄漏事件
2	● 普通阻隔设施 ● 在设施设备容易发生泄漏、渗漏的地方设置防滴漏设施 ● 注意设施设备频繁使用的部件与易发生飞溅的部件	● 定期清空防滴漏设施 ● 目视检查 ● 日常维护
3	● 防渗阻隔系统 ● 渗漏、流失的液体能得到有效收集并定期清理	● 定期开展防渗效果检查 ● 日常维护

A. 5. 4　分析化验室

分析化验室造成土壤污染主要是物质的泄漏、渗漏或者遗洒。可参考表 A. 5. 4 开展排查和整改。

表 A.5.4 分析化验室土壤污染预防设施与措施推荐性组合

组合	土壤污染预防设施/功能	土壤污染预防措施
1	● 普通阻隔设施 ● 关键点位设置防滴漏设施 ● 渗漏、流失的液体得到有效收集并定期清理	● 定期清空防滴漏设施 ● 日常维护和目视检查
2	● 防渗阻隔系统 ● 渗漏、流失的液体得到有效收集并定期清理	● 定期检测密封和防渗效果 ● 日常维护和目视检查

A.5.5 一般工业固体废物贮存场和危险废物贮存库

GB 18599 规定了一般工业固体废物贮存场的选址、建设、运行、封场等过程的环境保护要求，以及监测要求和实施与监督等内容。一般工业固体废物贮存场可按照 GB 18599 的要求开展排查和整改。

GB 18597 规定了对危险废物贮存的一般要求，对危险废物包装、贮存设施的选址、设计、运行、安全防护、监测和关闭等要求。危险废物贮存库可按照 GB 18597 的要求开展排查和整改

附录 B 土壤污染隐患排查报告编制大纲

1 总论

1.1 编制背景

1.2 排查目的和原则

1.3 排查范围

1.4 编制依据

2 企业概况

2.1 企业基础信息

2.2 建设项目概况

2.3 原辅料及产品情况

2.4 生产工艺及产排污环节

2.5 涉及的有毒有害物质

2.6 污染防治措施

2.7 历史土壤和地下水环境监测信息

3 排查方法

3.1 资料收集

3.2 人员访谈

3.3 重点场所或者重点设施设备确定

3.4 现场排查方法

4 土壤污染隐患排查

4.1 重点场所、重点设施设备隐患排查

4.1.1 液体储存区

4.1.2 散状液体转运与厂内运输区

4.1.3 货物的储存和运输区

4.1.4 生产区

4.1.5 其他活动区

4.2 隐患排查台账

5 结论和建议

5.1 隐患排查结论

5.2 隐患整改方案或建议

5.3 对土壤和地下水自行监测工作建议

6 附件（包括但不限于：平面布置图、有毒有害物质信息清单、重点场所或者重点设施设备清单等。

附表 土壤污染隐患排查与整改台账（企业可结合实际情况，对台账内容修改或者精简）

表 1.1 土壤污染隐患排查台账

企业名称					所属行业		
现场排查负责人(签字)					排查时间		
序号	涉及工业活动	重点场所或者重点设施设备	位置信息(如经纬度坐标,或者位置描述等)	现场照片	隐患点	整改建议	备注
1							
2							
3							
…							

表 1.2 土壤污染隐患整改台账

企业名称					所属行业			
隐患整改工作负责人(签字)					所有隐患整改完成时间			
序号	涉及工业活动	重点场所或者重点设施设备	位置信息(如经纬度坐标,或者位置描述等)	隐患点	实际整改情况	整改后现场照片	隐患整改完成日期	备注
1								
2								
3								
…